AI 赋能软件开发技术丛书

U0725101

AIGC
高效编程

Java
程序设计 慕课版 | 第3版

明日科技◎策划

王方 李学国 闫海龙◎主编

黄起豹 刘华◎副主编

人民邮电出版社
北 京

图书在版编目（CIP）数据

Java 程序设计：慕课版：AIGC 高效编程 / 王方，
李学国，闫海龙主编. -- 3 版. -- 北京：人民邮电出版
社，2025. --（AI 赋能软件开发技术丛书）. -- ISBN
978-7-115-66428-0

Ⅰ. TP312.8

中国国家版本馆 CIP 数据核字第 2025907HV7 号

内 容 提 要

本书系统地介绍 Java 程序设计的基础知识、开发环境与开发工具。全书共 16 章，内容包括 Java 语言概述、Java 语言的基本语法、运算符与流程控制、面向对象程序设计基础、继承与多态、接口、异常处理、常用的实用类、集合、Java 输入与输出、Swing 程序设计、Swing 高级应用、多线程、网络程序设计、JDBC 数据库编程、综合案例——企业进销存管理系统。本书所有知识都结合具体实例进行介绍，力求详略得当，可使读者快速掌握 Java 程序设计的方法。本书最后附有上机实验，供读者实践练习。

近年来，AIGC 技术高速发展，成为各行各业高质量发展和生产效率提升的重要推动力。本书将 AIGC 技术融入理论学习、实例编写、复杂系统开发等环节，帮助读者提升编程效率。

本书既可以作为高等院校"Java 程序设计"相关课程的教材，又可以作为从事 Java 程序设计工作的编程人员的参考用书。

◆ 策　　划　明日科技

　　主　　编　王　方　李学国　闫海龙

　　副 主 编　黄起豹　刘　华

　　责任编辑　徐柏杨

　　责任印制　胡　南

◆ 人民邮电出版社出版发行　　北京市丰台区成寿寺路 11 号

　　邮编　100164　　电子邮件　315@ptpress.com.cn

　　网址　https://www.ptpress.com.cn

　　北京天宇星印刷厂印刷

◆ 开本：787×1092　1/16

　　印张：21.5　　　　　　　　　　　2025 年 5 月第 3 版

　　字数：524 千字　　　　　　　　　2025 年 8 月北京第 2 次印刷

定价：79.80 元

读者服务热线：(010) 81055256　　印装质量热线：(010) 81055316
反盗版热线：(010) 81055315

在人工智能技术高速发展的今天，人工智能生成内容（Artificial Intelligence Generated Content，AIGC）技术在内容生成、软件开发等领域的作用已经非常突出，正在逐渐成为一项重要的生产工具，推动内容产业进行深度的变革。

党的二十大报告强调，"高质量发展是全面建设社会主义现代化国家的首要任务"。发展新质生产力是推动高质量发展的内在要求和重要着力点。AIGC技术已经成为新质生产力的重要组成部分，在 AIGC 工具的加持下，软件开发行业的生产效率和生产模式将产生质的变化。本书结合 AIGC 辅助编程旨在帮助读者培养软件开发从业人员应当具备的职业技能，提高核心竞争力，充分满足软件开发行业对新技术人才的需求。

Java 语言是 Sun 公司推出的一种程序设计语言，拥有面向对象、便利、跨平台、分布性、高性能、可移植等优点和特性，是目前被广泛使用的编程语言之一。全面、透彻地学习 Java 语言的基本理论和简单应用有助于读者养成良好的程序设计思维和编程习惯，为后续深入地学习各专业课程和实践打下基础。

本书是明日科技与院校一线教师合力打造的 Java 程序设计基础教材，旨在通过基础理论讲解和系统编程实践让读者快速且牢固地掌握 Java 程序开发技术。本书的主要特色如下。

1．基础理论结合丰富实践

（1）本书前 15 章通过通俗易懂的语言和丰富实例演示，系统介绍了 Java 语言的基础知识、开发环境与开发工具，并且在每一章的后面提供了习题，方便读者及时考核学习效果。

（2）本书专门以"企业进销存管理系统"的设计开发作为全书贯穿始终的学习案例，生动形象地介绍了如何运用 Java 语言和面向对象技术来解决实际系统开发中遇到的问题，使得理论知识讲解更加贴近实际应用需求。

（3）本书设计 12 个上机实验，实验内容由浅入深，包括验证型实验和设计型实验，供读者实践练习，真正提高程序设计实际应用能力。

2．深度融入 AIGC 技术

本书在理论学习、实例编写、复杂系统开发等环节融入 AIGC 技术，具体做法如下。

（1）本书在第 1 章全面介绍 AIGC 工具的基本应用情况和主流的 AIGC

工具，并在部分章节讲解如何使用 AIGC 工具自主学习进阶性理论。

（2）本书呈现使用 AIGC 工具编写实例的使用思路、交互过程和结果处理，在巩固读者理论知识的同时，启发读者主动使用 AIGC 工具辅助编程。

3．支持线上线下混合式学习

（1）本书是慕课版教材，依托人邮学院（www.rymooc.com）为读者提供完整慕课，课程结构严谨，读者可以根据自身的学习程度自主安排学习进度。读者购买本书后，刮开粘贴在书封底上的刮刮卡，获得激活码，使用手机号码完成网站注册，即可搜索本书配套慕课并学习。

（2）本书针对重要知识点放置了二维码链接，读者扫描书中二维码即可在手机上观看相应内容的视频讲解。

4．配套丰富教辅资源

本书配套 PPT、教学大纲、教案、源代码、拓展案例、自测习题及答案等丰富教学资源，用书教师可登录人邮教育社区（www.ryjiaoyu.com）免费获取。

本书的课堂教学建议安排 52 学时，上机指导教学建议 26 学时。各章主要内容和学时建议分配如下表，教师可以根据实际教学情况进行调整。

章	章名	课堂学时	上机指导
第 1 章	Java 语言概述	2	1
第 2 章	Java 语言的基本语法	4	2
第 3 章	运算符与流程控制	4	2
第 4 章	面向对象程序设计基础	6	3
第 5 章	继承与多态	4	2
第 6 章	接口	2	1
第 7 章	异常处理	2	1
第 8 章	常用的实用类	4	2
第 9 章	集合	2	1
第 10 章	Java 输入与输出	2	1
第 11 章	Swing 程序设计	4	2
第 12 章	Swing 高级应用	2	1
第 13 章	多线程	4	2
第 14 章	网络程序设计	2	1
第 15 章	JDBC 数据库编程	2	1
第 16 章	综合案例——企业进销存管理系统	6	3

由于编者水平有限，书中难免存在疏漏和不足之处，敬请广大读者批评指正，使本书得以改进和完善。

编　者
2024 年 10 月

目录
Contents

第1章 Java 语言概述

Java 语言是由 Sun 公司开发的一种应用于分布式网络环境的程序设计语言。Java 语言具有跨平台的特性，其编译的程序能够运行在多种操作系统平台上，可以实现"一次编写，到处运行"。本章将介绍 Java 语言的背景、特点、开发环境、开发过程以及开发工具的使用。

本章要点：
- 了解 Java 语言诞生背景
- 了解 Java 语言的特点
- 掌握安装 Java 程序开发工具的步骤
- 掌握 Java 程序开发过程
- 掌握 Java 程序开发工具 Eclipse

1.1 Java 语言诞生背景

本节微课

Java 语言是 Sun 公司于 1990 年开发的。当时 Green 项目小组的成员詹姆斯·高斯林（James Gosling）对 C++语言执行过程中的表现非常不满，于是把自己封闭在办公室里编写了一种新的语言，并将其命名为 Oak（Oak 就是 Java 语言的前身，这个名称源于詹姆斯·高斯林办公室窗外的一棵橡树）。这时的 Oak 已经具备安全性、网络通信、面向对象、多线程等特性，是一款相当优秀的程序语言。Green 项目小组注册 Oak 商标时，发现其已经被另一家公司注册，所以不得不改名。工程师们边喝咖啡边讨论着这种语言的新名字，他们看着手上的咖啡，想到印度尼西亚有一个盛产咖啡的重要岛屿（中文译名是爪哇），于是决定将 Oak 改名为 Java。

随着 Internet 的迅速发展，Web 的应用日益广泛，Java 语言也得到了迅速发展。1994 年，詹姆斯·高斯林用 Java 语言开发了一个实时性较高，可靠、安全，有交互功能的新型 Web 浏览器，其不依赖于任何硬件平台和软件平台。该浏览器名为 HotJava，并于 1995 年同 Java 语言一起正式发布，引起了巨大的轰动，Java 语言的地位随之得到肯定，此后的发展非常迅速。

现在，Java 语言已经成为企业开发和部署应用程序的首选语言，有 3 个独立的版本。

1. Java SE

Java SE 是 Java 语言的标准版本，包含 Java 语言基础类库和语法。Java SE 用于开发具有丰富的图形用户界面、复杂逻辑和高性能的桌面应用程序。

2．Java EE

Java EE（又称 J2EE）用于开发企业级应用程序。Java EE 是一个标准的多层体系结构，可以将企业级应用程序划分为客户层、表示层、业务层和数据层，主要用于开发和部署分布式、基于组件、安全可靠、可伸缩和易于管理的企业级应用程序。

3．Java ME

Java ME（又称 J2ME）主要用于开发具有有限的连接、内存和用户界面能力的设备应用程序，如移动电话（手机）、PDA（电子商务），以及能够接入电缆服务的机顶盒或者各种终端和其他消费电子产品。

1.2 Java 语言的特点

本节微课

Java 语言具有简单、面向对象、可移植性、多线程和同步机制等特性，下面进行具体介绍。

1．简单

Java 语言的语法规则和 C++语言类似，但 Java 语言对 C++语言进行了简化和提高，如指针和多重继承通常使程序变得复杂，Java 语言用接口取代了多重继承，并取消了指针。Java 语言还通过实现自动垃圾收集，大大简化了程序设计人员的内存管理工作。

2．面向对象

Java 语言以面向对象为基础。在 Java 语言中，不能在类外面定义单独的数据和函数，所有对象都要派生于同一个基类，并共享其所有功能。

3．可移植性

Java 语言比较特殊，由 Java 语言编写的程序需要经过编译，但编译时不会生成特定的平台机器码，而是生成一种与平台无关的字节码文件（.class 文件）。这种字节码文件不面向任何具体平台，只面向 JVM（Java virtual machine，Java 虚拟机）。不同平台上的 JVM 不同，但是它们都提供了相同的接口，使得 Java 语言具有可移植性。同时，Java 语言的类库中也实现了针对不同平台的接口，使这些类库可以移植。

4．多线程和同步机制

多线程机制能够使应用程序并行执行多项任务，而同步机制保证了各线程对共享数据的正确操作。程序设计人员可以用不同的线程完成特定的行为，使程序具有更好的交互能力和实时运行能力。

1.3 安装 Java 程序开发工具

在学习一门计算机编程语言之前，需要把相应的开发环境搭建好。要编译和执行 Java 程序，Java 开发包（Java SE Development Kit，JDK）是必备的。下面具体介绍下载 JDK 和在 Win10-x64 系统下配置并测试 JDK 的方法。

1.3.1 下载 JDK

本小节微课

JDK 从上市至今已经发布了很多个版本。根据官方公告，JDK 8、JDK 11 和 JDK 17 为长更新版本，即推荐广大用户使用的稳定版本。

虽然 Oracle JDK 是最完善的商业 JDK，但用户在 Oracle 官网下载稳定版本的 JDK 17 安装包需要先登录账号。国内用户注册 Oracle 官网账号非常麻烦，因此，本书将在 OpenJDK 上下载 JDK 17。需要说明的是，在 OpenJDK 中，JDK 8 为 32 位版本，JDK 11 和 JDK 17 为 64 位版本。

（1）打开浏览器，进入图 1-1 所示的 OpenJDK 首页，单击"JDK 22"超链接。

图 1-1　OpenJDK 首页

（2）在图 1-2 所示的 JDK 22 下载页面中，找到并单击左侧菜单栏中的"Java SE 17"超链接。

图 1-2　JDK 22 下载页面

（3）在图 1-3 所示的 JDK 17 下载页面中单击"Windows 10 x64 Java Development Kit"超链接，即可下载 JDK 17 的 Zip 压缩包。

> 📖 **说明：** 在 JDK 中已经包含了 JRE。JDK 用于开发 Java 程序，JRE 用于运行 Java 程序。

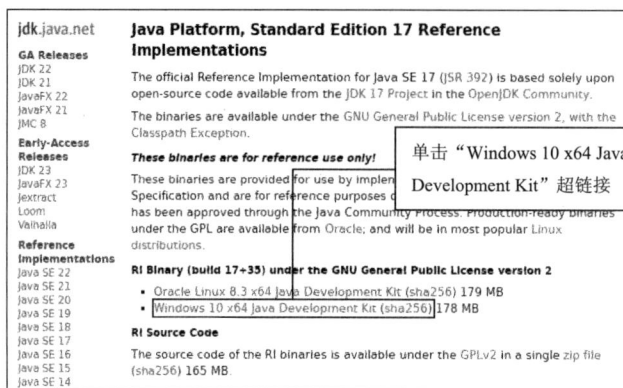

图 1-3　JDK 17 下载页面

1.3.2　在 Win10-x64 系统下配置并测试 JDK

　　JDK 17 的 Zip 压缩包下载完毕后，需要通过设置环境变量配置 JDK 并测试 JDK 是否配置成功，具体步骤如下。

　　（1）如图 1-4 所示，将 JDK 17 的 Zip 压缩包解压到本地硬盘 D 盘下的 Java 文件夹。

本小节微课

　　（2）右击桌面上的"此电脑"图标，在弹出的快捷菜单中选择"属性"命令，弹出图 1-5 所示的"系统"界面，单击"高级系统设置"超链接。

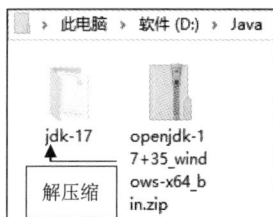

图 1-4　解压 JDK 17 的 Zip 压缩包

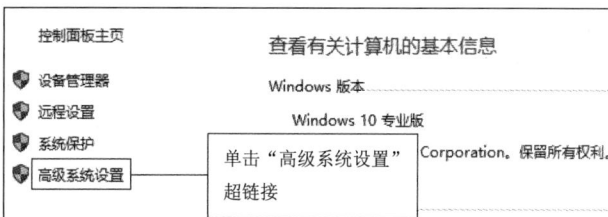

图 1-5　"系统"界面

　　（3）弹出图 1-6 所示的"系统属性"对话框，单击"环境变量"按钮。

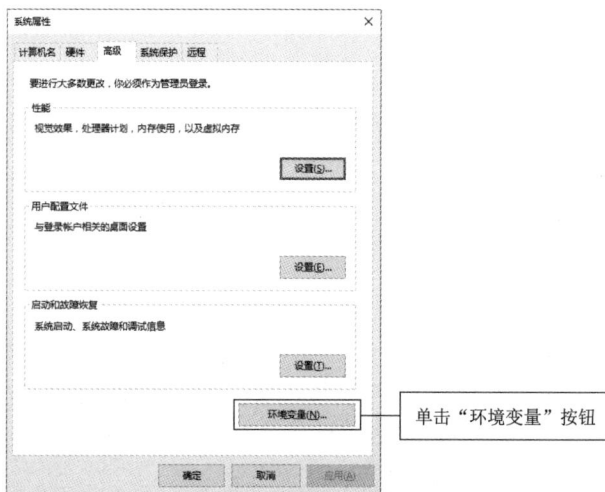

图 1-6　"系统属性"对话框

（4）弹出图 1-7 所示的"环境变量"对话框，选择"系统变量"列表框中的"Path"变量，单击"编辑"按钮。

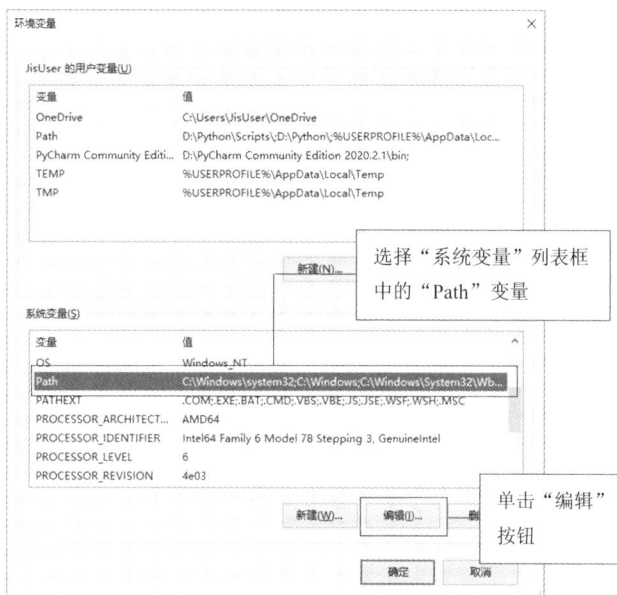

图 1-7 "环境变量"对话框

（5）弹出图 1-8 所示的"编辑环境变量"对话框，单击"新建"按钮，把图 1-4 所示的"jdk-17"文件夹中的"bin"文件夹的路径输入环境变量，单击"确定"按钮。

（6）依次单击上述对话框中的"确定"按钮，退出上述对话框，即可完成在 Win10-x64 系统下配置 JDK 的相关操作。

（7）如图 1-9 所示，在 Win10-x64 系统下单击桌面左下角的田图标，在下方的搜索框中输入"cmd"，按 Enter 键，启动"命令提示符"对话框。

图 1-8 "编辑环境变量"对话框

图 1-9 输入"cmd"后的效果

（8）在图 1-10 所示的"命令提示符"对话框中输入"java -version"命令，按 Enter 键。如果显示当前 JDK 的版本号、位数等信息，则说明 JDK 环境已经搭建成功。

```
命令提示符                                         —    □    ×
(c) 2016 Microsoft Corporation。保留所有权利。

C:\Users\JisUser>java -version
openjdk version "17" 2021-09-14
OpenJDK Runtime Environment (build 17+35-2724)
OpenJDK 64-Bit Server VM (build 17+35-2724, mixed mode, sharing)

C:\Users\JisUser>
```

图 1-10　显示 JDK 版本信息

1.4　Java 程序开发工具 Eclipse

Eclipse 是一个成熟的、可扩展的 Java 程序开发工具。Eclipse 的平台体系结构是在插件概念的基础上构建的。插件是 Eclipse 平台极具特色的特征之一，也是其区别于其他开发工具的特征之一。通过插件扩展，Eclipse 可以实现 Java Web 开发、J2ME 程序开发，甚至可以作为其他语言的开发工具，如 PHP 语言、C++语言等。

1.4.1　Eclipse 简介

本小节微课

Eclipse 是一个基于 Java、开放源码、可扩展的应用开发平台，为程序设计人员提供了一流的 Java 集成开发环境（integrated development environment，IDE）。Eclipse 是一个可以用于构建集成 Web 和应用程序的开发平台，本身并不提供大量的功能，而是通过插件来实现程序的快速开发功能。

Eclipse 是一个成熟的、可扩展的体系结构。它的价值还体现在为创建可扩展的开发环境提供了一个开发源代码的平台。该平台允许任何人构建与环境或其他工具无缝集成的工具，而工具与 Eclipse 无缝集成的关键是插件。Eclipse 还包括插件开发环境（plug-in development environment，PDE），PDE 主要是为希望扩展 Eclipse 的程序设计人员而设定的，这也正是 Eclipse 极具魅力的地方之一。通过不断地集成各种插件，Eclipse 的功能也在不断地扩展，以便支持各种不同的应用。

虽然 Eclipse 是针对 Java 语言设计开发的，但是通过安装不同的插件，Eclipse 还可以支持诸如 C/C++、PHP、COBOL 等编程语言。

Eclipse 是利用 Java 语言写成的，因此 Eclipse 可以支持跨平台操作，但其需要标准窗口小部件工具箱（standard widget toolkit，SWT）的支持。不过这已经不是什么大问题，因为 SWT 已经被移植到许多常见的平台上，如 Windows、Linux、Solaris 等多个操作系统，甚至可以应用到手机或者 PDA 程序的开发中。

1.4.2　下载并启动 Eclipse

本小节微课

虽然 Eclipse 支持国际化，但是其默认的启动方式并不是本地化的，还需要进行相应的配置，如配置中文语言包、编译版本等。

1．下载 Eclipse

Eclipse 的下载步骤如下。

（1）打开浏览器，访问 Eclipse 的官网首页，单击图 1-11 所示的"Download Packages"（下载软件包）超链接。

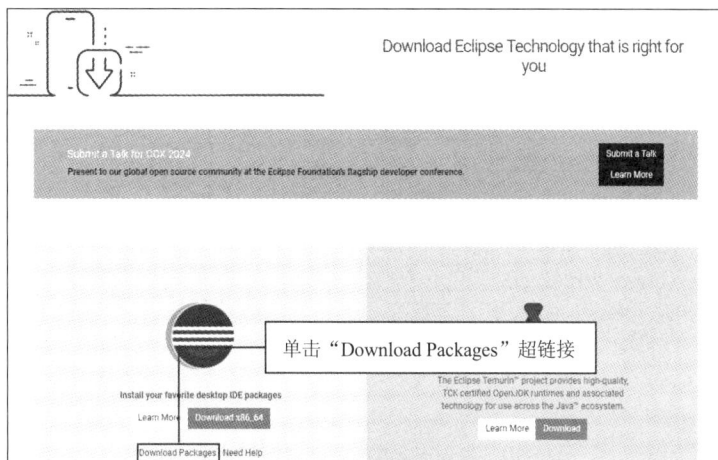

图 1-11　Eclipse 的官网首页

（2）进入"Eclipse Packages"（Eclipse 软件包）页面后，向下搜索到图 1-12 所示的"Eclipse IDE for Java Developers"（面向 Java 开发人员的 Eclipse IDE）后，单击"x86_64"超链接。

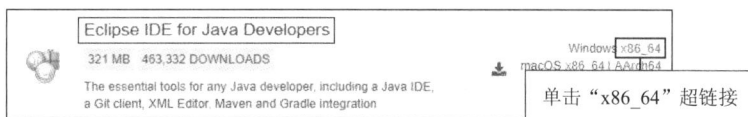

图 1-12　搜索"Eclipse IDE for Java Developers"

（3）单击图 1-13 所示的"Download"（下载）按钮，即可下载 64-bit 的 Eclipse。

图 1-13　Eclipse 的下载界面

⚠ **注意**：如果没有弹出"新建下载任务"对话框，那么需要单击">> Select Another Mirror"超链接，选择一个新的镜像地址进行下载。本书推荐使用的镜像地址来自南京大学 e-Science 中心。

2．启动 Eclipse

将下载好的 Eclipse 压缩包解压后，即可启动 Eclipse。启动 Eclipse 的步骤如下。

（1）在 Eclipse 解压后的文件夹中双击 eclipse.exe 文件。

（2）在弹出的图 1-14 所示的"Eclipse IDE Launcher"（Eclipse 启动程序）对话框中设置 Eclipse 的工作空间（工作空间用于保存 Eclipse 建立的程序项目和相关设置），即在 "Workspace"（工作空间）文本框中输入".\workspace"。".\workspace"指定的文件地址是 Eclipse 解压后的文件夹中的 workspace 文件夹。

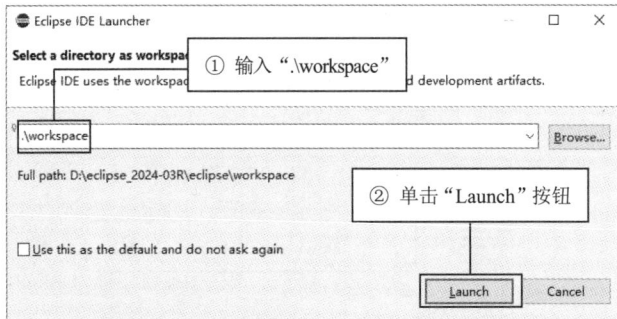

图 1-14 "Eclipse IDE Launcher" 对话框

（3）单击"Launch"按钮，即可进入 Eclipse 的工作台（Workspace）。
首次启动 Eclipse 时，Eclipse 会呈现图 1-15 所示的欢迎界面。

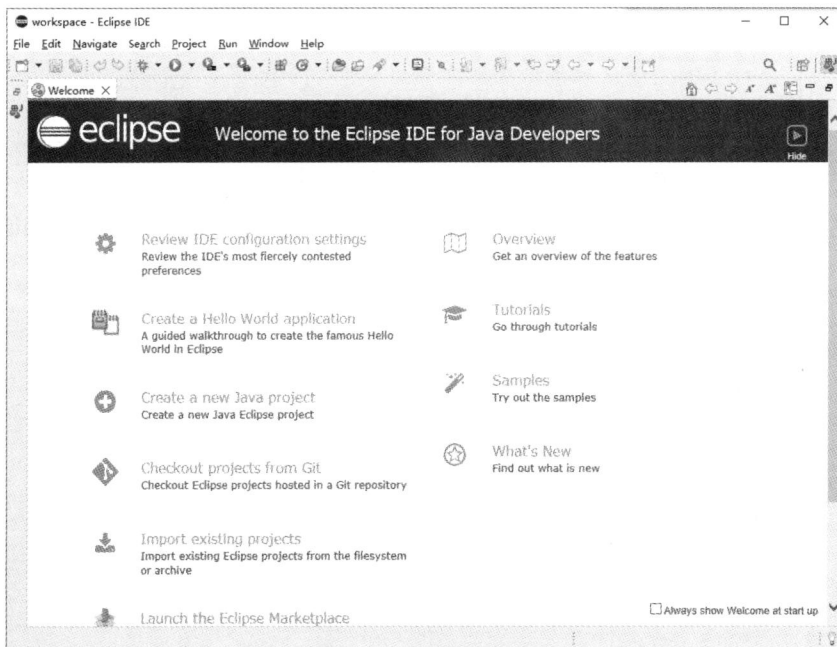

图 1-15 Eclipse 的欢迎界面

关闭 Eclipse 的欢迎界面，即可进入 Eclipse 工作台。Eclipse 工作台是一个 IDE，每个工作台窗口可以包括一个或多个透视图，透视图可以控制出现在某些菜单栏和工具栏中的内容。
如图 1-16 所示，工作台窗口的标题栏指示哪一个透视图是激活的，一起被打开的透视图还有 Package Explorer、Problems、Javadoc、Declaration、Task List 和 Outline 等。
工作台窗口主要由 4 部分组成：标题栏、菜单栏、工具栏和透视图。其中，透视图包括视图和编辑器。

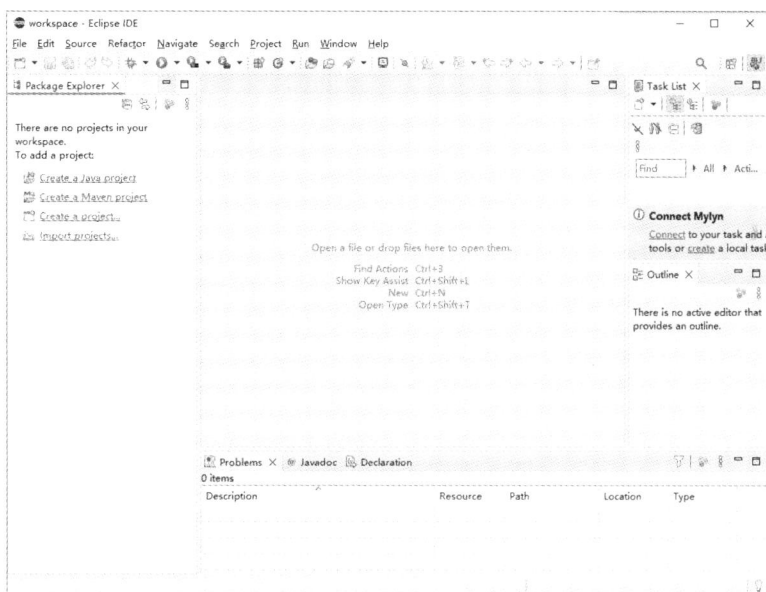

图 1-16　Eclipse 工作台窗口

1.4.3　Eclipse 编写 Java 程序的步骤

Eclipse 编写 Java 程序包括新建 Java 项目、新建 Java 类、编写 Java 代码和运行程序 4 个步骤，下面分别进行介绍。

本小节微课

1. 新建 Java 项目

（1）在 Eclipse 中选择 "File"（文件）/ "New"（新建）/ "Java Project"（Java 项目）选项，弹出 "New Java Project"（新建 Java 项目）对话框。

（2）在图 1-17 中设置项目名称为 "SimpleExample"，单击 "Finish"（完成）按钮。

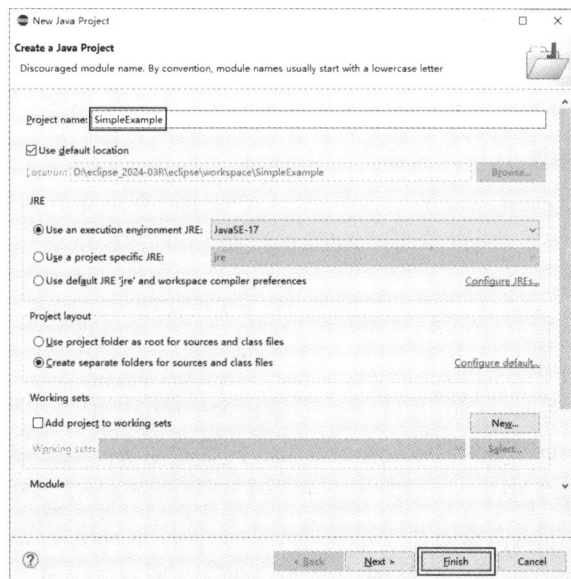

图 1-17　设置项目名称

　　Java 语言概述　**第1章**

2．新建 Java 类

完成 Java 项目的新建后，可以在项目中创建 Java 类，具体步骤如下。

（1）在包资源管理器中右击要创建 Java 类的项目，在弹出的快捷菜单中选择 "New"（新建）/ "Class"（类）命令。

（2）弹出 "New Java Class"（创建 Java 类）对话框，设置包名（这里为 "com"）和要创建的 Java 类的名称（这里为 "HelloWorld"），如图 1-18 所示。

图 1-18　创建 Java 类

① Source folder（源文件夹）：输入新类的源代码文件夹名。

② Package（包）：输入存放新类的包名。

③ Enclosing type（外层类型）：选择要在其中封装新类的类型。

④ Name（名称）：输入新建 Java 类的名称，默认值为空白。

⑤ Modifiers（修饰符）：为新类选择一个或多个访问修饰符。

⑥ Superclass（超类）：输入或单击 "Browse"（浏览）按钮，为该新类选择超类，默认值为 java.lang.Object 类型。

⑦ Interfaces（接口）：通过单击 "Add"（添加）和 "Remove"（除去）按钮，编辑新类实现的接口，默认值为空白。

⑧ Which method stubs would you like to create?（想要创建哪些方法存根？）：选择要在此类中创建的方法存根。

a．public static void main(String [] args)：将 main() 方法存根添加到新类中。

b．Constructors from superclass（来自超类的构建函数）：从新类的超类复制构造函数，并将这些存根添加到新类中。

c．Inherited abstract methods（继承的抽象方法）：添加来自超类的任何抽象方法的存根，或者添加需要实现的接口方法，默认值为继承的抽象方法。

⑨ Do you want to add comments?（是否要添加注释？）：选中 "Generate comments"

（生成注释）复选框后，Java 类向导将对新类添加适当的注释，默认值为不添加注释。

（3）单击"Finish"（完成）按钮，完成 Java 类的创建。

3. 编写 Java 代码

使用向导建立 HelloWorld 类之后，Eclipse 会自动打开该类的源代码编辑器，在该编辑器中可以编写 Java 程序代码。编写 HelloWorld 类的代码如下。

```
package com;
public class HelloWorld {
    public static void main(String[] args) {
        System.out.println("Hello World!");
    }
}
```

4. 运行程序

通过包资源管理器打开"HelloWorld.java"文件，单击 ⃝ 按钮右侧的下拉按钮，在弹出的下拉菜单中选择"Run As"（运行方式）/"Java Application"（Java 应用程序）选项，如图 1-19 所示。此时，Java 程序开始运行，运行结束后，在控制台视图中将显示程序运行结果，如图 1-20 所示。

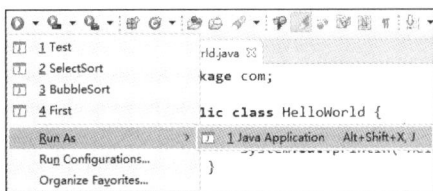

图 1-19 运行 Java 程序

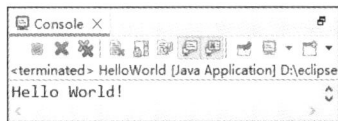

图 1-20 程序运行结果

1.5 常用的 AIGC 工具

人工智能生成内容（Artificial Intelligence Generated Content，AIGC）工具依赖大语言模型，旨在理解和生成人类语言，是一种用于开发、训练和部署人工智能模型的综合性软件平台，具备多种功能以帮助开发人员和数据科学家进行数据处理、模型训练、模型评估和部署等任务。当下比较流行的 AIGC 工具有讯飞星火大模型、通义大模型、腾讯混元大模型和文心大模型等。这些 AIGC 工具都能够辅助编程，让编程变得更简单。下面将分别对主流的 AIGC 工具予以介绍。

本节微课

1.5.1 讯飞星火大模型

讯飞星火大模型是科大讯飞发布的大模型。该模型具有 7 大核心能力，即内容创作（商业文案、营销方案、英文稿、新闻通稿）、语言理解（机器翻译、文本摘要、语法检查、情感分析）、知识问答（生活常识、工作技能、医学知识、历史人文）、逻辑推理（思维推理、科学推理、常识推理）、数学能力（方程求解、几何问题、微积分、概率统计）、代码生成（代码生成、代码解释、代码纠错、单元测试）和多模生成（多模理解、视觉问答、多模生成、虚拟人视频）。

1.5.2 通义大模型

通义大模型是阿里云推出的人工智能模型。该模型提供了多个行业模型，如通义灵码（编码助手)、通义智文(阅读助手)、通义听悟(工作学习)、通义星尘(个性化角色创作平台)、通义点金(投研助手)、通义晓蜜(智能客服)、通义仁心(健康助手)和通义法睿(法律顾问)。

1.5.3　腾讯混元大模型

腾讯混元大模型是由腾讯研发的大语言模型。该模型提供了 5 大核心能力,即多轮对话(具备上下文理解和长文记忆能力)、内容创作(文学创作、文本摘要、角色扮演等)、逻辑推理(基于输入数据或信息进行推理、分析)、知识增强(有效解决事实性、时效性问题)和多模态(支持文字生成图像能力)。

1.5.4　文心大模型

文心大模型是百度研发的产业级知识增强大模型。该模型具有两大特色,一是知识增强,文心大模型从大规模知识图谱和海量无结构数据中学习,学习效率更高,效果更好,具有良好的可解释性;二是产业级,文心大模型的技术源于产业并且致力于推动产业智能化升级,提供全流程支持应用落地的工具和方法,营造激发创新的开放生态。

1.5.5　DeepSeek-R1 推理大模型

DeepSeek-R1 是杭州深度求索人工智能基础技术研发有限公司(DeepSeek)研发的开源免费推理模型。DeepSeek-R1 拥有卓越的性能,在数学、代码和推理任务上可与 OpenAI o1 媲美。DeepSeek-R1 采用大规模强化学习技术,仅需少量标注数据即可显著提升模型性能。DeepSeek-R1 采用 MIT 许可协议,并开源了多个小型模型,进一步降低了人工智能应用门槛,赋能开源社区发展。当前,很多的 AI 代码编写工具都已经接入了 DeepSeek-R1,如腾讯的腾讯云 AI 代码助手、豆包的 MarsCode 等。

小结

本章首先介绍了 Java 语言的相关概念、3 个不同的版本,以及 Java 语言的特点,使读者对 Java 语言有了一个初步的认识;其次带领读者完成 Java 程序开发环境的搭建,其中包括 JDK 17 的下载和安装步骤;完成 JDK 17 的安装后,本章又介绍了 JDK 17 相关环境变量的配置和测试方法;最后,为使读者能够快速掌握 Java 语言程序设计的相关语法、技术以及其他知识点,本章介绍了目前流行的集成开发工具 Eclipse 及其使用方法,同时介绍了使用 Eclipse 开发 Java 程序的流程。

习题

1-1　Java 有哪 3 个版本?

1-2　简述 Java 程序的开发过程。

1-3　如何修改 Eclipse 默认的编译器版本?

1-4　简述 Eclipse 编写 Java 程序的流程。

1-5　Windows 操作系统下安装 JDK 需要配置哪些系统变量?

第2章 Java 语言的基本语法

任何知识都要从基础学起，同样，Java 语言也要从基本语法学起。本章将详细介绍 Java 语言的基本语法，建议初学者不要急于求成，而应认真学习本章的内容，以便为后面的学习打下坚实的基础。

本章要点：

- 了解 Java 语言中的关键字和标识符
- 理解 Java 语言中的常量与变量
- 了解 Java 语言中的数据类型
- 掌握数组的创建和使用

2.1 关键字和标识符

2.1.1 Unicode 字符集

Java 语言使用 Unicode 字符集。该字符集由 Unicode 协会管理并接受其技术上的修改，最多可以识别 65 536 个字符。在 Unicode 字符集中，前 128 个字符刚好是 ASCII（American Standard Code for Information Interchange，美国信息交换标准代码）字符，大部分国家的"字母表"中的字母是 Unicode 字符集中的字母，因此 Java 语言所使用的字母不仅包括通常的拉丁字母，而且包括汉字、俄文、希腊字母等。

2.1.2 关键字

Java 语言中还定义了一些专有词汇，统称为关键字，如 public、class、int 等，它们都具有特定的含义，只能用于特定的位置。表 2-1 中列出了 Java 语言的所有关键字。

本节微课

表 2-1　Java 语言的所有关键字

关键字	说明	关键字	说明
abstract	表明类或者成员方法具有抽象属性	catch	用在异常处理中，用来捕捉异常
assert	断言，用来进行程序调试	char	字符类型
boolean	布尔类型	class	用于声明类
break	跳出语句，提前跳出一块代码	const	保留关键字，没有具体含义
byte	字节类型	continue	回到一个块的开始处
case	用在 switch 语句之中，表示其中的一个分支	default	默认，如在 switch 语句中表示默认分支

关键字	说明	关键字	说明
do	do...while 循环结构使用的关键字	private	私有权限修饰符
double	双精度浮点类型	protected	受保护权限修饰符
else	用在条件语句中，表明当条件不成立时的分支	public	公有权限修饰符
enum	用于声明枚举	return	返回方法结果
extends	用于创建继承关系	short	短整数类型
final	用于声明不可改变的最终属性，如常量	static	静态修饰符
finally	声明异常处理语句中始终会被执行的代码块	strictfp	用于声明 FP_strict（单精度或双精度浮点数）表达式遵循 IEEE 754 算术标准
float	单精度浮点类型	super	父类对象
for	for 循环语句关键字	switch	分支结构语句关键字
goto	保留关键字，没有具体含义	synchronized	线程同步关键字
if	条件判断语句关键字	this	本类对象
implements	用于创建类与接口的实现关系	throw	抛出异常
import	导入语句	throws	方法将异常处理抛向外部方法
instanceof	判断两个类的继承关系	transient	声明不用序列化的成员域
int	整数类型	try	尝试监控可能抛出异常的代码块
interface	用于声明接口	var	声明局部变量
long	长整数类型	void	表明方法无返回值
native	用于声明一个方法是由与计算机相关的语言（如 C、C++、FORTRAN 语言）实现的	volatile	表明两个或多个变量必须同步发生变化
new	用于创建新实例对象	while	while 循环语句关键字
package	包语句	—	—

2.1.3 标识符

Java 语言中的类名、对象名、方法名、常量名和变量名统称为标识符。

为了提高 Java 程序的可读性，在定义标识符时，要尽量遵循"见其名知其意"的原则。Java 标识符的具体命名规则如下。

（1）一个标识符可以由几个单词连接而成，以表明其意思。

（2）标识符由一个或多个字母、数字、下画线（_）和美元符号（$）组成，没有长度限制。

（3）标识符中的第一个字符不能为数字。

（4）标识符不能是关键字。

（5）标识符不能是 true、false 和 null。

（6）对于类名，每个单词的首字母都要大写，其他字母则小写，如 RecordInfo。

（7）对于方法名和变量名，与类名有些相似，除了第一个单词的首字母小写，其他单词的首字母都要大写，如 getRecordName()、recordName。

（8）对于常量名，每个单词的每个字母都要大写；如果由多个单词组成，通常情况下单词之间用下画线（_）分隔，如 MAX_VALUE。

（9）对于包名，每个单词的每个字母都要小写，如 com.frame。

⚠ **注意**：Java 语言区分字母的大小写。

2.2 常量与变量

常量与变量在程序代码中随处可见，下面介绍常量与变量的概念及使用要点，从而达到区别常量与变量的目的。

本节微课

2.2.1 常量的概念及使用要点

常量就是值永远不允许被改变的量。如果要声明一个常量，就必须用关键字 final 修饰。声明常量的具体方式如下：

```
final 常量类型 常量标识符;
```

例如：

```
final int YOUTH_AGE;           // 声明一个 int 型常量
final float PIE;               // 声明一个 float 型常量
```

在声明常量时，通常情况下立即为常量赋值，即立即对常量进行初始化。声明并初始化常量的具体方式如下：

```
final 常量类型 常量标识符 = 常量值;
```

例如：

```
final int YOUTH_AGE = 18;      // 声明一个 int 型常量，并初始化为 18
final float PIE = 3.14F;       // 声明一个 float 型常量，并初始化为 3.14
```

📖 **说明**：在为 float 型常量赋值时，需要在数值的后面加上一个字母"F"（或"f"），以说明数值为 float 型。

如果需要声明多个同一类型的常量，也可以采用下面的方式：

```
final 常量类型 常量标识符1, 常量标识符2, 常量标识符3;
final 常量类型 常量标识符4 = 常量值4, 常量标识符5 = 常量值5, 常量标识符6 = 常量值6;
```

例如：

```
final int A, B, C;             // 声明 3 个 int 型常量
final int D = 4, E = 5, F = 6; // 声明 3 个 int 型常量，并分别初始化为 4、5、6
```

如果在声明常量时没有对常量进行初始化，也可以在需要时进行初始化。例如：

```
final int YOUTH_AGE;           // 声明一个 int 型常量
final float PIE;               // 声明一个 float 型常量
YOUTH_AGE = 18;                // 初始化常量 YOUTH_AGE 为 18
PIE = 3.14F;                   // 初始化常量 PIE 为 3.14
```

但是，如果在声明常量时已经对常量进行了初始化，则常量的值不允许再被修改。例如，若尝试执行下面的代码，将在控制台输出常量值不能被修改的错误提示：

```
final int YOUTH_AGE = 18;      // 声明一个 int 型常量，并初始化为 18
YOUTH_AGE = 16;                 // 尝试修改已经被初始化的常量
```

2.2.2 变量的概念及使用要点

变量就是值可以被改变的量。如果要声明一个变量，并不需要使用任何关键字进行修饰。声明变量的具体方式如下：

```
变量类型 变量标识符；
```

例如：

```
String name;                   // 声明一个 String 型变量
int partyMemberAge;            // 声明一个 int 型变量
```

⚠ **注意**：在定义变量标识符时，按照 Java 语言的命名规则，第一个单词的首字母小写，其他单词的首字母大写，其他字母则一律小写，如 name、partyMemberAge。

在声明变量时，也可以立即为变量赋值，即立即对变量进行初始化。声明并初始化变量的具体方式如下：

```
变量类型 变量标识符 = 变量值；
```

例如：

```
String name = "MWQ";           // 声明一个 String 型变量
int partyMemberAge = 26;       // 声明一个 int 型变量
Student s1=new Student();      // 声明一个 Student 型变量
```

如果需要声明多个同一类型的变量，也可以采用下面的方式：

```
变量类型 变量标识符1，变量标识符2，变量标识符3；
变量类型 变量标识符 4 = 变量值4，变量标识符 5 = 变量值5，变量标识符 6 = 变量值6；
```

例如：

```
int A, B, C;                   // 声明 3 个 int 型变量
int D = 4, E = 5, F = 6;       // 声明 3 个 int 型变量，并分别初始化为 4、5、6
```

变量与常量的区别是变量的值允许被改变。例如，下面的代码是正确的：

```
String name = "MWQ";           // 声明一个 String 型常量，并初始化为"MWQ"
name = "MaWenQiang";           // 尝试修改已经被初始化的变量
```

📖 **说明**：关于变量的更多内容，第 4 章将进行详细讲解。

2.3 数据类型

Java 语言是强类型的编程语言，Java 语言中的数据类型分类情况如图 2-1 所示。

Java 语言中的数据类型分为两大类，分别是基本数据类型和引用数据类型。其中，基本数据类型由 Java 语言定义，其数据占用内存的大小固定，在内存中存入的是数值本身；

而引用数据类型在内存中存入的是引用数据的存放地址，并不是数据本身。

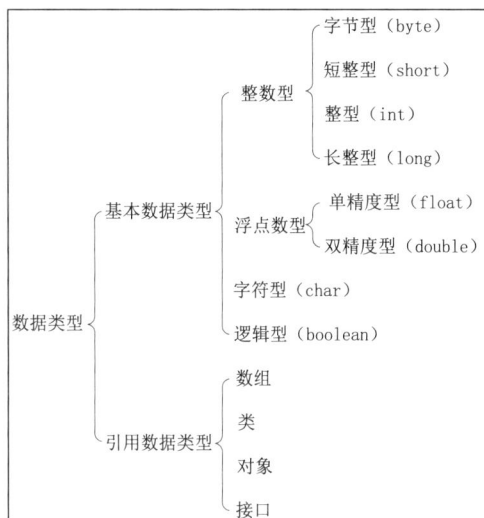

图 2-1 Java 语言中的数据类型分类情况

2.3.1　基本数据类型

基本数据类型分为整数型、浮点数型、字符型和逻辑型，分别用来存储整数、小数、字符和逻辑值。下面将依次讲解这 4 个基本数据类型的特征及使用方法。

1．整数型

声明为整数型的常量或变量用来存储整数，整数型包括字节型、短整型、整型和长整型 4 个基本数据类型。这 4 个基本数据类型的区别是它们在内存中所占用的字节数不同，因此它们所能够存储的整数的取值范围也不同，如表 2-2 所示。

整数型

表 2-2　整数型数据占用内存的字节数以及取值范围

数据类型	关键字	占用内存字节数	取值范围
字节型	byte	1 字节	−128 ~ +127
短整型	short	2 字节	−32 768 ~ +32 767
整型	int	4 字节	−2 147 483 648 ~ +2 147 483 647
长整型	long	8 字节	−9 223 372 036 854 775 808 ~ +9 223 372 036 854 775 807

在为这 4 个数据类型的常量或变量赋值时，所赋的值不能超出对应数据类型允许的取值范围。例如，在下面的代码中依次将 byte、short 和 int 型的变量赋值为 9412、794125 和 9876543210 是不允许的，即下面的代码均是错误的：

```
byte b = 9412;              // 声明一个 byte 型变量，并初始化为 9412
short s = 794125;           // 声明一个 short 型变量，并初始化为 794125
int i = 9876543210;         // 声明一个 int 型变量，并初始化为 9876543210
```

在为 long 型常量或变量赋值时，需要在所赋值的后面加上一个字母"L"（或"l"），以说明所赋的值为 long 型。如果所赋的值未超出 int 型的取值范围，也可以省略字母"L"（或"l"）。例如，下面的代码均是正确的：

Java 语言的基本语法 / 第 2 章

```
long la = 9876543210L;          // 所赋值超出 int 型的取值范围, 必须加上字母"L"
long lb = 987654321L;           // 所赋值未超出 int 型的取值范围, 可以加上字母"L"
long lc = 987654321;            // 所赋值未超出 int 型的取值范围, 也可以省略字母"L"
```

下面的代码是错误的:

```
long l = 9876543210;            // 所赋值超出 int 型的取值范围, 不加字母"L"是错误的
```

2. 浮点数型

声明为浮点数型的常量或变量用来存储小数 (也可以存储整数)。浮点数型包括单精度型和双精度型 2 个基本数据类型。这 2 个基本数据类型的区别是它们在内存中所占用的字节数不同, 因此它们所能够存储的浮点数的取值范围也不同, 如表 2-3 所示。

浮点数型

表 2-3 浮点数型数据占用内存的字节数以及取值范围

数据类型	关键字	占用内存字节数	取值范围
单精度型	float	4 字节	$1.4×10^{-45} \sim 3.402\ 823\ 5×10^{38}$
双精度型	double	8 字节	$4.9×10^{-324} \sim 1.797\ 693\ 134\ 862\ 315\ 7×10^{308}$

(1) float 型

在为 float 型常量或变量赋值时, 需要在所赋值的后面加上一个字母 "F" (或 "f"), 以说明所赋的值为 float 型。如果所赋的值为整数, 并且未超出 int 型的取值范围, 也可以省略字母 "F" (或 "f")。例如, 下面的代码均是正确的:

```
float fa = 9412.75F;            // 所赋值为小数, 必须加上字母"F"
float fb = 9876543210F;         // 所赋值超出 int 型的取值范围, 必须加上字母"F"
float fc = 9412F;               // 所赋值未超出 int 型的取值范围, 可以加上字母"F"
float fd = 9412;                // 所赋值未超出 int 型的取值范围, 也可以省略字母"F"
```

下面的代码是错误的:

```
float fa = 9412.75;             // 所赋值为小数, 不加字母"F"是错误的
float fb = 9876543210;          // 所赋值超出 int 型的取值范围, 不加字母"F"是错误的
```

(2) double 型

在为 double 型常量或变量赋值时, 需要在所赋值的后面加上一个字母 "D" (或 "d"), 以说明所赋的值为 double 型。如果所赋的值为小数, 或者所赋的值为整数并且未超出 int 型的取值范围, 也可以省略字母 "D" (或 "d")。例如, 下面的代码均是正确的:

```
double da = 9412.75D;           // 所赋值为小数, 可以加上字母"D"
double db = 9412.75;            // 所赋值为小数, 也可以省略字母"D"
double dc = 9412D;              // 所赋值为整数, 并且未超出 int 型的取值范围, 可以加上字母"D"
double dd = 9412;               // 所赋值为整数, 并且未超出 int 型的取值范围, 也可以省略字母"D"
double de = 9876543210D;        // 所赋值为整数, 并且超出 int 型的取值范围, 必须加上字母"D"
```

> **说明:** Java 语言默认小数为 double 型, 所以在将小数赋值给 double 型常量或变量时, 可以省略字母 "D" (或 "d")。

下面的代码是错误的:

```
double d = 9876543210;          // 所赋值为整数, 并且超出 int 型的取值范围, 不加字母"D"是错误的
```

【例 2-1】 在企业进销存管理系统的价格调整窗体中, 使用基本数据类型声明并初始化

"单价"和"库存数量"。

```
// 省略部分代码
double dj;                              // 声明"单价"
int sl;                                 // 声明"库存数量"
dj = kcInfo.getDj().doubleValue();      // 为"单价"赋值
sl = kcInfo.getKcsl().intValue();       // 为"库存数量"赋值
// 省略部分代码
```

3. 字符型

声明为字符型的常量或变量用来存储单个字符，占用内存的 2 字节来存储。字符型利用关键字"char"进行声明。

因为计算机只能存储二进制数据，所以需要将字符通过一串二进制数据来表示，即通常所说的字符编码。Java 语言采用 Unicode 字符编码，Unicode 使用 2 字节表示 1 个字符，并且 Unicode 字符集中的前 128 个字符与 ASCII 字符集兼容。例如，字符"a"的 ASCII 编码的二进制数据形式为 01100001，Unicode 字符编码的二进制数据形式为 00000000 01100001，它们都表示十进制数 97。因此，Java 与 C、C++一样，同样把字符作为整数对待。

字符型

> **说明：** ASCII 是用来表示英文字符的一种编码，每个字符占用 1 字节，所以最多可表示 256 个字符。但英文字符并没有那么多，所以 ASCII 使用前 128 个（字节中最高位为 0）来存放包括控制符、数字、大小写英文字母和其他一些符号的字符；字节的最高位为 1 的另外 128 个字符称为"扩展 ASCII"，通常存放英文的制表符、部分音标字符等其他一些符号。使用 ASCII 编码无法表示多国语言文字。

Java 语言中的字符通过 Unicode 字符编码，以二进制的形式存储到计算机中，计算机可通过数据类型判断要输出的是一个字符还是一个整数。Unicode 编码采用无符号编码，一共可存储 65536 个字符（0x0000～0xffff），所以 Java 语言中的字符可以处理绝大多数国家的语言文字。

在为 char 型常量或变量赋值时，如果所赋的值为一个英文字母、符号或汉字，必须将所赋的值放在英文状态下的一对单引号中。例如，下面的代码分别将字母"M"、符号"*"和汉字"男"赋值给 char 型变量 ca、cb 和 cc：

```
char ca = 'M';           // 将大写字母"M"赋值给 char 型变量
char cb = '*';           // 将符号"*"赋值给 char 型变量
char cc = '男';          // 将汉字"男"赋值给 char 型变量
```

> ⚠ **注意：** 在为 char 型常量或变量赋值时，无论所赋的值为字母、符号还是汉字，都只能为一个字符。

因为 Java 把字符作为整数对待，并且可以存储 65536 个字符，所以也可以将 0～65535 的整数赋值给 char 型常量或变量，但是在输出时得到的并不是所赋的整数。例如，下面的代码将整数 88 赋值给 char 型变量 c，在输出变量 c 时得到的是大写字母"X"：

```
char c = 88;                    // 将整数 88 赋值给 char 型变量 c
System.out.println(c);          // 输出 char 型变量 c，将得到大写字母"X"
```

> ⚠ **注意**：代码"System.out.println();"用来将指定的内容输出到控制台，并且在输出后换行；代码"System.out.print();"用来将指定的内容输出到控制台，但是在输出后不换行。

可以将数字 0～9 以字符的形式赋值给 char 型常量或变量，赋值方式为将数字 0～9 放在英文状态下的一对单引号中。例如，下面的代码将数字"6"赋值给 char 型变量 c：

```
char c = '6';                // 将数字"6"赋值给 char 型变量 c
```

4．逻辑型

逻辑型

声明为逻辑型的常量或变量用来存储逻辑值，逻辑值只有 true 和 false，分别用来代表逻辑判断中的"真"和"假"。逻辑型利用关键字"boolean"进行声明。

可以将逻辑值 true 和 false 赋值给 boolean 型变量。例如，下面的代码分别将逻辑值 true 和 false 赋值给 boolean 型变量 bc 和 bd：

```
package com;
public class Example {
    public static void main(String[] args) {
        boolean bc = true;                  // 将逻辑值 true 赋值给 boolean 型变量 bc
        boolean bd = false;                 // 将逻辑值 false 赋值给 boolean 型变量 bd
        System.out.println("bc is " + bc);  // 输出 boolean 型变量 bc
        System.out.println("bd is " + bd);  // 输出 boolean 型变量 bd
    }
}
```

执行上面的代码，控制台将输出图 2-2 所示的内容。

也可以将逻辑表达式赋值给 boolean 型变量。例如，下面的代码分别将逻辑表达式"6<8"和"6 > 8"赋值给 boolean 型变量 bc 和 bd：

```
package com;
public class Example {
    public static void main(String[] args) {
        boolean bc = 6 < 8;                 // 将逻辑表达式"6 < 8"赋值给 boolean 型变量 bc
        boolean bd = 6 > 8;                 // 将逻辑表达式"6 > 8"赋值给 boolean 型变量 bd
        System.out.println("6 < 8 is " + bc); // 输出 boolean 型变量 bc
        System.out.println("6 > 8 is " + bd); // 输出 boolean 型变量 bd
    }
}
```

执行上面的代码，控制台将输出图 2-3 所示的内容。

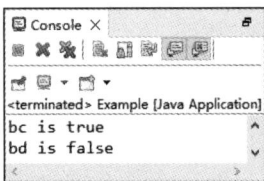

图 2-2　将逻辑值赋值给 boolean 型变量

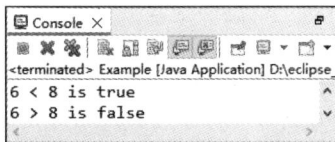

图 2-3　将逻辑表达式赋值给 boolean 型变量

2.3.2　引用数据类型

本小节微课

引用数据类型包括数组、类、对象和接口。下面的代码分别声明一个 java.lang.Object 类的引用、java. util.List 接口的引用和一个 int 型数组的引用。

```
Object object = null;              // 声明一个 java.lang.Object 类的引用，并初始化为 null
List list = null;                  // 声明一个 java.util.List 接口的引用，并初始化为 null
int[] months = null;               // 声明一个 int 型数组的引用，并初始化为 null
System.out.println("object is " + object); // 输出类引用 object
System.out.println("list is " + list);     // 输出接口引用 list
System.out.println("months is " + months); // 输出数组引用 months
```

📖 **说明**：将引用数据类型的常量或变量初始化为 null，表示引用数据类型的常量或变量不引用任何对象。

执行上面的代码，控制台将输出如下内容：

```
object is null
list is null
months is null
```

在具体初始化引用数据类型时需要注意的是，对接口引用的初始化需要通过接口的相应实现类实现。例如，下面的代码在具体初始化接口引用 list 时，是通过接口 java.util.List 的实现类 java.util.ArrayList 实现的：

```
Object object = new Object();      // 声明并具体初始化一个 java.lang.Object 类的引用
List list = new ArrayList();       // 声明并具体初始化一个 java.util.List 接口的引用
int[] months = new int[12];        // 声明并具体初始化一个 int 型数组的引用
System.out.println("object is " + object); // 输出类引用 object
System.out.println("list is " + list);     // 输出接口引用 list
System.out.println("months is " + months); // 输出数组引用 months
```

执行上面的代码，控制台将输出如下内容：

```
object is java.lang.Object@de6ced
list is []
months is [I@c17164
```

【例 2-2】 在企业进销存管理系统中，使用引用数据类型声明库存信息中的商品编号、商品名称、商品简称、产地、商品规格、包装、商品计量单位、单价、库存数量等。

```
public class TbKucun implements java.io.Serializable {   // 库存信息（实现序列化接口）
    private String id;                // 商品编号
    private String spname;            // 商品名称
    private String jc;                // 商品简称
    private String cd;                // 产地
    private String gg;                // 商品规格
    private String bz;                // 包装
    private String dw;                // 商品计量单位
    private Double dj;                // 单价
    private Integer kcsl;             // 库存数量
    //省略部分代码
}
```

2.3.3　数据类型之间的相互转换

数据类型之间的相互转换就是将变量从当前的数据类型转换为其他数据类型。在 Java 语言中，数据类型之间的相互转换可以分为以下 3 种情况。

（1）基本数据类型之间的相互转换。

（2）字符串与其他数据类型之间的相互转换。

本小节微课

　　Java 语言的基本语法 | 第 2 章

（3）引用数据类型之间的相互转换。

在这里只介绍基本数据类型之间的相互转换，其他两种情况将在相关的章节中介绍。

在对多个基本数据类型的数据进行混合运算时，如果这几个数据并不属于同一基本数据类型，如在一个表达式中同时包含整数型、浮点型和字符型的数据，需要先将它们转换为统一的数据类型，然后才能进行计算。

基本数据类型之间的相互转换又分为两种情况，分别是自动类型转换和强制类型转换。

1. 自动类型转换

基本数据类型之间相互转换时，如果是从低级类型向高级类型转换，那么程序设计人员无须进行任何操作，Java 语言会自动完成从低级类型向高级类型的转换。低级类型是指取值范围相对较小的数据类型，高级类型则指取值范围相对较大的数据类型，如 long 型相对于 float 型是低级数据类型，但是相对于 int 型则是高级数据类型。在基本数据类型中，除了 boolean 型外均可参与算术运算，这些数据类型从低到高的排序如图 2-4 所示。

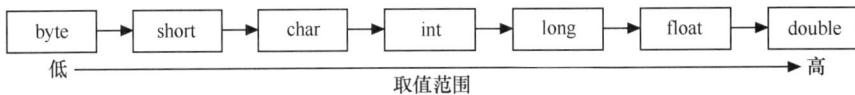

图 2-4　基本数据类型从低到高的排序

在不同基本数据类型间的算术运算中，可以将其分为两种情况进行考虑，一种情况是在算术表达式中含有 int、long、float 或 double 型的数据；另一种情况是不含有上述 4 种类型的数据，即只含有 byte、short 或 char 型的数据。

（1）在算术表达式中含有 int、long、float 或 double 型的数据

如果在算术表达式中含有 int、long、float 或 double 型的数据，Java 语言首先会将所有数据类型相对较低的变量自动转换为表达式中数据类型最高的数据类型，然后进行计算，并且计算结果的数据类型也为表达式中相对最高的数据类型。

例如，在下面的代码中，Java 语言首先会自动将表达式"b * c - i + l"中的变量 b、c 和 i 的数据类型转换为 long 型，然后进行计算，并且计算结果的数据类型为 long 型。将表达式"b * c - i + l"直接赋值给数据类型相对小于 long 型（如 int 型）的变量是不允许的，但是可以直接赋值给数据类型相对大于 long 型（如 float 型）的变量。

```
byte b = 75;
char c = 'c';
int i = 794215;
long l = 9876543210L;
long result = b * c - i + l;
```

而在下面的代码中，Java 语言首先会自动将表达式"b * c - i + d"中的变量 b、c 和 i 的数据类型转换为 double 型，然后进行计算，并且计算结果的数据类型为 double 型。将表达式"b * c - i + d"直接赋值给数据类型相对小于 double 型（如 long 型）的变量是不允许的。

```
byte b = 75;
char c = 'c';
int i = 794215;
double d = 11.17;
double result = b * c - i + d;
```

（2）在算术表达式中只含有 byte、short 或 char 型的数据

如果在算术表达式中只含有 byte、short 或 char 型的数据，Java 语言首先会将所有变量

的类型自动转换为 int 型，然后进行计算，并且计算结果的数据类型也为 int 型。

例如，在下面的代码中，Java 语言首先会自动将表达式 "b+s*c" 中的变量 b、s 和 c 的数据类型转换为 int 型，然后进行计算，并且计算结果的数据类型为 int 型。将表达式 "b+s*c" 直接赋值给数据类型相对小于 int 型（如 char 型）的变量是不允许的，但是可以直接赋值给数据类型相对大于 int 型（如 long 型）的变量。

```
byte b = 75;
short s = 9412;
char c = 'c';
int result = b + s * c;
```

即使是在下面的代码中，Java 语言首先也会自动将表达式 "s1*s2" 中的变量 s1 和 s2 的数据类型转换为 int 型，然后进行计算，并且计算结果的数据类型也为 int 型。

```
short s1 = 75;
short s2 = 9412;
int result = s1 * s2;
```

对于数据类型为 byte、short、int、long、float 和 double 的变量，可以将数据类型相对较低的数据或变量直接赋值给数据类型相对较高的变量，如可以将数据类型为 short 的变量直接赋值给数据类型为 float 的变量；但是，不可以将数据类型相对较高的数据或变量直接赋值给数据类型相对较低的变量，如不可以将数据类型为 float 的变量直接赋值给数据类型为 short 的变量。

对于数据类型为 char 的变量，不可以将数据类型为 byte 或 short 的变量直接赋值给 char 型变量；但是，可以将 char 型变量直接赋值给 int、long、float 或 double 的变量。

2. 强制类型转换

如果需要把数据类型相对较高的数据或变量赋值给数据类型相对较低的变量，就必须进行强制类型转换。例如，将 Java 语言默认为 double 型的数据 "7.5" 赋值给数据类型为 int 型变量的代码如下：

```
int i = (int) 7.5;
```

上述代码中，在数据 "7.5" 的前方添加了代码 "(int)"，表示将数据 "7.5" 的类型强制转换为 int 型。

对数据执行强制类型转换时，可能会导致数据溢出或精度降低。例如，上述代码中最终变量 i 的值为 7，导致数据精度降低。如果将 Java 语言默认为 int 型的数据 "774" 赋值给数据类型为 byte 型变量，代码如下：

```
byte b = (byte) 774;
```

最终变量 b 的值为 6，导致数据溢出，原因是整数 774 超出了 byte 型的取值范围，在进行强制类型转换时，表示整数 774 的二进制数据流的前 24 位将被舍弃，所以最终赋值给变量 b 的数值是后 8 位的二进制数据流表示的数据，如图 2-5 所示。

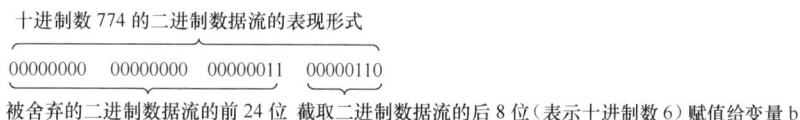

十进制数 774 的二进制数据流的表现形式

00000000　00000000　00000011　00000110

被舍弃的二进制数据流的前 24 位　截取二进制数据流的后 8 位（表示十进制数 6）赋值给变量 b

图 2-5　将 int 型十进制数 774 强制转换为 byte 型

⚠ **注意**：在编程过程中，对可能导致数据溢出或精度降低的强制类型转换，建议谨慎使用。

2.4 数组

本节微课

数组是极为常见的数据结构之一，可以保存一组相同数据类型的数据。数组一旦创建，它的长度就固定了。数组的类型可以为基本数据类型，也可以为引用数据类型；可以是一维数组、二维数组，甚至是多维数组。

1．声明数组

声明数组包括声明数组类型和数组标识符。

声明一维数组的格式如下：

```
数组类型[] 数组标识符;
数组类型 数组标识符[];
```

上面两种声明数组格式的作用相同，相比之下，前一种方式更符合规范要求，但是后一种方式更符合原始编程习惯。例如，分别声明一个 int 型和 boolean 型一维数组，代码如下：

```
int[] months;
boolean members[];
```

Java 语言中的二维数组是一种特殊的一维数组，即数组的每个元素又是一个一维数组。Java 语言并不直接支持二维数组。声明二维数组的格式如下：

```
数组类型[][] 数组标识符;
数组类型 数组标识符[][];
```

例如，分别声明一个 int 型和 boolean 型二维数组，代码如下：

```
int[][] days;
boolean holidays[][];
```

2．创建数组

创建数组，实质上就是在内存中为数组分配相应的存储空间。

创建一维数组的格式如下：

```
int[] months = new int[12];
```

创建二维数组的格式如下：

```
int[][] days = new int[2][3];
```

可以将二维数组看成一个表格，如上面创建的数组 days 可以看成表 2-4 所示的表格。

表 2-4 二维数组内部结构

索引	列索引 0	列索引 1	列索引 2
行索引 0	days[0][0]	days[0][1]	days[0][2]
行索引 1	days[1][0]	days[1][1]	days[1][2]

3．初始化数组

在声明数组的同时，也可以给数组元素一个初始值。一维数组初始化的代码如下：

```
int boy [] ={2,45,36,7,69};
```

上述语句等价于：

```
int boy [] = new int [5]
```

二维数组初始化的代码如下：

```
boolean holidays[][] = { { true, false, true }, { false, true, false } };
```

4．数组长度

数组元素的个数称为数组的长度。对于一维数组，"数组名.length"的值就是数组中元素的个数；对于二维数组，"数组名.length"的值是其含有的一维数组的个数。例如：

```
int [] months = new int [12];                        //一维数组 months
Boolean [] members = {false,true,true,false};        //一维数组 members
int[][] days = new int[2][3];                        //二维数组 days
boolean holidays[][] = { { true, false, true }, { false, true, false } };
                                                     //二维数组 holidays
```

如果需要获得一维数组的长度，可以使用下面的方式：

```
System.out.println(months.length);        // 输出值为 12
System.out.println(members.length);       // 输出值为 4
```

如果是通过下面的方式获得二维数组的长度，得到的是二维数组的行数：

```
System.out.println(days.length);          // 输出值为 2
System.out.println(holidays.length);      // 输出值为 2
```

如果需要获得二维数组的列数，可以使用下面的方式：

```
System.out.println(days[0].length);       // 输出值为 3
System.out.println(holidays[0].length);   // 输出值为 3
```

如果是通过"{}"创建的数组，数组中每一行的列数可以不相同。例如：

```
boolean holidays[][] = {
    { true, false, true },                 // 二维数组的第 1 行为 3 列
    { false, true },                       // 二维数组的第 2 行为 2 列
    { true, false, true, false } };        // 二维数组的第 3 行为 4 列
```

在这种情况下，通过下面的方式得到的只是第 1 行拥有的列数：

```
System.out.println(holidays[0].length);   // 输出值为 3
```

如果需要获得二维数组中第 2 行和第 3 行拥有的列数，可以使用下面的方式：

```
System.out.println(holidays[1].length);   // 输出值为 2
System.out.println(holidays[2].length);   // 输出值为 4
```

5．使用数组元素

一维数组通过索引符访问自己的元素，如 months[0]、months[1]等。需要注意的是，索引从 0 开始，而不是从 1 开始。如果数组中有 4 个元素，那么索引到 3 为止。

在访问数组中的元素时，需要同时指定数组标识符和元素在数组中的索引。例如，访问上述代码中创建的数组 months 和 members，输出索引位置为 2 的元素，代码如下：

```
System.out.println(months[2]);
System.out.println(members[2]);
```

二维数组也是通过索引符访问自己的元素，在访问数组中的元素时，需要同时指定数组标识符和元素在数组中的索引。例如，访问上述代码中创建的二维数组 days 和 holidays，

输出位于第 2 行、第 3 列的元素，代码如下：

```
System.out.println(days[1][2]);
System.out.println(holidays[1][2]);
```

2.5 借助 AIGC 工具快速学习

随着 AI 技术的迅猛发展，人们正步入一个全新的学习时代——利用 AI 技术高效学习。在学习程序开发的道路上，也可以利用 AIGC 工具。由于程序开发比较灵活，并且语法、技巧很多，要想全部记住比较难，在以前，通常的做法是都记录下来，需要时再查找，比较不方便。而借助 AIGC 工具，人们可以随时向它提问，查找想要的技术。例如，可以向讯飞星火（科大讯飞推出的 AIGC 工具）提问 Java 冒泡排序，其会给出详细的解释和示例代码，如图 2-6 所示。

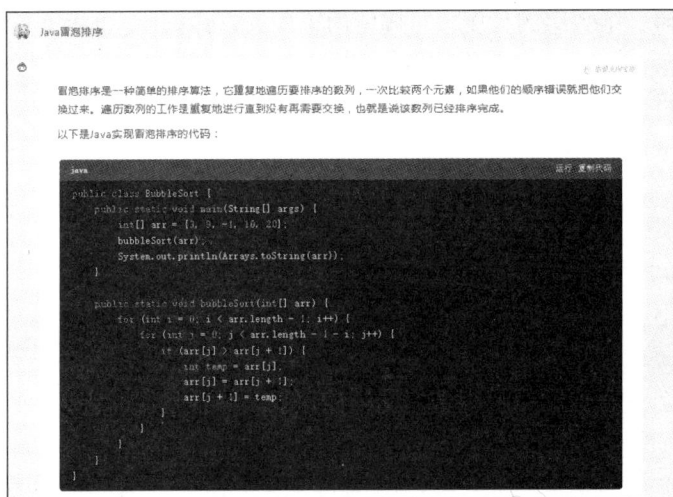

图 2-6　向 AIGC 工具请教不会实现的功能

另外，在学习过程中，如果遇到不理解的名词也可以向 AIGC 工具提问。例如，想要知道什么是引用数据类型，在讯飞星火中就可以如图 2-7 所示这样提问。

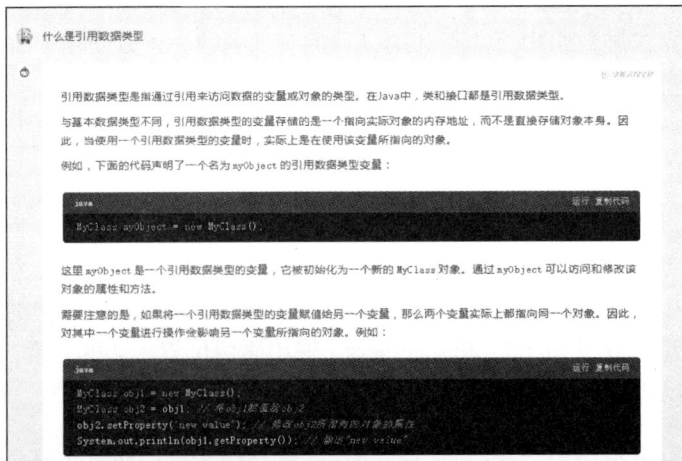

图 2-7　向 AIGC 工具请教不理解的名词

小结

本章深入学习了 Java 语言的基础知识，其中主要包括关键字与标识符，常量和变量的区别；基本数据类型、引用数据类型、基本类型与引用类型的区别，以及不同数据类型之间相互转换的方法和需要注意的一些事项；同时，讲解了一维数组和二维数组的使用方法，尤其是对二维数组的操作。

习题

2-1　简述常量和变量的区别。

2-2　编写一个程序，获得 int 型的默认值。

2-3　试指出下面表达式中的错误，并给出错误的原因。

```
short s = '6';
char c = 168;
int i = (int) true;
long l = 0123;
float f = -68;
double d = 0x1234567;
```

2-4　试给出下面程序的运行结果，并编译执行，验证自己的结论是否正确。

```java
public class Test {
    int i1 = 1;
    int i2;
    public static void main(String[] args) {
        int i = 3;
        Test test = new Test();
        System.out.println(i + test.i1 + test.i2);
    }
}
```

第3章 运算符与流程控制

程序运行时通常是由上至下顺次运行的，但有时程序会根据不同的条件选择不同的语句区块来运行，或是必须重复运行某一语句区块，或是跳转到某一语句区块继续运行。这些根据不同条件运行不同语句区块的方式称为程序流程控制。Java 语言中的程序流程控制语句有分支语句、循环语句和跳转语句 3 种。

本章要点：

- 掌握运算符的使用方法
- 掌握 if 语句的使用方法
- 掌握 switch 语句的使用方法
- 理解 if 语句和 switch 语句的区别
- 掌握 for、while、do…while 语句的使用方法，理解这 3 种语句的区别
- 掌握跳转语句的使用方法

3.1 运算符

在 Java 语言中，与类无关的运算符主要有赋值运算符、算术运算符、关系运算符、逻辑运算符和位运算符，下面将一一介绍各个运算符的使用方法。

3.1.1 赋值运算符

赋值运算符的符号为 "="，其作用是将数据、变量或对象赋值给相应类型赋值运算符的变量或对象。例如：

本小节微课

```java
int i = 75;                        // 将数据赋值给变量
long l = i;                        // 将变量赋值给变量
Object object = new Object();      // 创建对象
```

赋值运算符的结合性为从右到左。例如，在下面的代码中，首先计算表达式 "9412 + 75"，然后将计算结果赋值给变量 result：

```java
int result = 9412 + 75;
```

如果两个变量的值相同，也可以采用下面的方式完成赋值操作：

```java
int x, y;                          // 声明两个 int 型变量
x = y = 0;                         // 为两个变量同时赋值
```

3.1.2 算术运算符

算术运算符支持整数型数据和浮点数型数据的运算，当整数型数据与浮点数型数据之间进行算术运算时，Java 语言会自动完成数据类型转换，并且计算结果为浮点数型。Java 语言中的算术运算符如表 3-1 所示。

本小节微课

表 3-1　算术运算符

运算符	功能	举例	运算结果	结果类型
+	加法运算	10 + 7.5	17.5	double
−	减法运算	10 − 7.5F	2.5F	float
*	乘法运算	3 * 7	21	int
/	除法运算	21 / 3L	7L	long
%	求余运算	10 % 3	1	int

在进行算术运算时，有两种情况需要考虑，一种情况是没有小数参与运算，另一种情况则是有小数参与运算。

1．没有小数参与运算

对整数型数据或变量进行加法（+）、减法（−）和乘法（*）运算与数学中的运算方式完全相同，这里不再介绍。下面介绍在整数之间进行除法（/）和求余（%）运算时需要注意的问题。

（1）进行除法运算时需要注意的问题

当在整数型数据和变量之间进行除法运算时，无论能否整除，运算结果都将是一个整数，并且并不是通过四舍五入得到的整数，而只是简单地去掉小数部分。例如，通过下面的代码分别计算 10 除以 3 和 5 除以 2，输出的运算结果依次为 3 和 2：

```
System.out.println(10 / 3);        // 运算结果为 3
System.out.println(5 / 2);         // 运算结果为 2
```

（2）进行求余运算时需要注意的问题

当在整数型数据和变量之间进行求余运算时，运算结果为数学运算中的余数。例如，通过下面的代码分别计算 10 除以 3 求余数、10 除以 5 求余数和 10 除以 7 求余数，输出的运算结果依次为 1、0 和 3：

```
System.out.println(10 % 3);        // 运算结果为 1
System.out.println(10 % 5);        // 运算结果为 0
System.out.println(10 % 7);        // 运算结果为 3
```

（3）关于 0 的问题

与数学运算一样，0 可以做被除数，但是不可以做除数。当 0 做被除数时，无论是除法运算还是求余运算，运算结果都为 0。例如，通过下面的代码分别计算 0 除以 6 和 0 除以 6 求余数，输出的运算结果均为 0：

```
System.out.println(0 / 6);         // 运算结果为 0
System.out.println(0 % 6);         // 运算结果为 0
```

如果 0 做除数，虽然可以编译成功，但是在运行时会抛出 java.lang.ArithmeticException 异常，即算术运算异常。

2．有小数参与运算

在对浮点数型数据或变量进行算术运算时，如果在算术表达式中含有 double 型数据或变量，则运算结果为 double 型，否则运算结果为 float 型。

在对浮点数型数据或变量进行算术运算时，计算结果在小数点后可能会包含 n 位小数，这些小数在有些时候并不是精确的，计算结果反而会与数学运算中的结果存在一定的误差，只能是尽量接近数学运算中的结果。例如，在计算 4.0 减去 2.1 时，不同的数据类型会得到不同的计算结果，但是都尽量接近或等于数学运算结果 1.9，代码如下：

```
System.out.println(4.0F - 2.1F);    // 运算结果为 1.9000001
System.out.println(4.0 - 2.1F);     // 运算结果为 1.9000000953674316
System.out.println(4.0F - 2.1);     // 运算结果为 1.9
System.out.println(4.0 - 2.1);      // 运算结果为 1.9
```

如果被除数为浮点数型数据或变量，无论是除法运算还是求余运算，0 都可以做除数。如果是除法运算，当被除数是正数时，运算结果为 Infinity，表示无穷大；当被除数是负数时，运算结果为-Infinity，表示无穷小；如果是求余运算，运算结果为 NaN。例如：

```
System.out.println(7.5 / 0);     // 运算结果为 Infinity
System.out.println(-7.5 / 0);    // 运算结果为-Infinity
System.out.println(7.5 % 0);     // 运算结果为 NaN
System.out.println(-7.5 % 0);    // 运算结果为 NaN
```

3.1.3 关系运算符

关系运算符用于比较大小，运算结果为 boolean 型。当关系表达式成立时，运算结果为 true；当关系表达式不成立时，运算结果为 false。Java 语言中的关系运算符如表 3-2 所示。

本小节微课

表 3-2 关系运算符

运算符	功能	举例	运算结果	可运算数据类型
>	大于	'a' > 'b'	false	整数型、浮点数型、字符型
<	小于	2 < 3.0	true	整数型、浮点数型、字符型
==	等于	'X' == 88	true	所有数据类型
!=	不等于	true != true	false	所有数据类型
>=	大于或等于	6.6 >= 8.8	false	整数型、浮点数型、字符型
<=	小于或等于	'M' <= 88	true	整数型、浮点数型、字符型

从表 3-2 中可以看出，所有关系运算符均可用于整数型、浮点数型和字符型，其中"=="和"!="还可用于 boolean 型和引用数据类型，即可用于所有的数据类型。

⚠️ 注意：要注意关系运算符"=="和赋值运算符"="的区别。

3.1.4 逻辑运算符

逻辑运算符用于对 boolean 型数据进行运算，运算结果仍为 boolean 型。Java 语言中的逻辑运算符有"!"（取反）、"^"（异或）、"&"（非简洁与）、"|"（非简洁或）、"&&"（简洁与）和"||"（简洁或）。下面将依次介绍各个运算符的用法和特点。

本小节微课

1．运算符"!"

运算符"!"用于对逻辑值进行取反运算。当逻辑值为 true 时，经过取反运算后运算结果为 false；当逻辑值为 false 时，经过取反运算后运算结果则为 true。例如：

```
System.out.println(!true);                  // 运算结果为 false
System.out.println(!false);                 // 运算结果为 true
```

2．运算符"^"

运算符"^"用于对逻辑值进行异或运算。当运算符的两侧同时为 true 或 false 时，运算结果为 false，否则运算结果为 true。例如：

```
System.out.println(true ^ true);            // 运算结果为 false
System.out.println(true ^ false);           // 运算结果为 true
System.out.println(false ^ true);           // 运算结果为 true
System.out.println(false ^ false);          // 运算结果为 false
```

3．运算符"&&"和"&"

运算符"&&"和"&"均用于逻辑与运算。当运算符的两侧同时为 true 时，运算结果为 true，否则运算结果均为 false。例如：

```
System.out.println(true & true);            // 运算结果为 true
System.out.println(true & false);           // 运算结果为 false
System.out.println(false & true);           // 运算结果为 false
System.out.println(false & false);          // 运算结果为 false
System.out.println(true && true);           // 运算结果为 true
System.out.println(true && false);          // 运算结果为 false
System.out.println(false && true);          // 运算结果为 false
System.out.println(false && false);         // 运算结果为 false
```

运算符"&&"与"&"的区别如下。

（1）运算符"&&"只有在其左侧为 true 时，才运算其右侧的逻辑表达式，否则直接返回运算结果 false。

（2）运算符"&"无论其左侧为 true 或 false，都要运算其右侧的逻辑表达式，最后才返回运算结果。

下面代码中，首先声明两个 int 型变量 x 和 y，并分别初始化为 7 和 5。然后，运算表达式"(x < y) && (x++ == y--)"（有关自动递增、自动递减巨算符的说明见表 3-4），并输出表达式的运算结果。在该表达式中，如果运算符"&&"右侧的表达式"(x++ == y--)"被执行，变量 x 和 y 的值将分别变为 8 和 4。最后，输出变量 x 和 y 的值。

```
int x = 7, y = 5;
System.out.println((x < y) && (x++ == y--));    // 运算结果为 false
System.out.println("x=" + x);                    // x 的值为 7
System.out.println("y=" + y);                    // y 的值为 5
```

执行上面的代码，表达式的运算结果为 false，变量 x 和 y 的值分别为 7 和 5，说明当运算符"&&"的左侧为 false 时，并不执行右侧的表达式。下面将运算符"&&"修改为"&"，代码如下：

```
int x = 7, y = 5;
System.out.println((x < y) & (x++ == y--));     // 运算结果为 false
```

```
System.out.println("x=" + x);              // x 的值为 8
System.out.println("y=" + y);              // y 的值为 4
```

执行上面的代码，表达式的运算结果为 false，变量 x 和 y 的值分别为 8 和 4，说明当运算符 "&" 的左侧为 false 时，也要执行右侧的表达式。

4．运算符"||"和"|"

运算符 "||" 和 "|" 均用于逻辑或运算。当运算符的两侧同时为 false 时，运算结果为 false，否则运算结果均为 true。例如：

```
System.out.println(true | true);           // 运算结果为 true
System.out.println(true | false);          // 运算结果为 true
System.out.println(false | true);          // 运算结果为 true
System.out.println(false | false);         // 运算结果为 false
System.out.println(true || true);          // 运算结果为 true
System.out.println(true || false);         // 运算结果为 true
System.out.println(false || true);         // 运算结果为 true
System.out.println(false || false);        // 运算结果为 false
```

运算符 "||" 与 "|" 的区别如下。

（1）运算符 "||" 只有在其左侧为 false 时，才运算其右侧的逻辑表达式，否则直接返回运算结果 true。

（2）运算符 "|" 无论其左侧为 true 或 false，都要运算其右侧的逻辑表达式，最后才返回运算结果。

下面代码中，首先声明两个 int 型变量 x 和 y，并分别初始化为 7 和 5。然后，运算表达式 "(x > y) || (x++ == y--)"，并输出表达式的运算结果。在该表达式中，如果运算符 "||" 右侧的表达式 "(x++ == y--)" 被执行，变量 x 和 y 的值将分别变为 8 和 4。最后，输出变量 x 和 y 的值。

```
int x = 7, y = 5;
System.out.println((x > y) || (x++ == y--));  // 运算结果为 true
System.out.println("x=" + x);                 // x 的值为 7
System.out.println("y=" + y);                 // y 的值为 5
```

执行上面的代码，表达式的运算结果为 true，变量 x 和 y 的值分别为 7 和 5，说明当运算符 "||" 的左侧为 true 时，并不执行右侧的表达式。下面将运算符 "||" 修改为 "|"，代码如下：

```
int x = 7, y = 5;
System.out.println((x > y) | (x++ == y--));   // 运算结果为 true
System.out.println("x=" + x);                 // x 的值为 8
System.out.println("y=" + y);                 // y 的值为 4
```

执行上面的代码，表达式的运算结果为 true，变量 x 和 y 的值分别为 8 和 4，说明当运算符 "|" 的左侧为 true 时，也要执行右侧的表达式。

3.1.5　位运算符

位运算是对操作数以二进制位为单位进行的操作和运算，运算结果均为整数型。位运算符又分为逻辑位运算符和移位运算符。

本小节微课

1．逻辑位运算符

逻辑位运算符有 "~"（按位取反）、"&"（按位与）、"|"（按位或）和 "^"（按位异或），

用来对操作数进行按位运算。逻辑位运算符的运算规则如表 3-3 所示。

表 3-3　逻辑位运算符的运算规则

操作数 x	操作数 y	~x	x&y	x|y	x^y
0	0	1	0	0	0
0	1	1	0	1	1
1	0	0	0	1	1
1	1	0	1	1	0

按位取反运算是将二进制位中的 0 修改为 1，1 修改为 0；在进行按位与运算时，只有当两个二进制位都为 1 时，结果才为 1；在进行按位或运算时，只要有一个二进制位为 1，结果就为 1；在进行按位异或运算时，当两个二进制位同时为 0 或 1 时，结果为 0，否则结果为 1。

【例 3-1】　逻辑位运算符的运算规则。

下面是几个用来理解各个逻辑位运算符运算规则的例子，代码如下：

```java
public class Example {
    public static void main(String[] args) {
        int a = 5 & -4;        // 运算结果为 4
        int b = 3 | 6;         // 运算结果为 7
        int c = 10 ^ 3;        // 运算结果为 9
        int d = ~(-14);        // 运算结果为 13
    }
}
```

上述代码中各表达式的运算过程分别如图 3-1 ~ 图 3-4 所示。

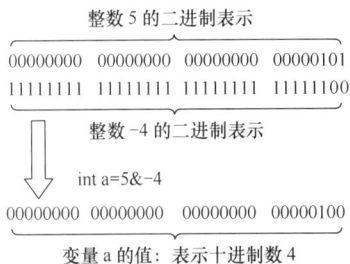

整数 5 的二进制表示

00000000　00000000　00000000　00000101
11111111　11111111　11111111　11111100

整数 -4 的二进制表示

int a=5&-4

00000000　00000000　00000000　00000100

变量 a 的值：表示十进制数 4

图 3-1　表达式"5 & -4"的运算过程

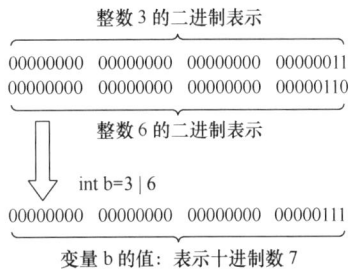

整数 3 的二进制表示

00000000　00000000　00000000　00000011
00000000　00000000　00000000　00000110

整数 6 的二进制表示

int b=3 | 6

00000000　00000000　00000000　00000111

变量 b 的值：表示十进制数 7

图 3-2　表达式"3 | 6"的运算过程

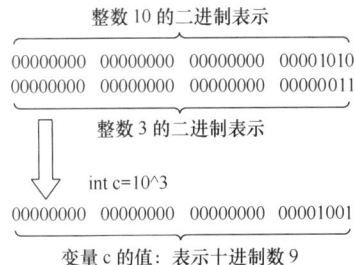

整数 10 的二进制表示

00000000　00000000　00000000　00001010
00000000　00000000　00000000　00000011

整数 3 的二进制表示

int c=10^3

00000000　00000000　00000000　00001001

变量 c 的值：表示十进制数 9

图 3-3　表达式"10 ^ 3"的运算过程

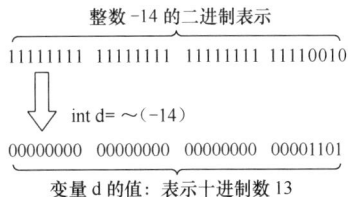

整数 -14 的二进制表示

11111111　11111111　11111111　11110010

int d= ~(-14)

00000000　00000000　00000000　00001101

变量 d 的值：表示十进制数 13

图 3-4　表达式"~(-14)"的运算过程

2．移位运算符

移位运算符有"<<"（左移，低位添 0 补齐）、">>"（右移，高位添符号位）和">>>"（右移，高位添 0 补齐），用来对操作数进行移位运算。

【例 3-2】 移位运算符的运算规则。

下面是几个用来理解各个移位运算符运算规则的例子，代码如下：

```java
public class Example {
    public static void main(String[] args) {
        int a = -2 << 3;        // 运算结果为-16
        int c = 15 >> 2;        // 运算结果为3
        int e = 4 >>> 2;        // 运算结果为1
        int f = -5 >>> 1;       // 运算结果为2147483645
    }
}
```

上述代码中各表达式的运算过程分别如图 3-5 ~ 图 3-8 所示。

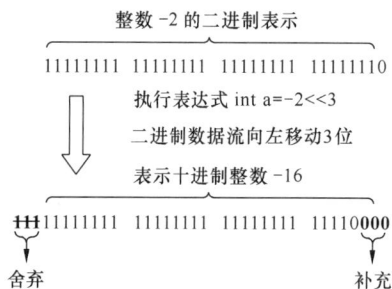

图 3-5　表达式 "-2 << 3" 的运算过程

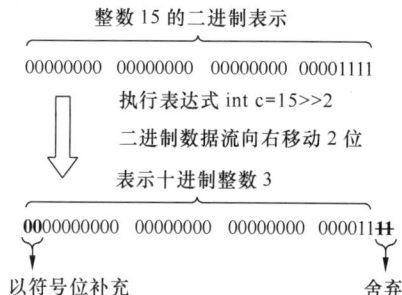

图 3-6　表达式 "15 >> 2" 的运算过程

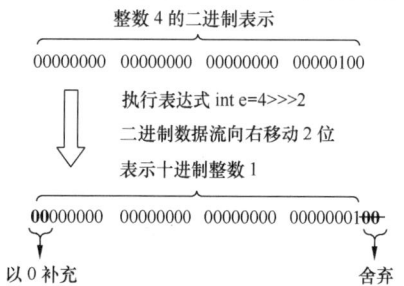

图 3-7　表达式 "4 >>> 2" 的运算过程

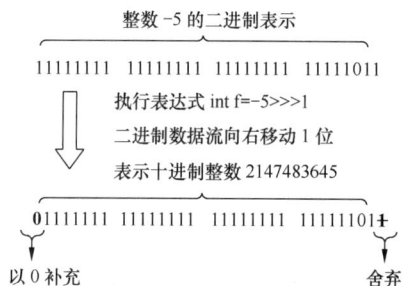

图 3-8　表达式 "-5 >>> 1" 的运算过程

3.1.6　对象运算符

对象运算符（Instanceof）用来判断对象是否为某一类型，运算结果为 boolean 型，如果是则返回 true，否则返回 false。对象运算符的关键字为 "instanceof"，格式如下：

本小节微课

```
对象标识符 instanceof 类型标识符
```

例如：

```java
java.util.Date date = new java.util.Date();
System.out.println(date instanceof java.util.Date);    // 运算结果为true
System.out.println(date instanceof java.sql.Date);     // 运算结果为false
```

3.1.7　其他运算符

除了前面介绍的几类运算符，Java 语言中还有一些其他运算符，如表 3-4 所示。

本小节微课

表 3-4　其他运算符的运算规则

运算符	说明	运算结果类型
++	一元运算符，自动递增	与操作元的类型相同
--	一元运算符，自动递减	与操作元的类型相同
?:	三元运算符，根据 "?" 左侧的逻辑值，决定返回 ":" 两侧中的一个值，类似 if...else 流程控制语句	与返回值的类型相同
[]	用于声明、建立或访问数组的元素	若用于创建数组对象，则类型为数组；若用于访问数组元素，则类型为该数组的类型
.	用来访问类的成员或对象的实例成员	若访问的是成员变量，则类型与该变量相同；若访问的是方法，则类型与该方法的返回值相同

下面将重点讲解自动递增、自动递减和三元运算符。

1. 自动递增、自动递减运算符

与 C、C++语言相同，Java 语言也提供了自动递增与自动递减运算符，其作用是自动将变量值加 1 或减 1。它们既可以放在操作元的前面，又可以放在操作元的后面，根据运算符位置的不同，最终得到的结果也不同：放在操作元前面的自动递增、自动递减运算符，会先将变量的值加 1，再使该变量参与表达式的运算；放在操作元后面的自动递增、自动递减运算符，会先使变量参与表达式的运算，再将该变量加 1。例如：

```
int num1=3;
int num2=3;
int a=2+(++num1);          //先将变量 num1 加 1，再执行"2+4"
int b=2+(num2++);          //先执行"2+3"，再将变量 num2 加 1
System.out.println(a);     //输出结果为 6
System.out.println(b);     //输出结果为 5
System.out.println(num1);  //输出结果为 4
System.out.println(num2);  //输出结果为 4
```

⚠ **注意**：自动递增、自动递减运算符的操作元只能为变量，不能为字面常数和表达式，且该变量类型必须为整数型、浮点数型或 Java 包装类型。例如，"++1""(num+2)++" 都是错误的。

2. 三元运算符 "?:"

三元运算符 "?:" 的格式如下：

```
逻辑表达式 ? 表达式 1 : 表达式 2
```

三元运算符 "?:" 的运算规则如下：若逻辑表达式的值为 true，则整个表达式的值为表达式 1 的值，否则为表达式 2 的值。例如：

```
int store=12;
System.out.println(store<=5?"库存不足! ":"库存量:"+store);//输出结果为"库存量: 12"
```

以上代码等价于如下的 if...else 语句：

```
int store = 12;
if (store <= 5)
    System.out.println("库存不足! ");
else
    System.out.println("库存量: " + store);
```

应该注意的是，对于三元运算符 "?:" 中的表达式 1 和表达式 2，只有其中的一个表达式会被执行。例如：

```java
int x = 7, y = 5;
System.out.println(x > y ? x++ : y++); // 输出结果为 7
System.out.println("x=" + x);          // x 的值为 8
System.out.println("y=" + y);          // y 的值为 5
```

3.1.8　运算符的优先级别及结合性

当在一个表达式中存在多个运算符进行混合运算时，会根据运算符的优先级别来决定执行顺序。Java 语言中运算符的优先级如表 3-5 所示。

本小节微课

表 3-5　运算符的优先级

优先级	说明	运算符									
最高	括号	()									
	后置运算符	[]	.								
	正负号	+	−								
	一元运算符	++	−−	!	~						
	乘除运算	*	/	%							
	加减运算	+	−								
	移位运算	<<	>>	>>>							
	比较大小	<	>	<=	>=						
	比较是否相等	==	!=								
	按位与运算	&									
	按位异或运算	^									
	按位或运算	|									
	逻辑与运算	&&									
	逻辑或运算	||									
	三元运算符	?:									
最低	赋值及复合赋值	=	*=	/=	%=	+=	−=	>>=	>>>=	<<<=	&=	^=	|=

表 3-5 所列运算符的优先级，由上而下逐渐降低。其中，优先级最高的是前文未提及的括号 "()"，其使用方法与数学运算中的括号一样，只是用来指定括号内的表达式要优先处理，括号内的多个运算符仍然要依照表 3-5 所示的优先级顺序进行运算。

对于处在同一层级的运算符，则按照它们的结合性，即 "先左后右" 或者 "先右后左" 的顺序来执行。Java 语言中除赋值运算符的结合性为 "先右后左" 外，其他所有运算符的结合性都是 "先左后右"。

3.2　if 语句

if 语句也称条件语句，就是对语句中不同条件的值进行判断，从而根据不同的条件执行不同的语句。

if 语句可分为以下 3 种形式。

（1）简单的 if 条件语句。

（2）if...else 条件语句。

（3）if...else if 多分支条件语句。

3.2.1　简单的 if 条件语句

简单的 if 条件语句就是对某种条件进行相应的处理，通常表现为"如果满足某种情况，就进行某种处理"。简单的 if 条件语句的一般格式如下：

本小节微课

```
if(表达式){
语句序列
}
```

例如，如果今天下雨，我们就不出去玩，则 if 条件语句如下：

```
if(今天下雨){
    我们就不出去玩
}
```

（1）表达式：必要参数，其值可以由多个表达式组成，但是最后结果一定是 boolean 类型，即结果只能是 true 或 false。

（2）语句序列：可选参数，一条或多条语句，当表达式的值为 true 时执行这些语句。当语句序列省略时，可以保留大括号，也可以去掉大括号，并在 if 语句的末尾添加分号";"。如果该语句只有一条语句，大括号也可以省略不写，但为了增强程序的可读性，最好不省略。下面的代码都是正确的：

```
if(今天下雨);
if(今天下雨)
    我们就不出去玩
```

简单的 if 条件语句的执行过程如图 3-9 所示。

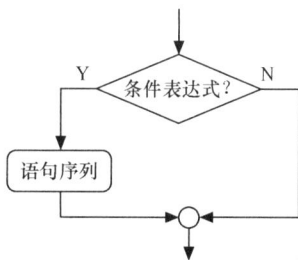

图 3-9　简单的 if 条件语句的执行过程

【例 3-3】　使用 if 语句求出 c 的最终结果。

```
public class Example1{
    public static void main(String  args[]){
        int a=3,b=4,c=0;
        if(a<b){                                    //比较 a 和 b
            c=a;                                    //a 的值赋值给 c
        }
        if(a>b){                                    //比较 a 和 b
            c=b;                                    //b 值赋值给 c
        }
        System.out.println("c 的最终结果为: "+c);    //输出 c 值
```

```
        }
    }
```

程序运行结果如图 3-10 所示。

【例 3-4】 在企业进销存管理系统的系统登录窗体中，判断用户名和密码是错误的。

```
userStr = userField.getText();                          // 获得"用户名"文本框中的内容
String passStr = new String(passwordField.getPassword()); // 获得"密码"文本框中的内容
if (!Dao.checkLogin(userStr, passStr)) {                // 验证用户名、密码失败
    JOptionPane.showMessageDialog(LoginDialog.this, "用户名与密码无法登录", "登录失败",
            JOptionPane.ERROR_MESSAGE);                 // 弹出"登录失败"对话框
    return;
}
```

程序运行结果如图 3-11 所示。

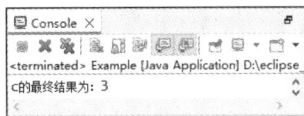

图 3-10   例 3-3 的运行结果

图 3-11   例 3-4 的运行结果

3.2.2   if…else 条件语句

if…else 条件语句也是条件语句的一种通用形式。其中，else 是可选的，通常表现为"如果满足某种条件，就进行某种处理，否则进行另一种处理"。if…else 语句的一般格式如下：

本小节微课

```
if(表达式){
    语句序列 1
}else{
    语句序列 2
}
```

例如，如果指定年为闰年，二月份为 29 天，否则二月份为 28 天，则 if…else 条件语句如下：

```
if(指定年为闰年){
    二月份为 29 天
}else{
    二月份为 28 天
}
```

（1）表达式：必要参数，其值可以由多个表达式组成，但是最后结果一定是 boolean 类型，即结果只能是 true 或 false。

（2）语句序列 1：可选参数，一条或多条语句，当表达式的值为 true 时执行这些语句。

（3）语句序列 2：可选参数，一条或多条语句，当表达式的值为 false 时执行这些语句。

if…else 条件语句的执行过程图 3-12 所示。

【例 3-5】 用 if…else 语句判断 69 与 29 的大小。

```
public class Example2{
    public static void main(String args[]){
```

```
            int a=69,b=29;
            if(a>b){                                     //判断a与b的大小
                System.out.println(a+"大于"+b);
            }else{
                System.out.println(a+"小于"+b);
            }
        }
    }
```

程序运行结果如图 3-13 所示。

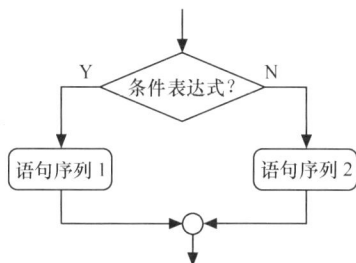

图 3-12 if…else 条件语句的执行过程

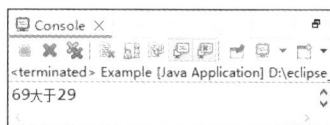

图 3-13 例 3-5 的运行结果

【例 3-6】 在企业进销存管理系统的更改密码窗体中，判断"新密码"密码框中的文本内容和"确认新密码"密码框中的文本内容是否一致。

```
String newPass1Str = newPass1.getText();       // 获取"新密码"密码框中的文本内容
String newPass2Str = newPass2.getText();       // 获取"确认新密码"密码框中的文本内容
// "新密码"密码框中的文本内容与"确认新密码"密码框中的文本内容相同
if (newPass1Str.equals(newPass2Str)) {
    String oldPassStr = oldPass.getText();     // 获取"旧密码"密码框中的文本内容
    int res = Dao.modifyPassword(oldPassStr, newPass1Str);   // 获得更改密码的记录条数
    if (res <= 0) {                            // 更改密码的记录条数不大于 0
        String failed = "密码修改失败，请检测旧密码是否正确。";  // 初始化密码修改失败的字符串
        // 弹出密码修改失败的提示框
        JOptionPane.showMessageDialog(getContentPane(), failed);
        return;                                // 退出应用程序
    }
    // 弹出密码修改成功的提示框
    JOptionPane.showMessageDialog(getContentPane(), "密码修改成功。");
} else {// "新密码"密码框中的文本内容与"确认新密码"密码框中的文本内容不相同
    // 弹出两次输入的密码不一致的提示框
    JOptionPane.showMessageDialog
        (getContentPane(), "两次输入的密码不一致，请重新输入。");
}
```

程序运行结果如图 3-14 所示。

3.2.3 if…else if 多分支条件语句

if…else if 多分支条件语句用于针对某一事件的多种情况进行处理，通常表现为"如果满足某种条件，就进行某种处理，否则如果满足另一种条件才执行另一种处理"。if…else if 多分支条件语句的一般格式如下：

本小节微课

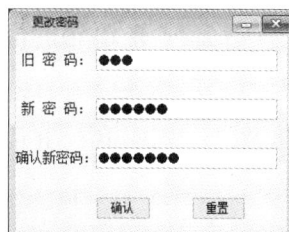

图 3-14 例 3-6 的运行结果

```
if(表达式1){
    语句序列1
}else if(表达式2){
    语句序列2
}else{
    语句序列n
}
```

例如，如果今天是星期一，上数学课；如果今天是星期二，上语文课；否则上自习。if...else if 多分支条件语句如下：

```
if(今天是星期一){
    上数学课
}else if(今天是星期二){
    上语文课
}else{
    上自习
}
```

（1）表达式 1 和表达式 2：必要参数，其值可以由多个表达式组成，但是最后结果一定是 boolean 类型，即结果只能是 true 或 false。

（2）语句序列 1：可选参数，一条或多条语句，当表达式 1 的值为 true 时执行这些语句。

（3）语句序列 2：可选参数，一条或多条语句，当表达式 1 的值为 false，表达式 2 的值为 true 时执行这些语句。

（4）语句序列 n：可选参数，一条或多条语句，当表达式 1 的值为 false，表达式 2 的值也为 false 时执行这些语句。

if...else if 多分支条件语句的执行过程如图 3-15 所示。

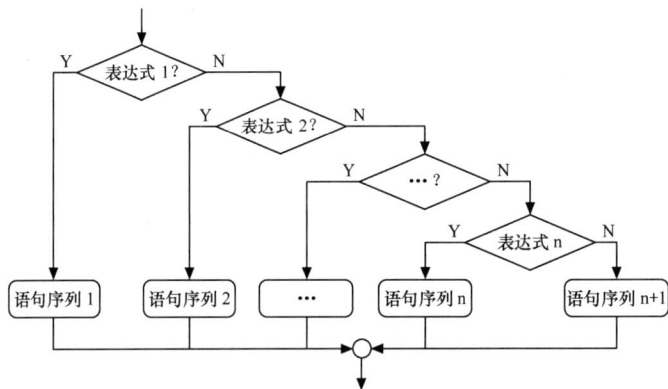

图 3-15　if...else if 多分支条件语句的执行过程

3.2.4　if 语句的嵌套

if 语句的嵌套就是在 if 语句中又包含一个或多个 if 语句，一般用在比较复杂的分支语句中。if 语句的嵌套的一般格式如下：

本小节微课

```
if(表达式1){
    if(表达式2){
        语句序列1
    }else{
        语句序列2
```

```
        }
    }else{
        if(表达式 3){
            语句序列 3
        }else{
            语句序列 4
        }
    }
```

表达式 1、表达式 2 和表达式 3：必要参数，其值可以由多个表达式组成，但是最后结果一定是 boolean 类型，即结果只能是 true 或 false。

（1）语句序列 1：可选参数，一条或多条语句，当表达式 1 和表达式 2 的值都为 true 时执行这些语句。

（2）语句序列 2：可选参数，一条或多条语句，当表达式 1 值为 ture，而表达式 2 的值为 false 时执行这些语句。

（3）语句序列 3：可选参数，一条或多条语句，当表达式 1 的值为 false，而表达式 3 的值为 ture 时执行这些语句。

（4）语句序列 4：可选参数，一条或多条语句，当表达式 1 的值为 false，且表达式 3 的值也为 false 时执行这些语句。

【例 3-7】 用 if 语句的嵌套实现：判断英语成绩得 78 分处在什么阶段。

条件如下：成绩大于或等于 90 分为优，成绩在 75～90 分为良，成绩在 60～75 分为及格，成绩小于 60 分为不及格。

```java
public class Example3 {
    public static void main(String args[]){
        int English=78;
        if(English>=75){                        //判断 English 分数是否大于或等于 75
            if(English>=90){                    //判断 English 分数是否大于或等于 90
                System.out.println("英语打"+English+"分: ");
            System.out.println("英语是优");
            }else{
                System.out.println("英语打"+English+"分: ");
                System.out.println("英语是良");
            }
        }else{
            if(English>=60){                    //判断 English 分数是否大于或等于 60
                System.out.println("英语打"+English+"分: ");
                System.out.println("英语及格了");
            }else{
                System.out.println("英语打"+English+"分: ");
                System.out.println("英语不及格");
            }
        }
    }
}
```

程序运行结果如图 3-16 所示。

在嵌套的语句中最好不要省略大括号，以免造成视觉的错误与程序的混乱。例如：

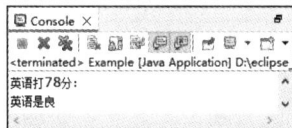

图 3-16 例 3-7 的运行结果

```java
if(result>=0)
    if(result>0)
```

```
        System.out.println("yes");
    else
        System.out.println("no");
```

这样即使 result 等于 0，也会输出 no，因此很难判断 else 语句与哪个 if 配对。为了避免这种情况，最好加上大括号为代码划分界限。代码如下：

```
if(result>=0){
    if(result>0){
        System.out.println("yes");
    }
}else{
    System.out.println("no");
}
```

3.3 switch 语句

switch 语句是多分支的开关语句，根据表达式的值执行输出语句，一般用于多条件多值的分支语句中。switch 语句的一般格式如下：

本节微课

```
switch(表达式){
    case 常量表达式1: 语句序列1
        [break;]
    case 常量表达式2: 语句序列2
        [break;]
    ...
    case 常量表达式n: 语句序列n
        [break;]
    default: 语句序列n+1
        [break;]
}
```

（1）表达式：switch 语句中表达式的值必须是整数型或字符型，即 int、short、byte 和 char 型。

（2）常量表达式 1：常量表达式 1 的值也必须是整数型或字符型，与表达式数据类型相兼容的值。

（3）常量表达式 n：与常量表达式 1 的值类似。

（4）语句序列 1：一条或多条语句。当常量表达式 1 的值与表达式的值相同时，则执行该语句序列；如果不同，则继续判断，直到执行表达式 n。

（5）语句序列 n：一条或多条语句。当表达式的值与常量表达式 n 的值相同时，则执行该语句序列；如果不同，则执行 default 语句。

（6）default：可选参数。如果没有该参数，并且所有常量值与表达式的值不匹配，那么 switch 语句就不会进行任何操作。

（7）break：主要用于跳转语句。

switch 语句的执行过程如图 3-17 所示。

【例 3-8】 用 switch 语句判断：在 10、20、30 之间是否

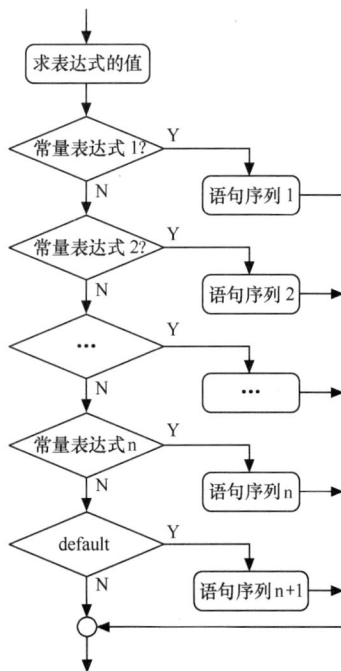

图 3-17　switch 语句的执行过程

有符合 5 乘以 7 的结果。

```
public class Example4{
    public static void main(String args[]){
        int x=5,y=7;
        switch(x*y){                                    //x 乘以 y 作为判断条件
            case 10 :                                   //当 x 乘以 y 为 10 时
                System.out.println("10");
                break;
            case 20 :                                   //当 x 乘以 y 为 20 时
                System.out.println("20");
                break;
            case 30:                                    //当 x 乘以 y 为 30 时
                System.out.println("30");
                break;
            default :
                System.out.println("以上没有匹配的");
        }
    }
}
```

程序运行结果如图 3-18 所示。

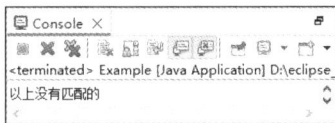

图 3-18　例 3-8 的运行结果

3.4 循环语句

循环语句就是重复执行某段程序代码，直到满足特定条件为止。在 Java 语言中，循环语句有以下 3 种形式。

（1）for 循环语句。

（2）while 循环语句。

（3）do…while 循环语句。

3.4.1 for 循环语句

for 循环语句是常用的循环语句之一，一般用在循环次数已知的情况下。for 循环语句的一般格式如下：

本小节微课

```
for(初始化语句;循环条件;迭代语句){
    语句序列
}
```

（1）初始化语句：初始化循环体变量。

（2）循环条件：起决定作用，用于判断是否继续执行循环体。其值是 boolean 型的表达式，即结果只能是 true 或 false。

（3）迭代语句：用于改变循环条件的语句。

（4）语句序列：称为循环体，循环条件的结果为 true 时，重复执行。

for 循环语句的执行过程：首先执行初始化语句；然后判断循环条件，当循环条件为 true

时，就执行一次循环体；最后执行迭代语句，改变循环变量的值，这样就结束了一轮的循环。接下来进行下一次循环，直到循环条件的值为 false 时，才结束循环。

for 循环语句的执行过程如图 3-19 所示。

【例 3-9】 用 for 循环语句实现输出 1～10 的所有整数。

```java
public class Example5{
    public static void main (String args[]){
        System.out.println("10 以内的所有整数为：");
        for(int i=1;i<=10;i++){
            System.out.println(i);
        }
    }
}
```

程序运行结果如图 3-20 所示。

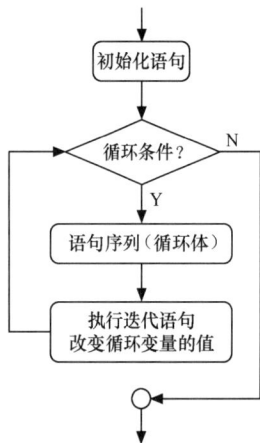

图 3-19　for 循环语句的执行过程

图 3-20　例 3-9 的运行结果

⚠ **注意**：一定不要让程序无止境地执行，否则会造成死循环。

例如，在下面的程序中每执行一次 "i++"，i 就会加 1，永远满足循环条件，该循环永远不会终止。

```java
for(int i=0;i>=0;i++){
    System.out.println(i);
}
```

【例 3-10】 在企业进销存管理系统的库存盘点窗体中，遍历存储库存信息的集合。

```java
List kcInfos = Dao.getKucunInfos();                        // 获得库存信息的集合
for (int i = 0; i < kcInfos.size(); i++) {                 // 遍历库存信息的集合
    List info = (List) kcInfos.get(i);                     // 获得库存信息集合中的元素
    Item item = new Item();                                // 数据表公共类
    item.setId((String) info.get(0));                      // 经手人编号
    item.setName((String) info.get(1));                    // 经手人姓名
    TbSpinfo spinfo = Dao.getSpInfo(item);                 // 读取商品信息
    Object[] row = new Object[columnNames.length];         // 创建长度为表头数组长度的数组
    if (spinfo.getId() != null && !spinfo.getId().isEmpty()) {// 如果商品编号不为空
        row[0] = spinfo.getSpname();                       // 添加行数据之"商品名称"
        row[1] = spinfo.getId();                           // 添加行数据之"商品编号"
        row[2] = spinfo.getGysname();                      // 添加行数据之"供应商"
```

```
        row[3] = spinfo.getCd();              // 添加行数据之"产地"
        row[4] = spinfo.getDw();              // 添加行数据之"单位"
        row[5] = spinfo.getGg();              // 添加行数据之"规格"
        row[6] = info.get(2).toString();      // 添加行数据之"单价"
        row[7] = info.get(3).toString();      // 添加行数据之"数量"
        row[8] = spinfo.getBz();              // 添加行数据之"包装"
        row[9] = 0;                           // 添加行数据之"盘点数量"
        row[10] = 0;                          // 添加行数据之"损益数量"
        tableModel.addRow(row);               // 向表格默认模型中添加行数据
        String pzsStr = pzs.getText();        // 获得"品种数"文本框中的文本内容
        int pzsInt = Integer.parseInt(pzsStr); // 将 String 型的"品种数"转换为 int 型
        pzsInt++;                             // "品种数"加 1
        pzs.setText(pzsInt + "");             // 设置"品种数"文本框中的文本内容
    }
}
```

程序运行结果如图 3-21 所示。

图 3-21   例 3-10 的运行结果

3.4.2   while 循环语句

while 循环语句是用一个表达式来控制循环的语句。while 循环语句的一般格式如下：

```
while(表达式){
    语句序列
}
```

表达式：用于判断是否执行循环，其值必须是 boolean 型的，即结果只能是 true 或 false。当循环开始时，首先会执行表达式，如果表达式的值为 true，则会执行语句序列，即循环体；当到达循环体的末尾时，会再次执行表达式，直到表达式的值为 false，开始执行循环语句后面的语句。

while 循环语句的执行过程如图 3-22 所示。

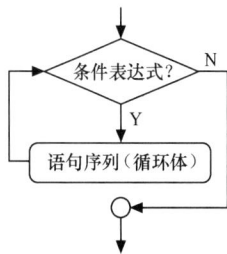

图 3-22   while 循环语句的执行过程

【例 3-11】   计算 1～99 的整数和。

```
public class Example6{
    public static void main(String args[]){
```

```
        int sum=0;
        int i=1;
        while(i<100){                    //当 i 小于 100
            sum+=i;                      //累加 i 的值
            i++;
        }
        System.out.println("从 1 到 99 的整数和为: "+sum);
    }
}
```

程序运行结果如图 3-23 所示。

图 3-23　例 3-11 的运行结果

⚠️ **注意**：一定要保证程序正常结束，否则会造成死循环。

例如，因为 0 永远都小于 100，所以下面的程序运行后将不停地输出 0：

```
int i=0;
while(i<100){
    System.out.println(i);
}
```

3.4.3　do...while 循环语句

do...while 循环语句又称为后测试循环语句，其利用一个条件来控制是否要继续重复执行该语句。do...while 循环语句的一般格式如下：

```
do{
    语句序列
}while(表达式);
```

do...while 循环语句的执行过程与 while 循环语句有所区别。do...while 循环至少被执行一次，其先执行循环体的语句序列，再判断是否继续执行。

do...while 循环语句的执行过程如图 3-24 所示。

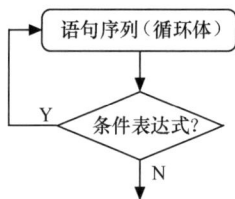

图 3-24　do...while 循环语句的执行过程

【例 3-12】　计算 1～100 的整数和。

```
public class Example7{
    public static void main(String args[]){
        int sum=0,i=0;
        do{
        sum+=i;                      //累加 i 的值
        i++;
```

```
        }while(i<=100);              //当 i 小于或等于 100
        System.out.println("从 1 到 100 的整数和为: "+sum);
    }
}
```

程序运行结果如图 3-25 所示。

一般情况下, 如果 while 和 do...while 循环语句的循环体相同, 它们的输出结果就相同。但是, 如果 while 后面的表达式一开始就是 false, 那么它们的结果就不同。示例代码如下。

```
public class Example8{
    public static void main(String args[]){
        int i=10;
        int sum=i;
        System.out.println("********当 i 的值为"+i+"时********");
        System.out.println("通过 do...while 语句实现: ");
        do{
            System.out.println(i);              //输出 i 的值
            i++;
            sum+=i;                              //累加 i 的值
        } while (sum<10);                        //当累加和小于 10 时
        i=10;
        sum=i;
        System.out.println("通过 while 语句实现: ");
        while(sum<10){                           //当累加和小于 10 时
            System.out.println(i);              //输出 i 的值
            i++;
            sum+=i;                              //累加 i 的值
        }
    }
}
```

程序运行结果如图 3-26 所示。

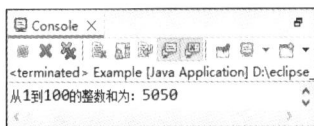

图 3-25　例 3-12 的运行结果

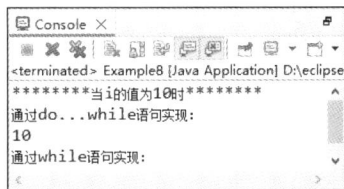

图 3-26　do...while 和 while 循环语句的运行结果

⚠️ 注意: 在使用 do...while 循环语句时, 一定要保证循环能正常结束, 否则会造成死循环。例如, 因为 0 永远都小于 100, 所以下面的程序就是死循环:

```
int i=0;
do{
    System.out.println(i);
}while(i<100);
```

3.4.4　循环的嵌套

循环的嵌套就是在一个循环体内又包含另一个完整的循环结构, 而在该完整的循环结构中还可以嵌套其他的循环结构。循环嵌套很复杂, 在 for 循环语句、while 循环语句和 do...while 循环语句中都可以嵌套, 并且它们之间

本小节微课

也可以相互嵌套。下面是 6 种嵌套的形式。

（1）for 循环语句的嵌套，一般格式如下：

```
for(; ;){
    for(; ;){
        语句序列
    }
}
```

（2）while 循环语句的嵌套，一般格式如下：

```
while(条件表达式 1){
    while(条件表达式 2){
        语句序列
    }
}
```

（3）do...while 循环语句的嵌套，一般格式如下：

```
do{
    do{
        语句序列
    }while(条件表达式 1);
}while(条件表达式 2);
```

（4）for 循环语句与 while 循环语句的嵌套，一般格式如下：

```
for(; ;){
    while(条件表达式){
        语句序列
    }
}
```

（5）while 循环语句与 for 循环语句的嵌套，一般格式如下：

```
while(条件表达式){
    for(; ;){
        语句序列
    }
}
```

（6）do...while 循环语句与 for 循环语句的嵌套，一般格式如下：

```
do{
    for(; ;){
        语句序列
    }
}while(条件表达式);
```

为了使读者更好地理解循环语句的嵌套，下面举一个实例。

【例 3-13】 输出九九乘法表。

```
public class Example9{
    public static void main(String args[]){
        for(int i=1;i<=9;i++){
            for(int j=1;j<=i;j++){
                System.out.print(i+"*"+j+"="+i*j+"\t");
            }
            System.out.print("\r\n");                    //输出一个回车换行符
        }
    }
}
```

程序运行结果如图 3-27 所示。

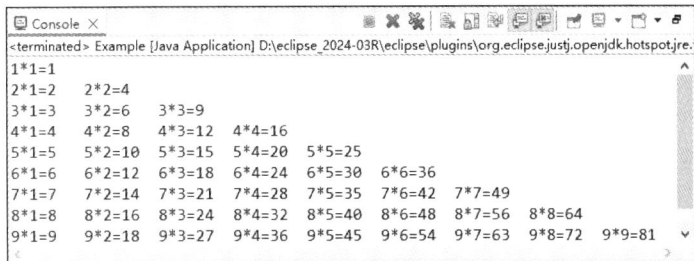

图 3-27　例 3-13 的运行结果

3.5　跳转语句

本节微课

Java 语言中支持多种跳转语句，如 break 跳转语句、continue 跳转语句和 return 跳转语句。

3.5.1　break 跳转语句

break 跳转语句可以终止循环或其他控制结构，在 for、while 或 do...while 循环中用于强行终止循环。

只要执行到 break 跳转语句，就会终止循环体的执行。break 跳转语句不仅在循环语句里适用，而且在 switch 多分支语句里也适用。

3.5.2　continue 跳转语句

continue 跳转语句应用在 for、while 和 do...while 等循环语句中，如果在某次循环体的执行中执行了 continue 跳转语句，那么本次循环就结束，即不再执行本次循环中 continue 跳转语句后面的语句，而进行下一次循环。

3.5.3　return 跳转语句

return 跳转语句可以实现从一个方法返回，并把控制权交给调用它的语句。return 跳转语句通常被放在方法的最后，用于退出当前方法并返回一个值。return 跳转语句的语法格式如下：

```
return [表达式];
```

表达式：可选参数，表示要返回的值，数据类型必须同方法声明中的返回值类型一致。

例如，编写返回 a 和 b 两数相加之和的方法，可以使用如下代码：

```
public void set(int a,int b){
    sum=a+b;
    return;
}
```

如果该方法没有返回值，可以省略 return 关键字的表达式，使方法结束。其代码如下：

```
public int set(int a,int b){
    return sum=a+b;
}
```

3.6 借助 AIGC 工具编写实例

在学习 Java 编程的过程中，AIGC 工具可以提供有力的支持。在 3.5 节中，只介绍了 break 跳转语句、continue 跳转语句和 return 跳转语句的作用，缺少必要的编码演示。下面将使用 AIGC 工具编写以下实例。

3.6.1 使用 break 跳转语句求 10 以内的素数

以下是与 AIGC 工具对话示例。

【问题】

Java 使用 break 语句求 10 以内的素数。

【AIGC 工具建议】

在 Java 中，可以使用 break 语句来提前退出循环。下面是一个示例代码，用于求 10 以内的素数：

```java
public class PrimeNumbers {
    public static void main(String[] args) {
        int limit = 10; // 设置上限为 10
        System.out.println("10 以内的素数有：");
        for (int num = 2; num <= limit; num++) {
            boolean isPrime = true;
            // 检查 num 是否为素数
            for (int i = 2; i <= Math.sqrt(num); i++) {
                if (num % i == 0) {
                    isPrime = false;
                    break; // 如果发现 num 不是素数，则退出内层循环
                }
            }
            if (isPrime) {
                System.out.print(num + " ");
            }
        }
    }
}
```

【运行结果】

```
10 以内的素数有：
2 3 5 7
```

3.6.2 使用 continue 跳转语句求 100 以内能被 9 整除的数

以下是与 AIGC 工具对话示例。

【问题】

Java 使用 continue 语句求 100 以内能被 9 整除的数。

【AIGC 工具建议】

在 Java 中，continue 语句用于跳过当前循环的剩余部分，并立即开始下一次迭代。下面是一个示例代码，用于求 100 以内能被 9 整除的数：

```java
public class DivisibleByNine {
    public static void main(String[] args) {
```

```
        int limit = 100; // 设置上限为 100
        System.out.println("100 以内能被 9 整除的数有：");
        for (int num = 1; num <= limit; num++) {
            if (num % 9 != 0) {
                continue;   // 如果 num 不能被 9 整除，则跳过本次循环
            }
            System.out.print(num + " ");
        }
    }
}
```

【运行结果】

100 以内能被 9 整除的数有：
9 18 27 36 45 54 63 72 81 90 99

3.6.3 使用 return 跳转语句判断一个数字是否是偶数

以下是在 AI 平台上的对话示例。

【问题】

Java 使用 return 跳转语句判断一个数字是否是偶数。

【AIGC 工具建议】

在 Java 中，return 语句通常用于从方法中返回值或终止方法的执行。虽然 return 语句本身不能直接用于跳转到某个位置，但可以通过它来控制程序流程。下面是一个示例代码，用于判断一个数字是否是偶数：

```
public class EvenNumberChecker {
    public static void main(String[] args) {
        int number = 4;   // 要检查的数字
        boolean isEven = checkIfEven(number);
        if (isEven) {
            System.out.println(number + " 是偶数");
        } else {
            System.out.println(number + " 不是偶数");
        }
    }

    public static boolean checkIfEven(int num) {
        if (num % 2 == 0) {
            return true;   // 如果 num 是偶数，则返回 true
        } else {
            return false;  // 如果 num 不是偶数，则返回 false
        }
    }
}
```

【运行结果】

4 是偶数

小结

本章介绍了有关运算符的分类和各种运算符的使用方法，以及运算符之间的优先级；流程控制的语句，主要包括分支语句、循环语句和跳转语句，这些流程控制语句是 Java 语

言程序设计的关键基础语句。灵活使用流程控制语句，能够实现并提高程序的交互性，增加程序的可读性，使开发的程序更容易操作。

习题

3-1　求从 1 加到 100 的和。

3-2　求从 1 加到 100 的奇数和。

3-3　求从 1 到 10 的阶乘和。

3-4　用循环语句输出 "*" 字符，运行效果如图 3-28 所示。

```
*
*        *
*        *        *
*        *        *        *
*        *        *        *        *
```

图 3-28　习题 3-4 的运行效果

3-5　求 100 以内的素数。

3-6　求 1000 以内能被 7 和 9 整除的数。

3-7　求表达式 "1+1/2+1/3+1/4+1/5" 的结果。

第4章

面向对象程序设计基础

面向对象（object oriented programming，OOP）是一种程序设计思想，最初起源于 20 世纪 60 年代中期的仿真程序设计语言 Simula。面向对象思想是将客观世界中的事物描述为对象，并通过抽象思维方法将需要解决的实际问题分解成人们易于理解的对象模型，通过这些对象模型构建应用程序的功能。面向对象思想的目标是开发出能够反映现实世界某个特定片段的软件。本章将介绍 Java 语言面向对象程序设计的基础。

本章要点：

- 理解面向对象的概念
- 掌握类的使用
- 掌握构造方法与对象的概念
- 理解类与程序的结构关系
- 理解参数传值的方法
- 了解对象的组合
- 掌握 this 关键字的使用方法
- 掌握包的定义和使用方法
- 掌握 import 语句的使用方法
- 了解访问权限的概念

4.1 面向对象程序设计概述

传统的程序设计采用结构化的设计方法，即面向过程：针对某一需求，自顶向下，逐步细化，将需求通过模块的形式实现，并对模块中的问题进行结构化编码。可以说，这种方式是针对问题求解。随着用户需求的不断增加，软件规模越来越大，传统的面向过程开发方式暴露出许多缺点，如软件开发周期长、工程难于维护等。20 世纪 80 年代后期，人们提出了面向对象的程序设计方式。在面向对象程序设计里，将数据和处理数据的方法紧密地结合在一起，形成类（class），再将类实例化，就形成了对象。在面向对象的程序设计中，不再需要考虑数据结构和功能函数，只要关注对象即可。

本节微课

对象就是客观世界中存在的人、事、物体等实体。在现实世界中，对象随处可见，如路边生长的树、天上飞的鸟、水里游的鱼、路上跑的车等。树、鸟、鱼、车都是对同一类事物的总称，这就是面向对象中的类。这时读者可能要问，那么对象和类之间的关系是什么呢？对象就是符合某种类定义所产生出来的实例（instance）。虽然在日常生活中，人们习惯用类名称呼这些对象，但是实际上看到的还是对象的实例，而不是一个类。例如，人们看见树上站着一只鸟，这里的"鸟"虽然是一个类名，但实际上看见的是鸟类的一个实例对象，而不是鸟类。由此可见，类只是一个抽象的称呼，而对象则是与现实生活中的事物相对应的实体。类与对象的关系如图 4-1 所示。

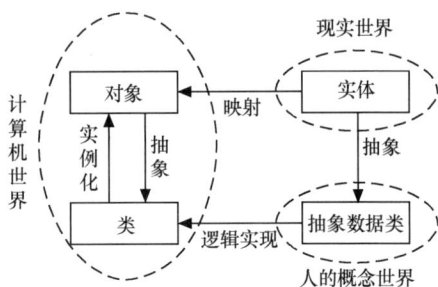

图 4-1　类与对象的关系

在现实生活中，只使用类或对象并不能很好地描述一个事物。例如，聪聪对妈妈说他今天放学看见一只鸟，这时妈妈就不会知道聪聪说的鸟是什么样子的。但是，如果聪聪说看见一只绿色的会说话的鸟，这时妈妈就可以想象出这只鸟是什么样的。这里说的绿色是指对象的属性，会说话则是指对象的方法。由此可见，对象还具有属性和方法。在面向对象程序设计中，使用属性描述对象的状态，使用方法处理对象的行为。

面向对象程序设计更加符合人的思维模式，编写出的程序更加强大。更重要的是，面向对象编程更有利于系统开发时责任的划分，能有效地组织和管理一些比较复杂的应用程序的开发。面向对象程序设计的特点主要有封装性、继承性和多态性。

1．封装性

面向对象程序设计的核心思想之一就是将对象的属性和方法封装起来，使用户知道并使用对象提供的属性和方法即可，而不需要知道对象的具体实现。例如，一部手机就是一个封装的对象，当使用手机拨打电话时，只需要使用手机提供的键盘输入电话号码，并按下拨号键即可，而不需要知道手机内部是如何工作的。

面向对象程序设计的封装性的特点可以使对象以外的部分不能随意存取对象内部的数据，从而有效地避免了外部错误对内部数据的影响，实现错误局部化，大大降低了查找错误和解决错误的难度。此外，封装也可以提高程序的可维护性，因为当一个对象的内部结构或实现方法改变时，只要对象的接口没有改变，就不用改变其他部分的处理。

2．继承性

面向对象程序设计中，允许通过继承原有类的某些特性或全部特性而产生新的类。这时，原有的类被称为父类（或超类），产生的新类被称为子类（或派生类）。子类不仅可以直接继承父类的共性，而且可以创建其特有的个性。例如，一个普通手机类中包括两个方法，分别是接听电话的方法 receive() 和拨打电话的方法 send()，这两个方法对于任何手机都适用。现在要定义一个时尚手机类，该类中除了要包括普通手机类的 receive() 和 send() 方法，还需要包括拍照方法 photograph()、视频摄录的方法 kinescope() 和播放 MP4 的方法 playmp4()。这时就可以先让时尚手机类继承普通手机类的方法，再添加新的方法完成时尚手机类的创建，如图 4-2 所示。由此可见，继承性简化了对新类的设计。

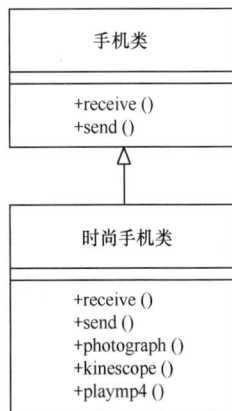

图 4-2　普通手机与
时尚手机的类图

3．多态性

多态性是面向对象程序设计的又一重要特点。多态性是指在父类中定义的属性和方法被子类继承之后,可以具有不同的数据类型或表现出不同的行为。这使得同一个属性或方法在父类及其各个子类中具有不同的语义。例如,先定义一个动物类,该类中存在一个指定动物行为"叫喊()";再定义两个动物类的子类:大象和老虎,这两个类都重写了父类的"叫喊()"方法,实现了自己的叫喊行为,并且都进行了相应的处理(如不同的声音),如图 4-3 所示。

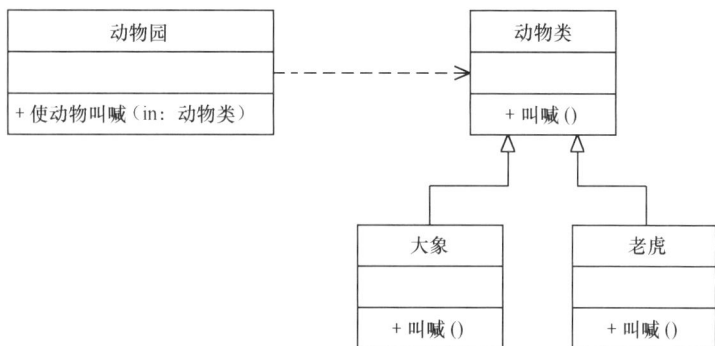

图 4-3　动物类之间的继承关系

这时,在动物类中执行"叫喊()"方法时,如果参数为动物类的实现,会使动物发出叫声。例如,参数为大象,则会输出"大象的吼叫声!";如果参数为老虎,则会输出"老虎的吼叫声!"。由此可见,动物类在执行"叫喊()"方法时,根本不用判断应该执行哪个类的"叫喊()"方法,因为 Java 编译器会自动根据所传递的参数进行判断,根据运行时对象的类型不同而执行不同的操作。

多态性丰富了对象的内容,扩大了对象的适应性,改变了对象单一继承的关系。

4.2　类

Java 语言与其他面向对象语言一样,引入了类和对象的概念。类是用来创建对象的模板,其包含被创建对象的属性和方法的定义。因此,要学习 Java 编程,就必须学会怎样编写类,即怎样用 Java 语言的语法描述一类事物共有的属性和行为。

4.2.1　定义类

在 Java 语言中,类是基本的构成要素,是对象的模板,Java 程序中所有的对象都是由类创建的。

本小节微课

1.类的概念

类是同一事物的统称,其是一个抽象的概念,如鸟类、人类、手机类、车类等。

使用 Java 语言进行程序设计时,先在类中编写属性和方法,然后通过对象实现类的行为。

2.类的声明

在类声明中,需要定义类的名称、类的访问权限、该类与其他类的关系等。类声明的格式如下:

```
[修饰符] class <类名> [extends 父类名] [implements 接口列表]{ }
```

(1)修饰符:可选,用于指定类的访问权限,可选值为 public、abstract 和 final。

（2）类名：必选，用于指定类的名称，类名必须是合法的 Java 标识符。一般情况下，要求首字母大写。

（3）extends 父类名：可选，用于指定要定义的类继承于哪个父类。当使用 extends 关键字时，父类名为必选参数。

（4）implements 接口列表：可选，用于指定该类实现的是哪些接口。当使用 implements 关键字时，接口列表为必选参数。

一个类被声明为 public，就表明该类可以被所有其他的类访问和引用，即程序的其他部分可以创建该类的对象，访问该类内部可见的成员变量和调用它的可见方法。

例如，定义一个 Apple 类，该类拥有 public 访问权限，即该类可以被其所在包之外的其他类访问或引用。代码如下：

```
public class Apple { }
```

⚠️ **注意**：Java 类文件的扩展名为.java，类文件的名称必须与类名相同，即类文件的名称为"类名.java"。例如，有一个 Java 类文件 Apple.java，则其类名为 Apple。

3．类体

类声明中，大括号中的内容为类体，类体主要由成员变量（见 4.2.2 小节）的定义和成员方法（见 4.2.3 小节）的定义两部分构成。

在程序设计过程中，编写一个能完全描述客观事物的类是不现实的。例如，构建一个 Apple 类，该类可以拥有很多属性（成员变量），在定义该类时，选取程序必要的属性和行为即可。Apple 类的成员变量列表如下：

属性（成员变量）：颜色（color）、产地（address）、单价（price）、单位（unit）

Apple 类虽然只包含了苹果的部分属性和行为，但是其已经能够满足程序的需要。Apple 类的实现代码如下：

```
class Apple {
    String color;          // 定义颜色成员变量
    String address;        // 定义产地成员变量
    String price;          // 定义单价成员变量
    String unit;           // 定义单位成员变量
}
```

4.2.2　成员变量和局部变量

在类体中变量定义部分所声明的变量为类的成员变量，而在方法体中声明的变量和方法的参数则被称为局部变量。成员变量又可细分为实例变量和类变量。在声明成员变量时，用关键字 static 修饰的变量称为类变量（也可称为 static 变量或静态变量），否则称为实例变量。

本小节微课

1．声明成员变量

Java 语言用成员变量来表示类的状态和属性。声明成员变量的基本语法格式如下：

```
[修饰符] [static] [final] <变量类型> <变量名>;
```

（1）修饰符：可选，用于指定变量的访问权限，可选值为 public、protected 和 private。

（2）static：可选，用于指定该成员变量为类变量，可以直接通过类名访问。如果省略该关键字，则表示该成员变量为实例变量。

（3）final：可选，用于指定该成员变量为取值不会改变的常量。

（4）变量类型：必选，用于指定变量的数据类型，其值可以为 Java 语言中的任何一种数据类型。

（5）变量名：必选，用于指定成员变量的名称，变量名必须是合法的 Java 标识符。

例如，在类中声明三个成员变量，代码如下：

```java
public class Apple {
    public String color;                          //声明公共变量color
    public static int count;                      //声明静态变量count
    public final boolean MATURE=true;             //声明常量MATURE 并赋值
    public static void main(String[] args) {
        System.out.println(Apple.count);
        Apple apple=new Apple();
        System.out.println(apple.color);
        System.out.println(apple.MATURE);
    }
}
```

类变量与实例变量的区别：在程序运行时，Java 虚拟机只为类变量分配一次内存，在加载类的过程中完成类变量的内存分配，可以直接通过类名访问类变量；而实例变量则不同，每创建一个实例，就会为该实例的变量分配一次内存。

2．声明局部变量

声明局部变量的基本语法格式同声明成员变量类似，所不同的是不能使用 public、protected、private 和 static 关键字对局部变量进行修饰，但可以使用 final 关键字。声明局部变量的基本语法格式如下：

```java
[final] <变量类型> <变量名>;
```

（1）final：可选，用于指定该局部变量为常量。

（2）变量类型：必选，用于指定变量的数据类型，其值可以为 Java 语言中的任何一种数据类型。

（3）变量名：必选，用于指定局部变量的名称，变量名必须是合法的 Java 标识符。

例如，在成员方法 grow()中声明两个局部变量，代码如下：

```java
public void grow(){
    final boolean STATE;                          //声明常量STATE
    int age;                                      //声明局部变量age
}
```

3．变量的有效范围

变量的有效范围是指该变量在程序代码中的作用区域，在该区域外不能直接访问变量。有效范围决定了变量的生命周期。变量的生命周期是指从声明一个变量并分配内存空间、使用变量，释放该变量并清除所占用内存空间的周期。声明变量的位置决定了变量的有效范围，成员变量和局部变量的有效范围如下。

（1）成员变量：在类中声明，整个类中有效。

（2）局部变量：在方法内或方法内的复合代码块（就是方法内部，"{"与"}"之间的代码）中声明的变量。在复合代码块中声明的变量，只在当前复合代码块中有效；在复合代码块外、方法内声明的变量在整个方法内都有效。以下是一个实例：

```
public class Olympics {
    private int medal_All=800;          //成员变量
    public void China(){
        int medal_CN=100;               //方法的局部变量
        if(medal_CN<1000){              //代码块
            int gold=50;                //代码块的局部变量
            medal_CN+=50;               //允许访问
            medal_All-=150;             //允许访问
        }
    }
}
```

4.2.3 成员方法

Java 语言中类的行为由类的成员方法实现。类的成员方法由方法的声明和方法体两部分组成。其一般格式如下：

```
[修饰符] <方法返回值的类型> <方法名>（ [参数列表]）{
    [方法体]
}
```

（1）修饰符：可选，用于指定成员方法的访问权限，可选值为 public、protected 和 private。

（2）方法返回值的类型：必选，用于指定成员方法的返回值类型。如果该成员方法没有返回值，可以使用关键字 void 进行标识。方法返回值的类型可以是任何 Java 数据类型。

（3）方法名：必选，用于指定成员方法的名称，方法名必须是合法的 Java 标识符。

（4）参数列表：可选，用于指定成员方法中所需的参数。当存在多个参数时，各参数之间应使用逗号分隔。成员方法的参数可以是任何 Java 数据类型。

（5）方法体：可选，是成员方法的实现部分。在方法体中可以完成指定的工作，可以只输出一句话，也可以省略方法体，使成员方法什么都不做。需要注意的是，当省略方法体时，其外面的大括号一定不能省略。

【例 4-1】 实现两数相加。

```
public class Count {
    public int add(int src,int des){
        int sum=src+des;                              // 将方法的两个参数相加
        return sum;                                   // 返回运算结果
    }
    public static void main(String[] args){
        Count count=new Count();                      // 创建类本身的对象
        int apple1=30;                                // 定义变量 apple1
        int apple2=20;                                // 定义变量 apple2
        int num=count.add(apple1,apple2);             // 调用 add()方法
        System.out.println("苹果总数是: "+num+"箱。"); // 输出运算结果
    }
}
```

程序运行结果如图 4-4 所示。

例 4-1 的代码中包含 add()方法和 main()方法。在 add()方法的定义中，首先定义整数型的变量 sum，该变量是 add()方法参数列表中的两个参数之和；然后使用 return 关键字将

图 4-4 例 4-1 的运行结果

变量 sum 的值返回给调用该成员方法的语句。main()方法是类的主方法，是程序执行的入口，该成员方法首先创建了本类自身的对象 count，然后调用 count 对象的 add()方法计算苹果数量的总和，并输出到控制台中。

⚠ **注意**：在同一个类中，不能定义参数与方法名都和已有成员方法相同的方法。

【例 4-2】 在企业进销存管理系统的价格调整窗体中，定义用于更改库存金额的方法。

```
private void updateJinE() {                    // 更改库存金额的方法
    try {
        // 将"单价"文本框中的内容转换为 Double 型
        Double dj = Double.valueOf(danJia.getText());
        // 将"库存数量"文本框中的内容转换为 Integer 型
        Integer sl = Integer.valueOf(kuCunShuLiang.getText());
        kuCunJinE.setText((dj * sl) + "");  // 更改"库存金额"文本框中的内容
    } catch (Exception e) {
        JOptionPane.showMessageDialog(JiaGeTiaoZheng.this, "单价格式错误! ");
        return;
    }
}
```

程序运行结果如图 4-5 所示。

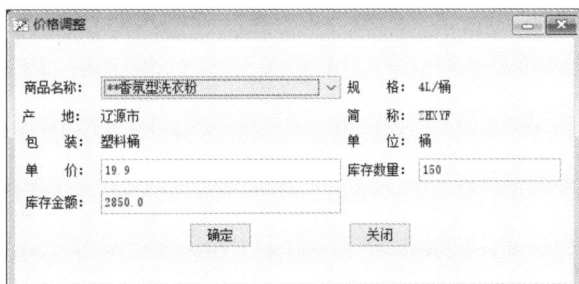

图 4-5　例 4-2 的运行结果

4.2.4　类的 UML 图

统一建模语言（unified modeling language，UML）用来描述一个系统的静态结构，一个 UML 中通常包含类的 UML 图、接口（interface）的 UML 图、泛化关系（generalization）的 UML 图、关联关系（association）的 UML 图、依赖关系（dependency）的 UML 图和实现关系（realization）的 UML 图。

本小节微课

在 UML 图中，使用一个长方形描述一个类的主要构成，将长方形垂直地分为三层。

第一层是名字层，如果类的名字是常规字形，则表明该类是具体类；如果类的名字是斜体字形，则表明该类是抽象类（见 5.4 节）。

第二层是变量层，也称属性层，列出类的成员变量及类型，格式是"变量名：类型"。

第三层是方法层，列出类中的方法，格式是"方法名字：类型"。

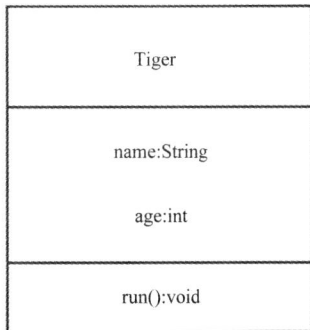

图 4-6 所示就是一个 Tiger 类的 UML 图。

图 4-6　Tiger 类的 UML 图

4.3 构造方法与对象

构造方法用于对对象中的所有成员变量进行初始化。对象的属性通过变量来定义，即类的成员变量；而对象的行为通过方法来体现，即类的成员方法。方法可以操作属性形成一定的算法来实现一个具体的功能。类把属性和方法封装成一个整体。

4.3.1 构造方法的概念及用途

构造方法是一种特殊的方法，它的名字必须与其所在类的名字完全相同，并且没有返回值，也不需要使用关键字 void 进行标识。例如：

本小节微课

```
public class Apple {
    public Apple() {                                    // 默认构造方法
    }
}
```

1. 默认构造方法和自定义构造方法

如果类例定义了一个或多个构造方法，那么 Java 语言中不提供默认构造方法。

【例 4-3】 定义 Apple 类，在该类的构造方法中初始化成员变量。

```
public class Apple {
    int num;                                            // 声明成员变量
    float price;
    Apple apple;
    public Apple() {                                    // 声明构造方法
        num=10;                                         // 初始化成员变量
        price=8.34f;
    }
    public static void main(String[] args) {
        Apple apple=new Apple();                        // 创建 Apple 的实例对象
        System.out.println("苹果数量: "+apple.num);      // 输出成员变量值
        System.out.println("苹果单价: "+apple.price);
        System.out.println("成员变量 apple="+apple.apple);
    }
}
```

程序运行结果如图 4-7 所示。

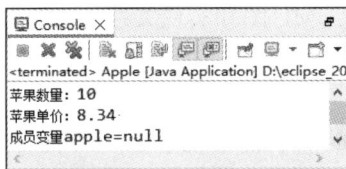

图 4-7 例 4-3 的运行结果

在 Java 语言中可以自定义无参数的构造函数和有参数的构造函数。例如：

```
public class Apple {
    int num=10;
    public Apple(){
        num=19;
    }
    public Apple(int i){
```

```
            num=i;
        }
    public static void main(String[] args) {
        Apple apple=new Apple();                        // 创建 Apple 的实例对象
        System.out.println("苹果数量: "+apple.num);       // 输出成员变量值
        Apple app=new Apple(8);
        System.out.println("苹果数量"+apple.num);
    }
}
```

📖 **说明**：构造函数中有无参数的区别如下：有参数的构造函数可以在创建的同时给创建对象中的数据赋值。

2. 构造方法没有类型

构造方法没有类型。例如：

```
public class Apple{
    int a,b;
    Apple(){                    //是构造方法
        a = 1;
        b = 2;
    }
    void  Apple(int x,int y){ //不是构造方法，该方法的返回值类型是void
        a = x;
        b = y;
    }

    int Apple(){                //不是构造方法，该方法的返回值类型是int
        return 5;
    }
}
```

需要注意的是，如果用户没有定义构造方法，Java 语言会自动提供一个默认的构造方法，用来实现成员变量的初始化。Java 语言中各种类型变量的初值如表 4-1 所示。

表 4-1　Java 语言中各种类型变量的初值

类型	初值
byte	0
short	0
int	0
float	0.0F
long	0L
double	0.0D
char	'\u0000'
boolean	false
引用类型	null

4.3.2　对象概述

在面向对象语言中，对象是对类的一个具体描述，是一个客观存在的实体。万物皆对象，即任何事物都可看作对象，如一个人、一个动物，或者没有生命体的轮船、汽车、飞机，甚至概念性的抽象，如公司业绩等。

一个对象在 Java 语言中的生命周期包括创建、使用和销毁三个阶段。

对象的创建

1．对象的创建

对象是类的实例。Java 语言声明任何变量都需要指定变量类型，因此在创建对象之前，一定要先声明该对象。

（1）对象的声明

声明对象的一般格式如下：

```
类名 对象名;
```

① 类名：必选，用于指定一个已经定义的类。

② 对象名：必选，用于指定一个已经定义的类的对象。

声明 Apple 类的一个对象 redApple 的代码如下：

```
Apple  redApple;
```

（2）实例化对象

在声明对象时，只是在内存中为其建立一个引用，并置初始值为 null，表示不指向任何内存空间。

声明对象以后，需要为对象分配内存，该过程也称为实例化对象。在 Java 语言中使用关键字 new 来实例化对象，具体语法格式如下：

```
对象名=new 构造方法名([参数列表]);
```

① 对象名：必选，用于指定已经声明的对象名。

② 构造方法名：必选，用于指定构造方法名，即类名，因为构造方法与类名相同。

③ 参数列表：可选参数，用于指定构造方法的入口参数。如果构造方法无参数，则可以省略。

在声明 Apple 类的一个对象 redApple 后，可以通过以下代码为对象 redApple 分配内存（创建该对象）：

```
redApple=new Apple();      //由于 Apple 类的构造方法无入口参数，因此省略了参数列表
```

在声明对象时，也可以直接实例化该对象：

```
Apple redApple=new Apple();
```

这相当于同时执行了声明对象和创建对象：

```
Apple redApple;
redApple=new Apple();
```

2．对象的使用

对象的使用

创建对象后，即可访问对象的成员变量，并改变成员变量的值，而且还可以调用对象的成员方法。通过使用运算符 "." 实现对成员变量的访问和成员方法的调用，语法格式如下：

```
对象.成员变量
对象.成员方法()
```

【例 4-4】 定义一个类，创建该类的对象，同时改变对象的成员变量的值，并调用该对象的成员方法。

创建一个名称为 Round 的类，在该类中定义一个常量 PI、一个成员变量 r、一个不带

参数的成员方法 getArea() 和一个带参数的成员方法 getCircumference()，代码如下：

```java
public class Round {
    final float PI=3.14159f;                    //定义一个用于表示圆周率的常量 PI
    public float r=0.0f;
    public float getArea() {                    //定义计算圆面积的方法
        float area=PI*r*r;                      //计算圆面积并赋值给变量 area
        return area;                            /返回计算后的圆面积
    }
    public float getCircumference(float r) {    //定义计算圆周长的方法
        float circumference=2*PI*r;             //计算圆周长并赋值给变量 circumference
        return circumference;                   //返回计算后的圆周长
    }
    public static void main(String[] args) {
        Round round=new Round();                //创建 Round 类的对象 round
        round.r=20;                             //改变成员变量的值
        float r=20;
        float area=round.getArea();             //调用成员方法
        System.out.println("圆的面积为: "+area);
        float circumference=round.getCircumference(r);   //调用带参数的成员方法
        System.out.println("圆的周长为: "+circumference);
    }
}
```

程序运行结果如图 4-8 所示。

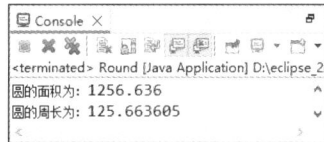

图 4-8　例 4-4 的运行结果

【例 4-5】　在企业进销存管理系统的系统登录窗体中，创建表示登录面板背景图片的 Image 类对象，并为其赋值。

```java
public class LoginPanel extends JPanel {    // 登录面板
    private Image img;                      // 登录面板的背景图片

    public LoginPanel() {                   // 登录面板的构造方法
        super();                            // 调用父类 JPanel 的构造器
        // 获得登录面板背景图片的路径
        URL url = getClass().getResource("/res/login.jpg");
        img = new ImageIcon(url).getImage();  // 获得登录面板的背景图片
    }
}
```

3. 对象的销毁

在许多程序设计语言中，需要手动释放对象所占用的内存，但是在 Java 语言中不需要手动完成这项工作。Java 语言提供的垃圾回收机制可以自动判断对象是否还在使用，并能够自动销毁不再使用的对象，收回对象所占用的资源。

对象的销毁

Java 语言提供了一个名为 finalize() 的方法，用于在对象被垃圾回收机制销毁之前执行一些资源回收工作，由垃圾回收系统调用。但是，垃圾回收系统的运行是不可预测的。finalize() 方法没有任何参数和返回值，每个类有且只有一个 finalize() 方法。

4.4 类与程序的结构关系

一个 Java 程序由若干个类组成。这些类可以在一个源文件中，也可以分布在若干个源文件中，如图 4-9 所示。

在 Java 程序中有一个主类，即含有 main()方法的类。main()方法是程序执行的入口，即想要执行一个 Java 程序，必须从 main()方法开始执行。在编写一个 Java 程序时，可以编写若干个 Java 源文件，每个源文件编译后产生若干个类的字节码文件。

当解释器运行一个 Java 程序时，Java 虚拟机将 Java 程序的字节码文件加载到内存中，再由 Java 虚拟机解释执行。

Java 程序以类为"基本单位"，从编译的角度看，每个源文件都是一个独立编译单位，当程序需要修改某个类时，只需要重新编译该类所在的源文件即可，不必重新编译其他类所在的源文件，这样非常有利于系统的维护。从程序设计角度看，Java 语言中的类是可复用的，编写具有一定功能的可复用代码在程序设计中非常重要。

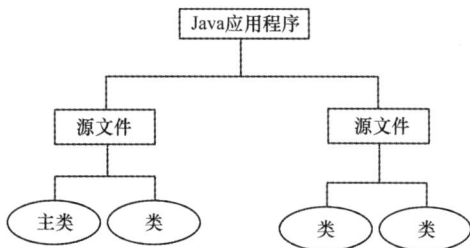

图 4-9 Java 程序结构

4.5 参数传值

在 Java 程序中，如果声明成员方法时包含了形参声明，则调用成员方法时必须给这些形参指定参数值。调用成员方法时实际传递给形参的参数值被称为实参。

1. 传值机制

成员方法中的参数传递方式只有一种，即值传递。值传递就是将实参的副本传递到成员方法内，而参数本身不受任何影响。例如，去银行开户需要身份证原件和复印件，原件和复印件上的内容完全相同，当复印件上的内容改变时，原件上的内容不会受到影响。也就是说，成员方法中参数变量的值是调用者指定值的副本。

2. 基本数据类型的参数传值

对于基本数据类型的参数，向该参数传递值的级别不能高于该参数的级别。例如，不能向 int 型参数传递一个 float 值，但可以向 double 型参数传递一个 float 值。

【例 4-6】 在 Point 类中定义一个 add()方法，并向 add()方法传递两个参数。

要求在 Example 类的 main()方法中创建 Point 类的对象，再调用该对象的 add(int x,int y)方法，当调用 add()方法时，必须向 add()方法传递两个参数。

```java
public class Point {
    int add(int x, int y) {
        return x + y;
    }
}

public class Example {
    public static void main(String[] args) {
        Point ap = new Point();
```

```
        int a = 15;
        int b = 32;
        int sum = ap.add(a, b);
        System.out.println(sum);
    }
}
```

3. 引用类型参数的传值

当参数是引用类型时，传递的值是变量中存放的"引用"，而不是变量所引用的实体。两个相同类型的引用型变量，如果具有同样的引用，就会用同样的实体，因此如果改变参数变量所引用的实体，就会导致原变量的实体发生同样的变化。但是，改变参数中存放的"引用"，不会影响向其传值的变量中存放的"引用"。

【例 4-7】 创建 Car 类和 fuelTank 类，实现引用类型参数的传值。

Car 类为汽车类，负责创建一个汽车类的对象；fuelTank 类是一个油箱类，负责创建油箱的对象。Car 类创建的对象调用 run(fuelTank ft)方法时，需要将 fuelTank 类创建的油箱对象 ft 传递给 run(fuelTank ft)。

```
fuelTank类:
public class fuelTank {                    // 定义一个油箱类
    int gas;                               // 定义汽油

    fuelTank(int x) {
        gas = x;
    }
}
Car类:
public class Car {                         // 定义一个汽车类
    void run(fuelTank ft) {
        ft.gas = ft.gas - 5;               // 消耗汽油
    }
}

public class Example2 {
    public static void main(String[] args) {
        fuelTank ft = new fuelTank(100);   // 创建油箱对象，并给油箱加满油
        System.out.println("当前油箱的油量是: " + ft.gas);// 显示当前油箱的油量
        Car car = new Car();               // 创建汽车对象
        System.out.println("下面开始启动汽车");
        car.run(ft);                       // 启动汽车
        System.out.println("当前汽车油箱的油量是: " + ft.gas);
    }
}
```

说明：按值传递意味着当将一个参数传递给一个函数时，函数接收的是原始值的一个副本。因此，如果函数修改了该参数，仅仅改变的是副本，而原始值保持不变。按引用传递意味着两个变量指向的是同一个对象的引用地址，这两个变量操作的是同一个对象。因此，如果函数修改了该参数，调用代码中的原始值也会随之改变。

4.6 对象的组合

如果一个类把某个对象作为自己的一个成员变量，使用这样的类创建对

本节微课

象后，该对象中就会有其他对象，即该类对象将其他对象作为自己的一部分。

4.6.1　组合与复用

如果一个对象 a 组合了另一个对象 b，那么对象 a 就可以委托对象 b 调用成员方法，即对象 a 以组合的方式复用对象 b 的成员方法。

【例 4-8】　计算圆锥的体积。

```
Circle类:
public class Circle {
    double r;           // 定义圆的半径
    double area;        // 定义圆的面积

    Circle(double R) {
        r = R;
    }
    void setR(double R) {
        r = R;
    }
    double getR() {
        return r;
    }

    double getArea() {
        area = 3.14 * r * r;
        return area;
    }
}
Circular类:
public class Circular {
    Circle bottom;      // 定义圆锥的底
    double height;      // 定义圆锥的高

    Circular(Circle c, double h) {
        bottom = c;
        height = h;
    }

    double getVolme() {
        return bottom.getArea() * height / 3;
    }
}

public class Example3 {
    public static void main(String[] args) {
        Circle c = new Circle(6);
        System.out.println("半径是: " + c.getR());
        Circular circular = new Circular(c, 20);
        System.out.println("圆锥体积是: " + circular.getVolme());
    }
}
```

4.6.2　类的关联关系和依赖关系的 UML 图

1. 关联关系的 UML 图

如果 A 类中成员变量是用 B 类声明的对象，那么 A 和 B 的关系是关联关系，称 A 类的对象关联于 B 类的对象或 A 类的对象组合了 B 类的对象。如果 A 关联于 B，那么可以通过一条实线连接 A 和 B 的 UML 图，实线的起始端是 A 的 UML 图，终点端是 B 的 UML 图，但终点端使用一个指向 B 的 UML 图的方向箭头表示实线的结束，如图 4-10 所示。

图 4-10　关联关系的 UML 图

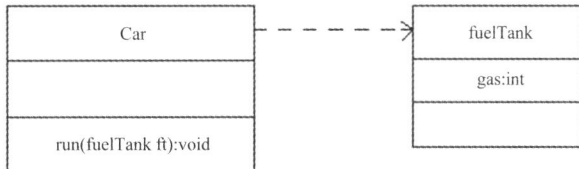

2．依赖关系的 UML 图

如果 A 类中某个方法的参数是用 B 类声明的对象，或者某个成员方法返回的数据类型是 B 类对象，那么 A 和 B 的关系是依赖关系，称 A 依赖于 B。如果 A 依赖于 B，那么可以通过一个虚线连接 A 和 B 的 UML 图，虚线的起始端是 A 的 UML 图，终点端是 B 的 UML 图，但终点端使用一个指向 B 的 UML 图的方向箭头表示虚线的结束，如图 4-11 所示。

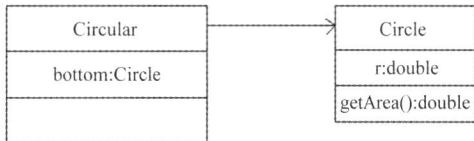

图 4-11　依赖关系的 UML 图

4.7　this 关键字

this 关键字表示某个对象。当局部变量和成员变量的名字相同时，成员变量就会被隐藏，这时如果想在成员方法中使用成员变量，就必须使用关键字 this。

本节微课

this 关键字的语法格式如下：

```
this.成员变量名
this.成员方法名()
```

【例 4-9】　创建 Book 类，并将成员方法的参数值赋予类中的成员变量。

```
public class Book {
    private String name;
    private void setName(String name) { // 定义一个 setName()方法
        this.name = name;               // 将参数值赋予类中的成员变量
    }
}
```

在上述代码中可以看到，成员变量与在 setName()方法中的形式参数的名称相同，都为 name，那么该如何在类中区分使用哪一个变量呢？Java 语言中规定，使用 this 关键字代表本类对象的引用，this 关键字被隐式地用于引用对象的成员变量和成员方法。例如，在上述代码中，"this.name"指的就是 Book 类中的 name 成员变量，而 "this.name=name" 语句中的第二个 name 则指的是形参 name。实质上，setName()方法实现的功能就是将形参 name 的值赋予成员变量 name。

this 可以调用成员变量和成员方法，但 Java 语言中常规的调用方式是使用"对象.成员变量"或"对象.成员方法"（关于使用对象调用成员变量和成员方法的问题，将在后续章节中进行讲述）。

既然 this 关键字和对象都可以调用成员变量和成员方法，那么 this 关键字与对象之间具有怎样的关系呢？

事实上，this 引用的就是本类的一个对象，在局部变量或方法参数覆盖了成员变量时，如上面代码的情况，就要添加 this 关键字，以明确引用的是类成员还是局部变量或方法参数。

如果省略 this 关键字直接写成"name = name"，那只是把参数 name 赋值给参数变量本身而已，成员变量 name 的值没有改变，因为参数 name 在成员方法的作用域中覆盖了成员变量 name。

其实，this 除了可以调用成员变量或成员方法之外，还可以作为方法的返回值。

【例 4-10】 在 Book 类中，定义 Book 类型的成员方法 getBook()，并使用 this 关键字返回 Book 类引用。

```java
public Book getBook(){
    return this;        //返回 Book 类引用
}
```

在 getBook() 方法中，成员方法的返回值为 Book 类，所以方法体中使用"return this"这种形式将 Book 类的对象进行返回。

【例 4-11】 在 Fruit 类中定义一个成员变量 color，并且在该类的成员方法中又定义一个局部变量 color。这时，如果想在成员方法中使用成员变量 color，则需要使用 this 关键字。

```java
public class Fruit {
    public String color="绿色";                              //定义颜色成员变量
    //定义收获的方法
    public void harvest(){
        String color="红色";                                 //定义颜色局部变量
        System.out.println("水果: "+color+"的! ");           //此处输出的是局部变量 color
        System.out.println("水果已经收获……");
        System.out.println("水果原来是: "+this.color+"的! "); //此处输出的是成员变量 color
    }
    public static void main(String[] args) {
        Fruit obj=new Fruit();
        obj.harvest();
    }
}
```

程序运行结果如图 4-12 所示。

图 4-12　例 4-11 的运行结果

【例 4-12】 在企业进销存管理系统中，使用 this 关键字为 TbJsr 类（经手人信息类）的属性赋值。

```java
public class TbJsr {          // 经手人信息
    private String name;      // 经手人姓名
    private String sex;       // 经手人性别
    private String age;       // 经手人年龄
    private String tel;       // 经手人电话

    public String getName() {
        return name;
    }

    public void setName(String name) {
```

```
            this.name = name;
        }

        public String getSex() {
            return sex;
        }

        public void setSex(String username) {
            this.sex = username;
        }

        public String getAge() {
            return this.age;
        }

        public void setAge(String pass) {
            this.age = pass;
        }

        public String getTel() {
            return this.tel;
        }

        public void setTel(String quan) {
            this.tel = quan;
        }
    }
```

4.8 包

本节微课

Java 语言要求文件名和类名相同，所以如果将多个类放在一起，很可能出现文件名冲突的情况。Java 语言提供了一种解决该问题的方法，那就是使用包（package）将类进行分组。下面将对 Java 语言中的包进行详细介绍。

4.8.1 包的概念

包是 Java 语言提供的一种区别类的命名空间的机制，是类的组织方式，是一组相关类和接口（第 6 章将详细介绍接口）的集合，提供了访问权限和命名的管理机制。Java 语言中提供的包主要有以下 3 种用途。

（1）将功能相近的类放在同一个包中，可以方便查找与使用。

（2）由于在不同包中可以存在同名类，因此使用包在一定程度上可以避免命名冲突。

（3）在 Java 语言中，某些访问权限是以包为单位的。

4.8.2 创建包

创建包可以通过在类或接口的源文件中使用 package 语句实现。package 语句的语法格式如下：

```
package 包名;
```

包名：必选，用于指定包的名称，包的名称必须为合法的 Java 标识符。当包中还有包时，可以使用"包 1.包 2.…包 n."进行指定，其中包 1 为最外层的包，而包 n 则为最内层的包。

package 语句位于类或接口源文件的第一行。例如，定义一个类 Round，将其放入

com.lzw 包中，代码如下：

```
package com.lzw;
public class Round {
    final float PI=3.14159f;                    //定义一个用于表示圆周率的常量 PI
    public void paint(){                        //定义一个绘图的方法
        System.out.println("画一个圆形！");
    }
}
```

> 说明：Java 语言中提供的包相当于操作系统中的文件夹。例如，上面代码中的 Round 类如果保存到 C 盘根目录下，那么其实际路径应该为 C:\com\lzw\Round.java。

4.8.3 使用包中的类

类可以访问其所在包中的所有类，还可以使用其他包中的所有 public 类。访问其他包中的 public 类有以下两种方法。

1．使用长名引用包中的类

使用长名引用包中的类比较简单，只需要在每个类名前面加上完整的包名即可。例如，创建 Round 类（保存在 com.lzw 包中）的对象并实例化该对象的代码如下：

```
com.lzw.Round round=new com.lzw.Round();
```

2．使用 import 语句引入包中的类

由于使用长名引用包中的类的方法比较烦琐，因此 Java 语言提供了 import 语句来引入包中的类。import 语句的基本语法格式如下：

```
import 包名1[.包名2.…].类名|*;
```

当存在多个包名时，各个包名之间使用"."分隔，同时包名与类名之间也使用"."分隔。*表示包中所有的类。

例如，引入 com.lzw 包中的 Round 类的代码如下：

```
import com.lzw.Round;
```

如果 com.lzw 包中包含多个类，也可以使用以下语句引入该包中的全部类：

```
import com.lzw.*;
```

4.9 import 语句

import 关键字用于加载已定义好的类或包，被加载的类可供本类调用其方法和属性。

本节微课

import 语句的基本语法格式在 4.8.3 小节已有介绍。

一个 Java 源程序中可以有多个 import 语句，它们必须写在 package 语句和源文件中类的定义之间。下面列举部分 Java 类库中的包。

（1）java.lang：包含所有的基本语言类。

（2）javax.swing：包含抽象窗口工具的图形、文本、窗口 GUI 类。

（3）java.io：包含所有的输入/输出类。

（4）java.util：包含实用类。

（5）java.sql：包含操作数据库的类。

例如，引入 util 包中的全部类：

```
import java.util.*;
```

如果想要引入包中具体的类：

```
import java.util.Date;      //引入 util 包中的 Date 类
```

如果想要引入一个自定义包中具体的类：

```
import com.example.utils.MyUtility; //引入自定义包 com.example.utils 中的 MyUtility 类
```

4.10 访问权限

本节微课

访问权限由访问修饰符进行限制，访问修饰符有 private、protected、public，它们都是 Java 语言中的关键字。

1．访问权限的概念

访问权限是指对象是否能够通过"."运算符操作自己的变量或通过"."运算符调用类中的方法。

在编写类时，类中的实例方法总是可以操作该类中的实例变量和类变量。

2．私有变量和私有方法

使用 private 修饰的成员变量和成员方法称为私有变量和私有方法。例如：

```
public class A {
    private int a;                   // 变量 a 是私有的变量
    private int sum (int m,int n) {  // 方法 sum()是私有方法
        return m - n;
    }
}
```

假如现在有一个 B 类，在 B 类中创建一个 A 类的对象后，该对象不能访问自己的私有变量和私有方法。例如：

```
public  class B {
    public static void main (String [] args) {
        A ca = new A ();
        ca.a = 18; // 编译错误，访问不到私有的变量 a
    }
}
```

如果一个类中的某个成员变量是私有变量，那么在另一个类中，不能通过类名来操作该私有变量；如果一个类中的某个成员方法是私有方法，那么在另一个类中，也不能通过类名来调用该私有方法。

3．公有变量和公有方法

使用 public 修饰的成员变量和成员方法称为公有变量和公有方法。例如：

```
public class A {
    public int a;                    // 变量 a 是公有变量
    public int sum (int m,int n) {   // 方法 sum()是公有方法
```

```
        return m - n;
    }
}
```

使用 public 访问修饰符修饰的成员变量和成员方法，在任何一个类中创建对象后都会被访问到。例如：

```
public  class B {
    public static void main (String [] args) {
        A ca = new A ();
        ca.a = 18; // 可以访问，编译通过
    }
}
```

4．友好变量和友好方法

不使用 private、public、protected 修饰符修饰的成员变量和成员方法称为友好变量和友好方法。例如：

```
public class A {
    int a;                      // 变量a 是友好变量
    int sum (int m,int n) {   // 方法 sum()是友好方法
        return m - n;
    }
}
```

同一包中的两个类，如果在一个类中创建了另一个类的对象，则该对象能访问自己的友好变量和友好方法。例如：

```
public class B {
    public static void main (String [] args) {
        A ca = new A ();
        ca.a = 18; // 可以访问，编译通过
    }
}
```

⚠️注意：如果源文件使用 import 语句引入了另一个包中的类，并用该类创建了一个对象，那么该类的这个对象将不能访问自己的友好变量和友好方法。

5．受保护的成员变量和成员方法

用 protected 修饰符修饰的成员变量和成员方法称为受保护的成员变量和受保护的成员方法。例如：

```
public class A {
    protected int a;                      // 变量a 是受保护的成员变量
    protected int sum (int m,int n) {   // 方法 sum()是受保护的成员方法
        return m - n;
    }
}
```

同一个包中的两个类，一个类在另一个类创建对象后，可以通过该对象访问自己的受保护的成员变量和受保护的成员方法。例如：

```
public  class B {
    public static void main (String [] args) {
        A ca = new A ();
        ca.a = 18; // 可以访问，编译通过
    }
}
```

6. public 类与友好类

在声明类时，如果在关键字 class 前面加上 public 关键字，那么这样的类就是公有的类。可以在任何另外一个类中，使用 public 类创建对象。例如：

```
public class A {
  ...
}
```

如果一个类不加 public 修饰，则该类就被称为友好类。例如：

```
class A {
  ...
}
```

一个类是友好类，另一个类中使用友好类创建对象时，必须保证两个类在同一个包中。

4.11 借助 AIGC 工具编写实例

第 3 章已经介绍了如何向 AIGC 工具提问，让 AIGC 工具帮忙编写实例，以辅助学习 Java 编程。下面将使用同样的方式方法，让 AIGC 工具帮忙编写以下实例。

4.11.1 借助 AIGC 工具编写一个简单的 import 语句

以下是与 AIGC 工具对话示例。

【问题】

例举一个 Java import 语句的实例。

【AIGC 工具建议】

假设我们有一个 Person 类位于 com.example.models 包中，并且我们希望在另一个类中使用它。我们需要使用 import 语句来导入这个类：

```
// 文件名: Person.java
package com.example.models;

public class Person {
    private String name;
    private int age;
    public Person(String name, int age) {
        this.name = name;
        this.age = age;
    }
    // Getter and Setter methods
    public String getName() {
        return name;
    }
    public void setName(String name) {
        this.name = name;
    }
    public int getAge() {
        return age;
    }
    public void setAge(int age) {
        this.age = age;
    }
}
```

现在，我们在另一个类中使用 Person 类：

```java
// 文件名: Main.java
import com.example.models.Person;
public class Main {
    public static void main(String[] args) {
        Person person = new Person("Alice", 30);
        System.out.println("Name: " + person.getName());
        System.out.println("Age: " + person.getAge());
    }
}
```

【运行结果】

```
Name: Alice
Age: 30
```

4.11.2　借助 AIGC 工具编写一个 protected 语句

以下是与 AIGC 工具对话示例。

【问题】

例举一个 Java protected 的实例。

【AIGC 工具建议】

在 Java 中，protected 修饰符用于控制类成员（字段、方法、构造函数等）的访问权限。被 protected 修饰的成员在同一个包内以及不同包中的子类中是可见的：

```java
// 文件名: Animal.java
package com.example;
public class Animal {
    protected String name;
    public Animal(String name) {
        this.name = name;
    }
    protected void makeSound() {
        System.out.println("Some generic animal sound");
    }
}
// 文件名: Dog.java
package com.example;
public class Dog extends Animal {
    public Dog(String name) {
        super(name);
    }
    @Override
    protected void makeSound() {
        System.out.println("Bark");
    }
    public void displayName() {
        // 可以访问父类的 protected 字段
        System.out.println("Dog's name: " + name);
    }
}
// 文件名: Main.java
package com.example;
public class Main {
    public static void main(String[] args) {
        Dog dog = new Dog("Buddy");
        dog.makeSound(); // 输出: Bark
```

```
        dog.displayName(); // 输出: Dog's name: Buddy
    }
}
```

【运行结果】

```
Bark
Dog's name: Buddy
```

小结

本章主要讲解了面向对象的有关知识和 Java 语言中对面向对象的实现方法,包括面向对象的程序设计概述、类、构造方法与对象、类与程序的结构关系、参数传值、对象的组合、this 关键字、包、import 语句和访问权限。

习题

4-1　构造方法是否有类型的限制?

4-2　什么是形参?什么是实参?分别举例说明。

4-3　下面的类定义有什么问题?试修改错误,使程序能够正常运行。

```
class Avg {
    public static void main(String[] args) {
        double a = 5.1;
        double b = 20.32;
        double c = 32.921;
        System.out.println(findAvg(a, b, c));
    }
    double findAvg(double a, double b, double c) {
        return (a + b + c) / 3.0;
    }
}
```

4-4　有一个 com.lzw.utilities 包,怎样导入该包中名为 Calculator 的类?包含 Calculator 类的目录和子目录,其结构是什么样的?

4-5　下面的类定义有哪些问题?

```
import java.util.*;
package myClass;
public class lzw{
    public double avg(double a,double b){
        return (a+b)/2;
    }
}
```

第5章 继承与多态

Java 语言是纯粹的面向对象的程序设计语言，而继承与多态是 Java 语言的另外两大特性。继承是面向对象实现软件复用的重要手段。多态是子类对象可以直接赋给父类变量，但运行时依然表现出子类的行为特征。Java 语言支持利用继承和多态的基本概念来设计程序，基于现实世界中客观存在的事物构造软件系统。

本章要点：
- 理解继承的概念
- 掌握子类的继承
- 掌握多态
- 理解抽象类
- 掌握 final 关键字的使用方法
- 理解内部类的概念

5.1 继承概述

本节微课

在面向对象程序设计中，继承是不可或缺的一部分。通过继承可以实现代码的重用，提高程序的可维护性。

5.1.1 继承的概念

继承一般是指晚辈从父辈那里继承财产，也可以说是子女拥有父母所给予他们的东西。在面向对象程序设计中，继承的含义与此类似，所不同的是，这里继承的实体是类，即继承是子类拥有父类的成员。

在动物园中有许多动物，而这些动物又具有相同的属性和行为，这时就可以编写一个动物类 Animal（该类中包括所有动物均具有的属性和行为），即父类。但是，不同类的动物又具有自己特有的属性和行为。例如，鸟类具有飞的行为，这时就可以编写一个 Bird 类。由于鸟类也属于动物类，因此其也具有动物类所共同拥有的属性和行为。因此，在编写 Bird 类程序时，就可以使 Bird 类继承父类 Animal，如图 5-1 所示。这样不仅可以节省程序的开发时间，而且提高了代码的可重用性。

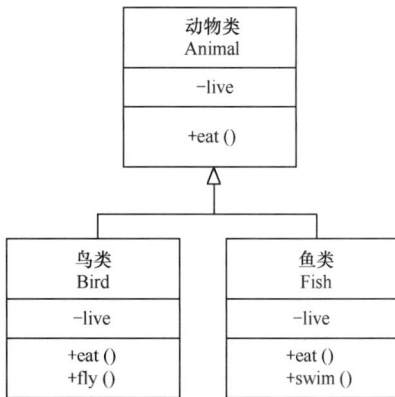

图 5-1　动物类继承关系

5.1.2 extends 关键字

在类的声明中，可以通过使用关键字 extends 显式地指明父类。其语法格式如下：

```
[修饰符] class 子类名 extends 父类名
```

（1）修饰符：可选，用于指定类的访问权限，可选值为 public、abstract 和 final。

（2）class 子类名：必选，用于指定子类的名称，类名必须是合法的 Java 标识符。一般情况下，要求首字母大写。

（3）extends 父类名：必选，用于指定要定义的子类继承于哪个父类。

例如，定义一个 Cattle 类，该类继承于父类 Animal，即 Cattle 类是 Animal 类的子类：

```
abstract class Cattle extends Animal {
    //此处省略了类体的代码
}
```

【例 5-1】 在企业进销存管理系统中，实现带有背景图片的桌面面板。

```java
public class DesktopPanel extends JDesktopPane {        // 桌面面板

    private static final long serialVersionUID = 1L;
    private final Image backImage;                       // 背景图片

    public DesktopPanel() {                              // 桌面面板的构造方法
        super();                                         // 调用父类 JDesktopPane 的构造器
        // 获得背景图片的路径
        URL url = DesktopPanel.class.getResource("/res/back.jpg");
        backImage = new ImageIcon(url).getImage();       // 获得背景图片
    }

    @Override
    protected void paintComponent(Graphics g) {          // 重写绘制组件的方法
        int width = getWidth();                          // 定义桌面面板的宽度
        int height = this.getHeight();                   // 定义桌面面板的高度
        g.drawImage(backImage, 0, 0, width, height, this);// 绘制背景图片
    }
}
```

程序运行结果如图 5-2 所示。

图 5-2 例 5-1 的运行结果

5.1.3 继承的使用原则

子类可以继承父类中所有可被子类访问的成员变量和成员方法，但必须遵循以下原则。

（1）子类能够继承父类中被声明为 public 和 protected 的成员变量和成员方法，但不能继承被声明为 private 的成员变量和成员方法。

（2）子类能够继承在同一个包中的由默认修饰符修饰的成员变量和成员方法。

（3）如果子类声明了一个与父类的成员变量同名的成员变量，则子类不能继承父类的成员变量，此时称子类的成员变量隐藏了父类的成员变量。

（4）如果子类声明了一个与父类的成员方法同名的成员方法，则子类不能继承父类的成员方法，此时称子类的成员方法覆盖了父类的成员方法。

【例 5-2】 定义一个动物类 Animal 及它的子类 Bird。

（1）创建一个名称为 Animal 的类，在该类中声明一个成员变量 live，以及两个成员方法 eat()方法 move()方法，代码如下：

```java
public class Animal {
    public boolean live=true;                //定义一个成员变量
    public String skin="";
    public void eat(){                       //定义一个成员方法
        System.out.println("动物需要吃食物");
    }
    public void move(){                      //定义一个成员方法
        System.out.println("动物会运动");
    }
}
```

（2）创建一个 Animal 类的子类 Bird 类，在该类中隐藏了父类的成员变量 skin，并且覆盖了成员方法 move()，代码如下：

```java
public class Bird extends Animal {
    public String skin="羽毛";
    public void move(){
        System.out.println("鸟会飞翔");
    }
}
```

（3）创建一个名称为 Zoo 的类，在该类的 main()方法中创建子类 Bird 的对象，并为该对象分配内存，然后该对象调用该类的成员方法及成员变量，代码如下：

```java
public class Zoo {
    public static void main(String[] args) {
        Bird bird=new Bird();
        bird.eat();
        bird.move();
        System.out.println("鸟有: "+bird.skin);
    }
}
```

eat()方法是从父类 Animal 继承下来的方法，move()方法是 Bird 子类覆盖父类的成员方法，skin 变量为子类的成员变量。

程序运行结果如图 5-3 所示。

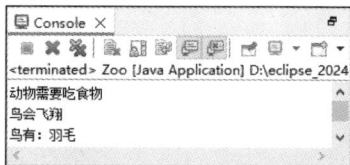

图 5-3 例 5-2 的运行结果

5.1.4 super 关键字

super 关键字主要有以下两种用途。

1．调用父类的构造方法

子类可以调用父类的构造方法，但是必须在子类的构造方法中使用 super 关键字来调用。其具体的语法格式如下：

```
super([参数列表]);
```

如果父类的构造方法中包括参数，则参数列表为必选项，用于指定父类构造方法的入口参数。

例如，下面的代码在 Animal 类中添加一个默认的构造方法和一个带有参数的构造方法：

```
public Animal(){
}
public Animal(String strSkin){
    skin=strSkin;
}
```

这时，如果想在子类 Bird 中使用父类带有参数的构造方法，则需要在子类 Bird 的构造方法中通过以下代码进行调用：

```
public Bird(){
    super("羽毛");
}
```

2．操作被隐藏的成员变量和被覆盖的成员方法

如果想在子类中操作父类中被隐藏的成员变量和被覆盖的成员方法，也可以使用 super 关键字。其语法格式如下：

```
super.成员变量名
super.成员方法名([参数列表])
```

如果想在子类 Bird 的成员变量中改变父类 Animal 的成员变量 skin 的值，可以使用以下代码：

```
super.skin="羽毛";
```

如果想在子类 Bird 的成员方法中使用父类 Animal 的成员方法 move()，可以使用以下代码：

```
super.move();
```

5.2 子类的继承

子类中的一部分成员是子类自己声明、创建的，另一部分是通过它的父类继承的。在 Java 中，Object 类是所有类的祖先类，即任何类都继承自 Object 类。除了 Object 类以外的每个类，有且仅有一个父类，一个类可以有零个或多个子类。

本节微课

1．同一包中的子类与父类

如果子类与父类都在同一包中，那么子类继承父类中非 private 修饰的成员变量和成员方法。

【例 5-3】 有 3 个类，People 类是父类，Student 类是继承父类的子类，Teacher 类也是继承父类的子类，Example 类是测试类。

继承与多态 第5章

People 类：

```
public class People {                         // 定义人类,其是一个父类
    String name = "小红";
    int age = 16;

    protected void Say() {
        System.out.println("大家好, 我叫" + name + ", 今年" + age + "岁");
    }
}
```

Student 类：

```
public class Student extends People {   // 定义学生类继承人类
    int number = 40326;
}
```

Teacher 类：

```
public class Teacher extends People{     // 定义老师类继承人类
    protected void Say(){
        System.out.println("大家好, 我叫"+name+", 今年"
                +age+"岁,我是一名老师");
    }
}

public class Example {
    public static void main(String[] args) {
        Student stu = new Student();
        stu.Say();
        stu.age = 19;
        stu.name = "张三";
        stu.Say();
        System.out.print("我的学号是: " + stu.number);
        Teacher te = new Teacher();
        te.name = "赵冬";
        te.age = 38;
        te.Say();
    }
}
```

2. 非同一包中的子类与父类

当子类与父类不在同一包中时，父类中使用 private 修饰符修饰的成员变量和友好的成员变量不会被继承，即子类只能继承父类中使用 public 和 protected 修饰符修饰的成员变量作为子类的成员变量。同样，子类也只能继承父类中使用 public 和 protected 修饰符修饰的成员方法作为子类的成员方法。

3. 继承关系的 UML 图

当一个类是另一个类的子类时，可以通过 UML 图使用实线连接两个类来表示二者之间的继承关系。实线的起始端是子类的 UML 图，终止端是父类的 UML 图，在实线的终止端使用一个空心三角形表示实线的结束。

图 5-4 所示是子类与父类间继承关系的 UML 图。

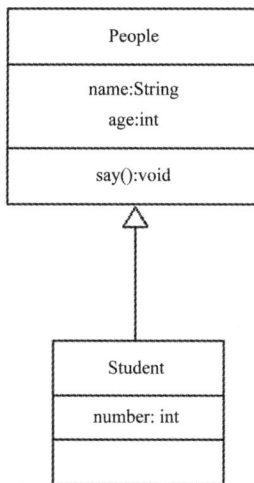

图 5-4　子类与父类间继承关系的 UML 图

本节微课

5.3 多态

多态是面向对象程序设计的重要部分，是面向对象的三个基本特性之一。在 Java 语言中，通常使用方法的重载（Overloading）和覆盖（Overriding）实现类的多态性。

5.3.1 成员方法的重载

成员方法的重载是指在一个类中，出现多个成员方法名相同，但参数个数或参数类型不同的成员方法。Java 语言在执行具有重载关系的成员方法时，将根据调用参数的个数和类型区分具体执行的是哪个成员方法。

【例 5-4】 定义一个名称为 Calculate 的类，在该类中定义两个名称为 getArea()的方法（参数个数不同）和两个名称为 draw()的方法（参数类型不同）。

具体代码如下：

```java
public class Calculate {
    final float PI=3.14159f;                //定义一个用于表示圆周率的常量 PI
    //求圆形的面积
    public float getArea(float r){          //定义一个用于计算面积的方法 getArea()
        float area=PI*r*r;
        return area;
    }
    //求矩形的面积
    public float getArea(float l,float w){  //重载 getArea ()方法
        float area=l*w;
        return area;
    }
    //绘制任意形状的图形
    public void draw(int num){              //定义一个用于绘图的方法 draw()
        System.out.println("画"+num+"个任意形状的图形");
    }
    //绘制指定形状的图形
    public void draw(String shape){          //重载 draw()方法
        System.out.println("画一个"+shape);
    }
    public static void main(String[] args) {
        Calculate calculate=new Calculate(); //创建 Calculate 类的对象并为其分配内存
        float l=20;
        float w=30;
        float areaRectangle=calculate.getArea(l, w);
        System.out.println("求长为"+l+" 宽为"+w+"的矩形的面积是："+areaRectangle);
        float r=7;
        float areaCirc=calculate.getArea(r);
        System.out.println("求半径为"+r+"的圆的面积是："+areaCirc);
        int num=7;
        calculate.draw(num);
        calculate.draw("三角形");
    }
}
```

程序运行结果如图 5-5 所示。

重载的成员方法之间并不一定必须有联系，但是为了提高程序的可读性，一般只重载

功能相似的成员方法。

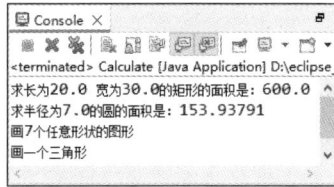

图 5-5　例 5-4 的运行结果

⚠ **注意**：在成员方法重载时，成员方法返回值的类型不能作为区分成员方法重载的标志。

5.3.2　避免重载出现的歧义

重载的成员方法必须保证参数不同，但是需要注意，重载成员方法在被调用时可能出现调用歧义。例如，下面代码中 Student 类中的 speak()方法就很容易引发歧义：

```java
public class Student {
    static void speak (double a ,int b) {
        System.out.println("我很高兴");
    }
    static void speak (int a,double b) {
        System.out.println("I am so Happy");
    }
}
```

对于上面的 Student 类，当代码为 "Student.speak(5.5,5);" 时，控制台输出 "我很高兴"；当代码为 "Student.speak(5,5.5)" 时，控制台输出 "I am so Happy"；当代码为 "Student.speak(5,5)" 时，就会出现无法解析的编译问题（提示：speak(double, int)方法对类型 Student 有歧义），因为 Student. speak(5,5)不清楚应该执行重载成员方法中的哪一个。

5.3.3　成员方法的覆盖

覆盖体现了子类补充或者改变父类成员方法的能力，通过覆盖，可以使一个成员方法在不同的子类中表现出不同的行为。

【**例 5-5**】　定义动物类 Animal 及其子类，在 Zoo 类中分别创建各个子类对象，并调用子类覆盖父类的 cry()方法。

（1）创建一个名称为 Animal 的类，在该类中声明一个成员方法 cry()：

```java
public class Animal {
    public Animal(){
    }
    public void cry(){
        System.out.println("动物发出叫声！ ");
    }
}
```

（2）创建一个 Animal 类的子类 Dog 类，在该类中覆盖父类的成员方法 cry()：

```java
public class Dog extends Animal {
    public Dog(){
    }
    public void cry(){
        System.out.println("狗发出"汪汪……"声！ ");
    }
}
```

（3）创建一个 Animal 类的子类 Cat 类，在该类中覆盖父类的成员方法 cry()：

```java
public class Cat extends Animal{
    public Cat(){
    }
    public void cry(){
        System.out.println("猫发出"喵喵……"声！");
    }
}
```

（4）创建一个 Animal 类的子类 Cattle 类，在该类中不定义任何方法：

```java
public class Cattle extends Animal {
}
```

（5）创建 Zoo 类，在该类的 main()方法中分别创建子类 Dog、Cat 和 Cattle 的对象，并调用它们的 cry()成员方法：

```java
public class Zoo {
    public static void main(String[] args) {
        Dog dog=new Dog();                      //创建 Dog 类的对象并为其分配内存
        System.out.println("执行 dog.cry();语句时的输出结果：");
        dog.cry();
        Cat cat=new Cat();                      //创建 Cat 类的对象并为其分配内存
        System.out.println("执行 cat.cry();语句时的输出结果：");
        cat.cry();
        Cattle cattle=new Cattle();             //创建 Cattle 类的对象并为其分配内存
        System.out.println("执行 cattle.cry();语句时的输出结果：");
        cattle.cry();
    }
}
```

程序运行结果如图 5-6 所示。

从图 5-6 所示的运行结果可以看出，由于 Dog 类和 Cat 类都重载了父类的成员方法 cry()，因此执行的是子类中的 cry()方法；但是 Cattle 类没有重载父类的成员方法，所以执行的是父类中的cry()方法。

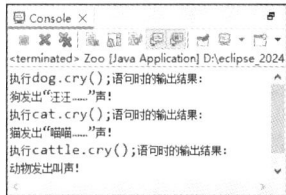

图 5-6　例 5-5 的运行结果

⚠ **注意**：在进行成员方法覆盖时，需要注意以下 3 点。

（1）子类不能覆盖父类中声明为 final 或者 static 的成员方法。

（2）子类必须覆盖父类中声明为 abstract 的成员方法，或者子类也将该成员方法声明为 abstract。

（3）子类覆盖父类中的同名成员方法时，子类中成员方法的声明也必须和父类中被覆盖的成员方法的声明一样。

5.3.4　向上转型

一个对象可以看作本类类型，也可以看作其超类类型。取得一个对象的引用并将其看作超类的对象，称为向上转型。

【**例 5-6**】　创建抽象的动物类，在该类中定义一个 move()方法，并创建两个子类：鹦鹉和乌龟。在 Zoo 类中定义 free()方法，该成员方法接收动物类作为成员方法的参数，并调用参数的 move()方法使动物获得自由。

```
abstract class Animal {
    public abstract void move();                  // 移动方法
}
class Parrot extends Animal {
    public void move() {                          // 鹦鹉的移动方法
        System.out.println("鹦鹉正在飞行……");
    }
}
class Tortoise extends Animal {
    public void move() {                          // 乌龟的移动方法
        System.out.println("乌龟正在爬行……");
    }
}
public class Zoo {
    public void free(Animal animal) {             // 放生方法
        animal.move();
    }
    public static void main(String[] args) {
        Zoo zoo = new Zoo();                      // 动物园
        Parrot parrot = new Parrot();             // 鹦鹉
        Tortoise tortoise = new Tortoise();       // 乌龟
        zoo.free(parrot);                         // 放生鹦鹉
        zoo.free(tortoise);                       // 放生乌龟
    }
}
```

程序运行结果如图 5-7 所示。

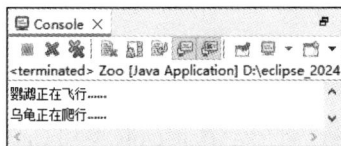

图 5-7　例 5-6 的运行结果

⚠ 注意：因为向下转型可能会出现问题，所以这里不讲解这部分知识。

5.4　抽象类

本节微课

通常可以说四边形具有 4 条边，或者更具体一点，平行四边形是具有对边平行且相等特性的特殊四边形，等腰三角形是腰相等的三角形，这些描述都是合乎情理的。但是，对于图形对象却不能使用具体的语言进行描述，其有几条边，究竟是什么图形，没有人能描述清楚，这种类在 Java 语言中被定义为抽象类。

5.4.1　抽象类和抽象方法

抽象类就是只声明成员方法的存在而不具体实现它的类。抽象类不能被实例化，即不能创建其对象。在定义抽象类时，要在关键字 class 前面加上关键字 abstract。

定义抽象类的语法格式如下：

```
abstract class 类名{
    类体
}
```

例如，定义一个名称为 Fruit 的抽象类，可以使用如下代码：

```
abstract class Fruit {                //定义抽象类
    public String color;              //定义颜色成员变量
    //定义构造方法
    public Fruit(){
        color="绿色";                  //对变量color 进行初始化
    }
}
```

在抽象类中，被创建的、没有被实现的、必须要被子类重写的方法称作抽象方法。抽象方法只有方法的声明，而没有方法的实现，用关键字 abstract 进行修饰。

定义抽象方法的语法格式如下：

```
abstract <方法返回值类型> 方法名(参数列表);
```

（1）方法返回值类型：必选，用于指定成员方法的返回值类型。如果该成员方法没有返回值，可以使用关键字 void 进行标识。成员方法返回值的类型可以是任何 Java 数据类型。

（2）方法名：必选，用于指定抽象方法的名称，方法名必须是合法的 Java 标识符。

（3）参数列表：可选，用于指定成员方法中所需的参数。当存在多个参数时，各参数之间应使用逗号分隔。成员方法的参数可以是任何 Java 数据类型。

在上面定义的抽象类中添加一个抽象方法，可使用如下代码：

```
//定义抽象方法
public abstract void harvest();      //收获的方法
```

⚠ 注意：抽象方法不能使用 private 或 static 关键字进行修饰。

包含一个或多个抽象方法的类必须被声明为抽象类。这是因为抽象方法没有定义方法的实现部分，如果不声明为抽象类，该类就能够被创建对象，这时当用户调用抽象方法时，程序就不知道如何处理了。

【例 5-7】 定义一个水果类 Fruit，该类为水果的抽象类，并在该类中定义一个抽象方法，同时在其子类中实现该抽象方法。

（1）创建 Fruit 类，在该类中定义相应的成员变量和成员方法：

```
abstract class Fruit {                      //定义抽象类
    public String color;                    //定义颜色成员变量
    //定义构造方法
    public Fruit(){
        color="绿色";                        //对成员变量color 进行初始化
    }
    //定义抽象方法
    public abstract void harvest();         //收获的方法
}
```

（2）创建 Fruit 类的子类 Apple，在该类中实现其父类的抽象方法 harvest()：

```
class Apple extends Fruit {
    public void harvest() {
        System.out.println("苹果已经收获！");    //输出字符串"苹果已经收获！"
    }
}
```

（3）创建一个 Fruit 类的子类 Orange，同样实现父类的抽象方法 harvest()：

```
class Orange extends Fruit {
    public void harvest() {
        System.out.println("橘子已经收获! ");    //输出字符串"橘子已经收获! "
    }
}
```

（4）创建 Farm 类，在该类中执行 Fruit 类的两个子类的 harvest()方法：

```
public class Farm {
    public static void main(String[] args) {
        System.out.println("调用Apple类的harvest()方法的结果: ");
        Apple apple=new Apple();        //声明Apple类的一个对象apple，并为其分配内存
        apple.harvest();                //调用Apple类的harvest()方法
        System.out.println("调用Orange类的harvest()方法的结果: ");
        Orange orange=new Orange();  //声明Orange类的一个对象orange，并为其分配内存
        orange.harvest();                //调用Orange类的harvest()方法
    }
}
```

程序运行结果如图 5-8 所示。

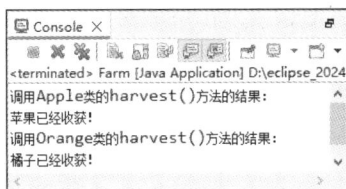

图 5-8　例 5-7 的运行结果

5.4.2　抽象类和抽象方法的规则

抽象类和抽象方法的规则总结如下。

（1）抽象类不可以使用 new 关键字创建对象，但可以被继承。

（2）抽象类可以有构造方法，但构造方法不可以是抽象方法。

（3）当两个抽象类存在继承关系时，子类既可以重写父类的抽象方法，也可以不重写。

（4）含有抽象方法的类一定是抽象类，但抽象类不只含有抽象方法。

5.4.3　抽象类的作用

抽象类的核心用途是为继承抽象类的子类创建模板。抽象类最大的特点就是抽象方法，抽象方法没有方法体，其作用在于强制继承抽象类的子类具备哪种行为。例如，想成为猎人，就要会射击；想成为程序设计人员，就要学会使用计算机……Java 语言中就存在很多抽象类，如 java.lang.Number 是抽象的数字类，而 BigDecimal（超大浮点数）、BigInteger（超大整数）、Byte、Double、Float、Integer、Long 和 Short 都是它的子类。开发者利用抽象类，可以在不写具体代码的情况下，先将程序的所有功能定义出来。当其他开发者看到这些抽象方法时，就会知道："这些方法是需要重新编写的。"这样，一个良好的团队合作机制就诞生了。

5.5　final 关键字

final 关键字用来修饰类、变量和方法，其修饰的类、变量和方法不可改变。

本节微课

5.5.1 final 变量

当 final 修饰变量时，表示该变量一旦获得初始值就不可以被改变。Final 既可以修饰成员变量，又可以修饰局部变量、形参。

1. final 修饰成员变量

成员变量是随着类初始化或对象初始化而初始化的。当类初始化时，系统会为该类的类属性分配内存，并分配默认值；当创建对象时，系统会为该对象的实例属性分配内存，并分配默认值。

对于 final 修饰的成员变量，如果既没有在定义成员变量时指定初始值，又没有在初始化块、构造器中为成员变量指定初始值，那么这些成员变量的值将一直是 "0" "\u0000'" "false" 或 "null"，这些成员变量也就失去了意义。

因此，当定义 final 成员变量时，要么指定初始值，要么在初始化块、构造器中初始化成员变量。当给成员变量指定默认值之后，则不能在初始化块、构造器中为该属性重新赋值。

2. final 修饰局部变量

使用 final 修饰符修饰的局部变量，如果在定义的时候没有指定初始值，则可以在后面的代码中对该 final 局部变量赋值，但是只能赋一次值，不能重复赋值。如果 final 修饰的局部变量在定义时已经指定默认值，则后面代码中不能再对该变量赋值。

3. final 修饰基本类型和引用类型变量的区别

当使用 final 修饰基本类型变量时，不能对基本类型变量重新赋值，因此基本类型变量不能被修改。但是，对于引用类型的变量，其保存的仅仅是一个引用，final 只保证该引用的地址不会改变，即一直引用同一对象，该对象是可以发生改变的。

5.5.2 final 类

使用关键字 final 修饰的类称为 final 类，该类不能被继承，即不能有子类。有时为了程序的安全性，可以将一些重要的类声明为 final 类。例如，Java 语言提供的 System 类和 String 类都是 final 类。

定义 final 类的语法格式如下：

```
final class 类名{
    类体
}
```

【例 5-8】 创建一个名称为 FinalDemo 的 final 类。

```
public final class FinalDemo {
    private String message="这是一个 Final 类";
    private String enable="它不能被继承，所以不可能有子类。";
public static void main(String[] args) {
        FinalDemo demo=new FinalDemo();
        System.out.println(demo.message);
        System.out.println(demo.enable);
    }
}
```

5.5.3 final 方法

使用 final 修饰符修饰的成员方法不可以被重写。如果想要不允许子类重写父类的某个成员方法，可以使用 final 修饰符修饰该成员方法。例如：

```
public class Father {
    public final void say (){}
}

public class Son extends Father {
    public final void say (){} // 编译错误，不允许重写 final 方法
}
```

5.6 内部类

Java 语言允许在类中定义内部类，内部类就是在其他类内部定义的子类。
定义内部类的一般格式如下：

```
public class Zoo{
    ...
    class Wolf{                    // 内部类 Wolf
    }
}
```

本节微课

内部类有 4 种形式：成员内部类、局部内部类、静态内部类和匿名类。
本节将分别介绍这 4 种内部类的使用。

5.6.1 成员内部类

成员内部类和成员变量一样，属于类的全局成员。
定义成员内部类的一般格式如下：

```
public class Sample {
    public int id;                 // 成员变量
    class Inner{                   // 成员内部类
    }
}
```

⚠ 注意：成员变量 id 定义为公有属性 public，但是内部类 Inner 不可以使用 public 修饰符，因为公共类的名称必须与类文件同名。所以，每个 Java 类文件中只允许存在一个 public 公共类。

Inner 内部类和 id 成员变量都被定义为 Sample 类的成员，但是 Inner 成员内部类的使用要比 id 成员变量更复杂。
使用 Inner 成员内部类的一般格式如下：

```
Sample sample = new Sample();
Sample.Inner inner = sample.new Inner();
```

只有创建了成员内部类的实例，才能使用成员内部类的变量和方法。

【例 5-9】 创建成员内部类的实例对象，并调用该对象的 print()方法。

（1）创建 Sample 类，在该类中定义成员内部类 Inner。

```
public class Sample {
    public int id;                                    // 成员变量
    private String name;                              // 私有成员变量
    static String type;                               // 静态成员变量
    public Sample() {
        id=9527;
        name="苹果";
        type="水果";
    }
    class Inner{                                       // 成员内部类
        private String message="成员内部类的创建者包含以下属性: ";
        public void print(){
            System.out.println(message);
            System.out.println("编号: "+id);          // 访问公有成员
            System.out.println("名称: "+name);        // 访问私有成员
            System.out.println("类别: "+type);        // 访问静态成员
        }
    }
}
```

（2）创建测试成员内部类的 Test 类。

```
public class Test {
    public static void main(String[] args) {
        Sample sample = new Sample();                  // 创建 Sample 类的对象
        Sample.Inner inner = sample.new Inner();       // 创建成员内部类的对象
        inner.print();                                 // 调用成员内部类的 print()方法
    }
}
```

程序运行结果如图 5-9 所示。

5.6.2　局部内部类

局部内部类和局部变量一样，都是在方法体内定义的，其只在方法体内有效。

定义局部内部类的一般格式如下：

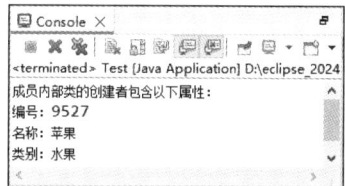

图 5-9　例 5-9 的运行结果

```
public void sell() {
    class Apple {                                      // 局部内部类
    }
}
```

局部内部类可以访问它的创建类中的所有成员变量和成员方法，包括私有方法。

【例 5-10】 在 sell()方法中创建 Apple 局部内部类，并创建该内部类的实例，调用其定义的 price()方法输出单价信息。

```
public class Sample {
    private String name;                               // 私有成员变量
    public Sample() {
        name = "苹果";
    }
    public void sell(int price) {
        class Apple {                                  // 局部内部类
```

　　　　继承与多态 / 第 5 章

```
            int innerPrice = 0;
            public Apple(int price) {
                innerPrice = price;
            }
            public void price() {
                System.out.println("现在开始销售"+name);
                System.out.println("单价为: " + innerPrice + "元");
            }
        }
        Apple apple=new Apple(price);
        apple.price();
    }
    public static void main(String[] args) {
        Sample sample = new Sample();
        sample.sell(100);
    }
}
```

程序运行结果如图 5-10 所示。

5.6.3 静态内部类

静态内部类和静态变量类似，都使用 static 关键字修
饰。所以，在学习静态内部类之前，必须熟悉静态变量的
使用。

图 5-10 例 5-10 的运行结果

定义静态内部类的一般格式如下：

```
public class Sample {
    static class Apple {                        // 静态内部类
    }
}
```

静态内部类可以在不创建 Sample 类的情况下直接使用。

【例 5-11】 在 Sample 类中创建 Apple 静态内部类，在创建 Sample 类的实例对象之前
和之后，分别创建 Apple 内部类的实例对象，并执行它们的 introduction()方法。

```
public class Sample {
    private static String name;                 // 私有成员变量
    public Sample() {
        name = "苹果";
    }
    static class Apple {                         // 静态内部类
        int innerPrice = 0;
        public Apple(int price) {
            innerPrice = price;
        }
        public void introduction() {            // 介绍苹果的方法
            System.out.println("这是一个" + name);
            System.out.println("它的零售单价为: " + innerPrice + "元");
        }
    }
    public static void main(String[] args) {
        Sample.Apple apple = new Sample.Apple(8); // 第一次创建 Apple 对象
        apple.introduction();                      // 第一次执行 Apple 对象的介绍方法
        Sample sample=new Sample();                // 创建 Sample 类的对象
        Sample.Apple apple2 = new Sample.Apple(10);// 第二次创建 Apple 对象
        apple2.introduction();                     // 第二次执行 Apple 对象的介绍方法
```

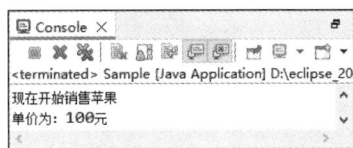

```
      }
   }
```

程序运行结果如图 5-11 所示。

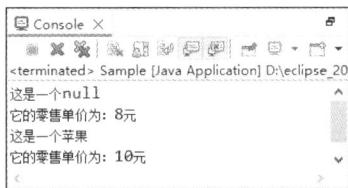

图 5-11　例 5-11 的运行结果

从该实例中可以发现，在 Sample 类被实例化之前，name 成员变量的值是 null（没有赋值），所以第一次创建的 Apple 对象没有名字。而第二次创建 Apple 对象之前，程序已经创建了一个 Sample 类的对象，这样就导致 Sample 的静态成员变量被初始化。因为该静态成员变量被整个 Sample 类所共享，所以第二次创建的 Apple 对象也就共享了 name 成员变量，从而输出了"这是一个苹果"的信息。

5.6.4　匿名类

匿名类就是没有名称的内部类，其经常被应用于 Swing 程序设计中的事件监听处理。

匿名类有以下 4 个特点。

（1）匿名类可以继承父类的方法，也可以重写父类的方法。

（2）匿名类可以访问外嵌类中的成员变量和成员方法，在匿名类中不能声明静态变量和静态方法。

（3）使用匿名类时，必须在某个类中直接使用匿名类创建对象。

（4）在使用匿名类创建对象时，要直接使用父类的构造方法。

匿名类的一般格式如下：

```
new ClassName(){
   ...
}
```

例如，创建一个匿名的 Apple 类，可以使用如下代码：

```
public class Sample {
   public static void main(String[] args) {
      new Apple() {
         public void introduction() {
            System.out.println("这是一个匿名类，但是谁也无法使用它。");
         }
      };
   }
}
```

虽然成功创建了一个 Apple 匿名类，但是正如它的 introduction() 方法所描述的那样，"谁也无法使用它"，这是因为没有一个对该类的引用。

匿名类经常被用来创建接口的唯一实现类，或者创建某个类的唯一子类。

【例 5-12】　创建 Apple 接口和 Sample 类，在 Sample 类中编写 print() 方法，该方法接收一个实现 Apple 接口的对象作为参数，并执行该参数的 say() 方法，输出一条信息。

本小节微课

Apple 接口：

```
interface Apple{                                // 定义 Apple 接口
    public void say();                          // 定义 say()方法
}
```

Sample 类：

```
public class Sample implements Apple {          // 创建 Sample 类
    public static void print(Apple apple){      // 创建 print()方法
        apple.say();
    }
    public static void main(String[] args) {
        Sample.print(new Apple() {              // 为 print()方法传递 Apple 接口的对象
            public void say() {                 // 实现 Apple 接口的对象
                System.out.println("这是一箱子的苹果。");   // 匿名类做参数
            }
        });
    }
    @Override
    public void say() {
        // TODO Auto-generated method stub
    }
}
```

程序运行结果如图 5-12 所示。

图 5-12　例 5-12 的运行结果

5.7 借助 AIGC 工具解决多态向下转型的问题

虽然本章没有对多态的向下转型予以介绍，但是可以利用 AIGC 工具辅助学习这部分内容。以下是与 AIGC 工具对话示例。

【问题】

Java 多态向下转型。

【AIGC 工具建议】

在 Java 中，多态（Polymorphism）是面向对象编程的一个重要特性，它允许一个对象以多种形式出现。向下转型（Downcasting）是将父类引用转换为子类引用的过程。假设有一个父类 Animal 和它的子类 Dog：

```
class Animal {
    void makeSound() {
        System.out.println("Some generic animal sound");
    }
}
class Dog extends Animal {
    void makeSound() {
        System.out.println("Bark");
    }
    void fetch() {
```

```
        System.out.println("Fetching the ball");
    }
}
```

当你有一个 Animal 类型的引用指向一个 Dog 对象时，你可以使用向下转型来调用 Dog 特有的方法：

```
public class Main {
    public static void main(String[] args) {
        Animal myAnimal = new Dog();      // Upcasting
        myAnimal.makeSound();             // Calls Dog's makeSound method
        // Downcasting: converting Animal reference to Dog reference
        if (myAnimal instanceof Dog) {
            Dog myDog = (Dog) myAnimal;   // Downcasting
            myDog.fetch();                // Now you can call Dog-specific methods
        } else {
            System.out.println("The object is not an instance of Dog");
        }
    }
}
```

【运行结果】

```
Bark
Fetching the ball
```

示例代码首先创建了一个 Dog 对象并将其赋值给 Animal 类型的引用 myAnimal，然后使用 instanceof 检查 myAnimal 是否是 Dog 的实例，如果是，则将其向下转型为 Dog 类型，并调用 Dog 特有的方法 fetch()。

小结

本章主要讲解了 Java 语言面向对象的特性，包括继承概述、子类的继承、多态、抽象类、final 关键字和内部类；本章还重点讲解了抽象类和抽象方法的规则。

习题

5-1　创建如下类：Point 类（点）、Circle 类（圆形）和 Square 类（正方形）。Point 根据（x,y）坐标定位；Circle 除一个（x,y）坐标点之外，还有半径属性；Square 除一个（x,y）坐标点之外，还有边长。请问：这些类中哪些是父类，哪些是子类？

5-2　关键字组合问题。

（1）abstract()方法能否为 final 类型？

（2）abstract()方法能否为 static 类型？

（3）能否定义一个私有静态（private static）方法？

5-3　简单说明成员方法重载与成员方法覆盖的区别。

5-4　列举面向对象的三大特性。

第6章　接口

Java 语言只支持单重继承，不支持多重继承，即一个类只能有一个父类。但是，在实际应用中，又经常需要使用多重继承来解决问题。为了解决该问题，Java 语言提供了接口来实现类的多重继承功能。

本章要点：

- 掌握接口的使用，包括接口的定义、接口的继承、接口的实现
- 理解接口与抽象类的共同点和区别
- 掌握接口的 UML 图
- 掌握接口回调
- 理解接口与多态
- 理解接口参数

6.1 接口简介

Java 语言中的接口是一个特殊的抽象类，接口中的所有方法都没有方法体。例如，定义一个人类，人类可以为老师，可以为学生，所以人这个类就可以定义成抽象类；还可以定义几个抽象的方法，如讲课、看书等，这样就形成了一个接口。如果想要一个老师，那么就可以实现人类这个接口，同样可以实现人类接口中的方法；当然，也可以存在老师特有的方法。

本节微课

6.2 接口的定义

Java 语言使用关键字 interface 定义一个接口。接口定义与类的定义类似（也分为接口的声明和接口体），其中接口体由常量定义和方法定义两部分组成。

定义接口的语法格式如下：

```
[修饰符] interface 接口名 [extends 父接口名列表]{
    [public] [static] [final] 常量;
    [public] [abstract] 方法;
}
```

本节微课

（1）修饰符：可选，用于指定接口的访问权限，可选值为 public。如果省略该参数，则使用默认的访问权限。

（2）接口名：必选，用于指定接口的名称，接口名必须是合法的 Java 标识符。一般情况下，要求接口名首字母大写。

（3）extends 父接口名列表：可选，用于指定要定义的接口继承于哪个父接口。当使用 extends 关键字时，父接口名为必选参数。

（4）方法：接口中的方法只有定义而没有被实现。

【例 6-1】 定义一个 Calculate 接口，在该接口中定义一个常量 PI 和两个方法。

```
interface Calculate {
    final float PI=3.14159f;              //定义用于表示圆周率的常量 PI
    float getArea(float r);               //定义一个用于计算面积的方法 getArea()
    float getCircumference(float r);      //定义一个用于计算周长的方法 getCircumference()
}
```

⚠ **注意**：Java 接口文件的文件名必须与接口名相同。

6.3 接口的继承

本节微课

接口是可以被继承的。接口的继承与类的继承不太一样，接口可以实现多继承，即一个接口可以有多个直接父接口。和类的继承相似，当子类继承父类接口时，子类会获得父类接口中定义的所有抽象方法、常量属性等。

当一个接口继承多个父类接口时，多个父类接口排列在 extends 关键字之后，各个父类接口之间使用英文逗号（,）隔开。例如：

```
interface interfaceA {
  int one =1;
  void sayA();
}

interface interfaceB {
  int two =2;
  void sayB();
}
interface interfaceC extends interfaceA,interfaceB{
  int three =3;
  void sayC();
}

public class app {
    public static void main(String[] args) {
        System.out.println(interfaceC.one) ;
        System.out.println(interfaceC.two) ;
        System.out.println(interfaceC.three) ;
    }
}
```

6.4 接口的实现

本节微课

接口可以被类实现，也可以被其他接口继承。在类中实现接口，可以使用关键字 implements。

实现接口的语法格式如下：

```
[修饰符] class <类名> [extends 父类名] [implements 接口列表]{
}
```

（1）修饰符：可选，用于指定类的访问权限，可选值为 public、final 和 abstract。

（2）类名：必选，用于指定类的名称，类名必须是合法的 Java 标识符。一般情况下，要求类名首字母大写。

（3）extends 父类名：可选，用于指定要定义的类继承于哪个父类。当使用 extends 关键字时，父类名为必选参数。

（4）implements 接口列表：可选，用于指定该类实现哪些接口。当使用 implements 关键字时，接口列表为必选参数。当接口列表中存在多个接口名时，各个接口名之间使用英文逗号分隔。

在类实现接口时，方法的名字、返回值类型、参数的个数及类型必须与接口中的完全一致，并且必须实现接口中的所有方法。

例如，创建实现了 Calculate 接口的 Circle 类，可以使用如下代码：

```java
public class Cire implements Calculate {
    //实现计算圆面积的方法
    public float getArea(float r) {
        float area=PI*r*r;                      //计算圆面积并赋值给变量 area
        return area;                            //返回计算后的圆面积
    }
    //实现计算圆周长的方法
    public float getCircumference(float r) {
        float circumference=2*PI*r;             //计算圆周长并赋值给变量 circumference
        return circumference;                   //返回计算后的圆周长
    }
}
```

每个类只能实现单继承，而实现接口时，一次则可以实现多个接口，每个接口间使用英文逗号分隔。这时就可能出现常量或方法名冲突的情况，解决该问题的方法如下：如果常量冲突，则需要明确指定常量的接口，这可以通过"接口名.常量"实现；如果方法冲突，则只要实现一个方法即可。

【例 6-2】 定义两个接口，并且在这两个接口中声明一个同名的常量和一个同名的方法，然后定义一个同时实现这两个接口的类。

（1）创建 Calculate 接口，在该接口中声明一个常量和两个方法。

```java
interface Calculate {
    final float PI=3.14159f;                 //定义一个用于表示圆周率的常量 PI
    float getArea(float r);                  //定义一个用于计算面积的方法 getArea()
    float getCircumference(float r);         //定义一个用于计算周长的方法 getCircumference()
}
```

（2）创建 GeometryShape 接口，在该接口中声明一个常量和三个方法。

```java
interface GeometryShape {
    final float PI=3.14159f;                 //定义一个用于表示圆周率的常量 PI
    float getArea(float r);                  //定义一个用于计算面积的方法 getArea()
    float getCircumference(float r);         //定义一个用于计算周长的方法 getCircumference()
    void draw();                             //定义一个绘图方法
}
```

（3）创建 Circ 的类，该类实现 Calculate 接口和 GeometryShape 接口。

```java
public class Circ implements Calculate,GeometryShape {
    //定义计算圆面积的方法
    public float getArea(float r) {
        float area=Calculate.PI*r*r;              //计算圆面积并赋值给变量 area
        return area;                              //返回计算后的圆面积
    }
    //定义计算圆周长的方法
    public float getCircumference(float r) {
        float circumference=2*Calculate.PI*r;     //计算圆周长并赋值给变量 circumference
        return circumference;                     //返回计算后的圆周长
    }
    //定义一个绘图的方法
    public void draw(){
        System.out.println("画一个圆形! ");
    }
    //定义主方法测试程序
    public static void main(String[] args) {
        Circ circ=new Circ();
        float r=7;
        float area=circ.getArea(r);
        System.out.println("圆的面积为: "+area);
        float circumference=circ.getCircumference(r);
        System.out.println("圆的周长为: "+circumference);
        circ.draw();
    }
}
```

程序运行结果如图 6-1 所示。

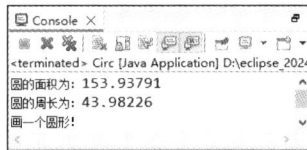

图 6-1　例 6-2 的运行结果

【例 6-3】　在企业进销存管理系统中实现编辑器。

```java
// 编辑器
public class customCellEditor extends JComboBox implements TableCellEditor {
    private CellEditorListener list;       // 创建用于侦听 CellEditor 中更改的对象的接口
    private String gysName;                 // 供应商名称
    private ChangeEvent ce = new ChangeEvent(this);
    public customCellEditor() {            // 编辑器的构造方法
        super();
    }
    public Object getCellEditorValue() {
        return getSelectedItem();          // 返回编辑器中包含的值
    }
    public Component getTableCellEditorComponent
        (JTable table, Object value, boolean isSelected, int row, int column) {
        ResultSet set = Dao.query
                ("select * from tb_spinfo where gysName='" + gysName + "'");
        DefaultComboBoxModel dfcbm = (DefaultComboBoxModel) getModel();
        dfcbm.removeAllElements();
        dfcbm.addElement(new TbSpinfo());
        try {
            while (set.next()) {
                TbSpinfo spinfo = new TbSpinfo();                  // 商品信息
                spinfo.setId(set.getString("id").trim());          // 商品编号
```

```
                    spinfo.setSpname(set.getString("spname").trim());  // 商品名称
                    spinfo.setCd(set.getString("cd").trim());          // 产地
                    spinfo.setJc(set.getString("jc").trim());          // 商品简称
                    spinfo.setDw(set.getString("dw").trim());          // 商品计量单位
                    spinfo.setGg(set.getString("gg").trim());          // 商品规格
                    spinfo.setBz(set.getString("bz").trim());          // 包装
                    spinfo.setPh(set.getString("ph").trim());          // 批号
                    spinfo.setPzwh(set.getString("pzwh").trim());      // 批准文号
                    spinfo.setMemo(set.getString("memo").trim());      // 备注
                    spinfo.setGysname(set.getString("gysname").trim()); // 供应商名称
                    dfcbm.addElement(spinfo);    // 向表格对象中添加行数据（商品信息）
                }
        } catch (SQLException e) {
            e.printStackTrace();
        }
        return this;
    }
    // 重写实现 TableCellEditor 接口的 addCellEditorListener() 方法（当编辑器停止运作或取消
    // 编辑时，向被通知的列表添加一个侦听器）
    public void addCellEditorListener(CellEditorListener arg0) {
        list = arg0;
    }
    // 重写实现 TableCellEditor 接口的 cancelCellEditing() 方法（告知编辑器取消编辑并且不接受
    // 任何已部分编辑的值）
    public void cancelCellEditing() {
        list.editingCanceled(ce);
    }
    // 重写实现 TableCellEditor 接口的 isCellEditable() 方法（询问编辑器它是否可以使用 anEvent
    // 开始进行编辑）
    public boolean isCellEditable(EventObject arg0) {
        return true;
    }
    // 重写实现 TableCellEditor 接口的 removeCellEditorListener() 方法（从被通知的列表中
    // 移除一个侦听器）
    public void removeCellEditorListener(CellEditorListener arg0) {
    }
    // 重写实现 TableCellEditor 接口的 shouldSelectCell() 方法（如果应该选择正编辑的单元格，
    // 则返回 true，否则返回 false）
    public boolean shouldSelectCell(EventObject arg0) {
        return true;
    }
    // 重写实现 TableCellEditor 接口的 stopCellEditing() 方法（告知编辑器停止编辑并接受任何
    // 已部分编辑的值作为编辑器的值）
    public boolean stopCellEditing() {
        list.editingStopped(ce);
        return true;
    }
    // 获得供应商名称
    public String getGysName() {
        return gysName;
    }
    // 设置供应商名称
    public void setGysName(String gysName) {
        this.gysName = gysName;
    }
}
```

程序运行结果如图 6-2 所示。

商品名称	商品编号	产地	单位	规格	包装	单价	数量
**U盘	sp1010	辽源市	盒	1个/盒	塑盒	0	0
香氛型洗衣 手工艺品** **U盘							

图 6-2　例 6-3 的运行结果

6.5　接口与抽象类

接口与抽象类的共同点如下。

（1）接口与抽象类都不能被实例化，能被其他类实现和继承。

（2）接口和抽象类中都可以包含抽象方法，实现接口或继承抽象类的普通子类都必须实现这些抽象方法。

接口和抽象类之间还存在非常大的区别。

接口指定了系统各模块间遵循的标准，体现的是一种规范，因此接口一旦被定义就不应该经常改变，一旦改变就会对整个系统造成影响。对于接口的实现者而言，接口规定了实现者必须向外提供哪些服务；对于接口的调用者而言，接口规定了调用者可以调用哪些服务。当多个应用程序之间使用接口时，接口是多个程序之间的通信标准。

抽象类作为多个子类的父类，其体现的是一种模板式设计。该抽象父类可以被当成中间产品，但不是最终产品，需要进一步完善。

接口与抽象类的用法区别如下。

（1）抽象类和接口都可以有子类，其中把接口的子类称为实现类。

（2）抽象类通常作为子类的"模板"，接口通常用来描述子类的"行为"。

（3）子类虽然只能继承一个抽象类，但可以同时实现任意多个接口。

（4）创建抽象类需要使用 abstract 关键字，创建接口需要使用 interface 关键字。

（5）声明抽象类中的抽象方法需要使用 abstract 关键字，声明接口中的抽象方法可以省略 abstract 关键字。

（6）在接口中可以使用 default 关键字定义有方法体的非抽象方法，但是在抽象类中不能用。

（7）在接口中不能有构造方法，但是在抽象类中可以有。

（8）在抽象类中可以有代码块、静态代码块和静态方法，但是在接口中不能有。

（9）抽象类中的成员属性可以定义为任意权限、任意类型、静态或非静态的变量，但是接口中的成员属性只能是静态常量。

（10）子接口可以同时继承多个父接口，但是子抽象类只能继承一个父抽象类。

6.6　接口的 UML 图

将一个长方形垂直地分成三层来表示一个接口，如图 6-3 所示。

顶部第一层是名字层，接口的名字必须是斜体字形，而且需要用

<<interface>>修饰，并且该修饰和名字分布在两行。

中部第二层是常量层，列出接口中的常量及类型，格式是"常量名字：类型"。

底部第三层是方法层，也称操作层，列出接口中的方法及返回类型，格式是"方法名字（参数列表）：类型"。

当一个类实现了一个接口后，该类和该接口之间的关系是实现关系，称为类实现了接口。UML 通过使用虚线连接类和其所实现的接口，虚线的起始端是类，终止端是其所实现的接口，在终止端使用一个空心的三角形表示虚线的结束。图 6-4 是 Circ 类实现了 Caculate 接口的 UML 图。

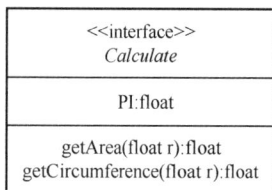

图 6-3　接口 UML 图

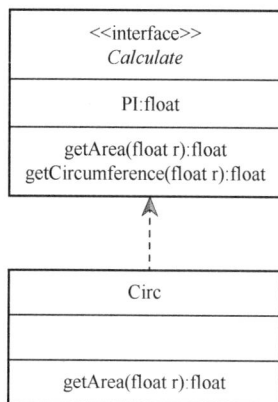

图 6-4　Circ 类实现了 Caculate 接口的 UML 图

6.7　接口回调

接口也是 Java 语言中的一种数据类型，使用接口声明的变量称为接口变量。接口变量属于引用型变量，其中可以存放实现该接口的类的实例的引用，即存放对象的引用。例如，假设 Peo 是一个接口，可以使用 Peo 声明一个变量：

```
Peo pe;
```

此时 Peo 接口是一个空接口，还没有向该接口中存入实现该接口的类的实例对象的引用。假设 Stu 类是实现 Peo 接口的类，用 Stu 创建名字为 object 的对象，那么 object 对象不仅可以调用 Stu 类中原有的方法，还可以调用 Stu 类实现接口的方法。代码如下：

```
Stu object = new Stu();
```

Java 语言中的接口回调指把实现某一接口的类所创建的对象的引用赋值给该接口声明的接口变量，那么该接口变量就可以调用被类实现的接口方法。实际上，当接口变量调用被类实现的接口方法时，就是通知相应的对象调用该方法。

【例 6-4】　使用接口回调技术。

```
interface People {                        //定义一个接口
    void Say(String s);
}
public class Teacher implements People{   // Teacher 实现接口
    public void Say(String s){
        System.out.println(s);
```

```
        }
    }
public class Student implements People{        // Student 实现接口
    public void Say(String s){
        System.out.print(s);
    }
}

public class app {
    public static void main(String[] args) {
        People tea;                                //声明接口变量
        tea = new Teacher();                       //接口变量中存放对象的引用
        tea.Say("我是老师");                        //接口回调
        tea = new Student();                       //接口变量中存放对象的引用
        tea.Say("我是学生");                        //接口回调
    }
}
```

程序运行结果如图 6-5 所示。

图 6-5 例 6-4 的运行结果

6.8 接口参数

如果一个方法的参数是接口类型的参数,就可以将任何实现该接口的类的实例的引用传递给该接口参数,那么该接口参数就可以回调类实现的接口方法。

【例 6-5】 实现接口的回调参数。

```
interface Eatfood {
    void Eatfood();
}

public class Chinese implements Eatfood{
    public void Eatfood(){
        System.out.println("中国人习惯使用筷子吃饭。");
    }
}

public class America implements Eatfood{
    public void Eatfood(){
        System.out.println("美国人习惯使用刀叉吃饭。");
    }
}

public class EatMethods {
    public void lookEatMethods (Eatfood eat){      // 定义接口类型的参数
        eat.Eatfood();                             // 接口回调
    }
```

本节微课

```
    }
public class Example2 {
    public static void main(String[] args) {
        EatMethods em = new EatMethods();
        em.lookEatMethods(new Chinese());
        em.lookEatMethods(new America());
    }
}
```

程序运行结果如图 6-6 所示。

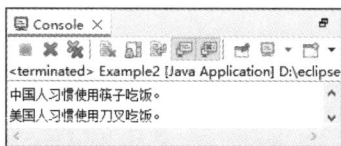

图 6-6　例 6-5 的运行结果

6.9　借助 AIGC 工具解决使用接口实现多态的问题

在 Java 中, 多态的实现主要依赖于继承、方法重写、接口实现等机制。虽然本章没有对使用接口实现多态予以介绍, 但是可以利用 AIGC 工具辅助学习这部分内容。以下是与AIGC 工具对话示例。

【问题】

Java 使用接口实现多态。

【AIGC 工具建议】

在 Java 中, 接口是实现多态性的一种重要方式。通过使用接口, 你可以定义一组方法, 而不提供这些方法的具体实现。然后, 不同的类可以实现这个接口, 并提供各自版本的这些方法。这样, 你就可以通过接口引用来调用具体实现的方法, 从而实现多态性。示例如下。

（1）定义一个接口 Animal, 包含一个方法 makeSound()。

```
public interface Animal {
    void makeSound();
}
```

（2）创建两个类 Dog 和 Cat, 它们都实现了 Animal 接口, 并提供了 makeSound()方法的具体实现。

```
public class Dog implements Animal {
    @Override
    public void makeSound() {
        System.out.println("Woof");
    }
}
public class Cat implements Animal {
    @Override
    public void makeSound() {
        System.out.println("Meow");
    }
}
```

（3）创建一个测试类 Main, 在其中演示多态性。

```
public class Main {
    public static void main(String[] args) {
```

```
        // 使用接口类型声明变量
        Animal myDog = new Dog();
        Animal myCat = new Cat();
        // 调用接口方法，实际执行的是具体实现类的方法
        myDog.makeSound(); // 输出：Woof
        myCat.makeSound(); // 输出：Meow
    }
}
```

【运行结果】

```
Woof
Meow
```

在这段代码中，myDog 和 myCat 都是 Animal 类型的引用，但它们分别指向 Dog 和 Cat 的实例。当调用 makeSound()方法时，实际执行的是 Dog 和 Cat 类中的具体实现。这就是多态性的体现。

小结

本章重点讲解了接口的定义、接口的继承与实现、接口与抽象类、接口与多态等内容，读者要熟练掌握这些内容。本章在讲解每一个知识点时都给出了一个例子，通过这些例子可以让读者更好地构建接口的编程思想。

习题

6-1 定义接口有什么好处？

6-2 接口是否可以被继承？

6-3 接口与抽象类有哪些共同点？

6-4 接口与抽象类有哪些区别？

6-5 创建一个汽车接口，接口中要定义汽车应有的属性和行为；编写多个汽车接口的实现类；创建一个主类，在主类中创建 sell()销售方法，该方法中包含汽车接口类型的参数。当执行该 sell()方法时，应该输出传递给 sell()方法的各种汽车对象的价格、颜色、型号等信息。

第 7 章

异常处理

尽管 Java 语言提供了便于写出整洁、安全的代码的方法，并且程序设计人员也尽量地减少程序错误，但程序的错误仍然不可避免。为此，Java 语言提供了异常处理机制来帮助程序设计人员检查可能出现的错误，保证了程序的可读性和可维护性。Java 语言中将异常封装到一个类中，出现错误时，就会抛出异常。本章将介绍异常类与异常处理的知识。

本章要点：

- 理解异常的概念
- 掌握异常处理的方法
- 了解异常类
- 掌握自定义异常类的方法
- 了解异常的使用原则

7.1 异常的概念

异常是指程序在运行时产生的错误。例如，在进行除法运算时，若除数为 0，则运行时 Java 语言会自动抛出算术异常；若对一个值为 null 的引用变量进行操作，则会抛出空指针异常；若访问一个大小为 2 的一维数组中的第 3 个元素，则会抛出数组下标越界异常等。

本节微课

Java 语言中的异常也是通过一个对象来表示的，程序运行时抛出的异常，实际上就是一个异常对象。该对象中不仅封装了错误信息，而且提供了一些处理方法，如 getMessage() 方法获取异常信息，printStackTrace() 方法输出对异常的详细描述信息等。

在 Java 语言中已经提供了一些异常用来描述经常发生的错误。Java 语言中常见的异常类如表 7-1 所示。

表 7-1　常见的异常类

异常类名称	异常类含义
ArithmeticException	算术异常
ArrayIndexOutOfBoundsException	数组下标越界异常
ArrayStoreException	将与数组类型不兼容的值赋值给数组元素时抛出的异常
ClassCastException	类型强制转换异常
ClassNotFoundException	未找到相应类异常
EOFException	文件已结束异常
FileNotFoundException	文件未找到异常

异常类名称	异常类含义
IllegalAccessException	访问某类被拒绝时抛出的异常
InstantiationException	试图通过 newInstance()方法创建一个抽象类或抽象接口的实例时抛出的异常
IOException	输入/输出异常
NegativeArraySizeException	建立元素个数为负数的数组异常
NullPointerException	空指针异常
NumberFormatException	字符串转换为数字异常
NoSuchFieldException	字段未找到异常
NoSuchMethodException	方法未找到异常
SecurityException	小应用程序（Applet）执行浏览器的安全设置禁止的动作时抛出的异常
SQLException	操作数据库异常
StringIndexOutOfBoundsException	字符串索引超出范围异常

7.2 异常处理的方法

异常产生后，若不进行任何处理，则程序就会被终止，为了保证程序有效地执行，就需要对产生的异常进行相应处理。在 Java 语言中，若某个方法抛出异常，既可以在当前方法中进行捕获，然后处理该异常，也可以将异常向上抛出，由方法的调用者来处理。

7.2.1 使用 try...catch 语句

在 Java 语言中，对容易发生异常的代码，可通过 try...catch 语句捕获。在 try 语句块中编写可能发生异常的代码，在 catch 语句块中捕获执行这些代码时可能发生的异常。

本小节微课

try...catch 语句的一般格式如下：

```
try{
    可能产生异常的代码
}catch(异常类 异常对象){
    异常处理代码
}
```

try 语句块中的代码可能同时存在多种异常，到底捕获哪一种类型的异常是由 catch 语句中的"异常类"参数来指定的。catch 语句类似于方法的声明，包括一个异常类型和该类的一个对象。其中，异常类必须是 Throwable 类的子类，用来指定 catch 语句要捕获的异常；异常类对象可在 catch 语句块中被调用，如调用对象的 getMessage()方法获取对异常的描述信息。

将一个字符串转换为整型，可通过 Integer 类的 parseInt()方法实现。当该方法的字符串参数包含非数字字符时，parseInt()方法会抛出异常。Integer 类的 parseInt()方法的声明如下：

```
public static int parseInt(String s) throws NumberFormatException{…}
```

上述代码通过 throws 语句抛出了 NumberFormatException 异常，所以在应用 parseInt()方法时可通过 try...catch 语句捕获该异常，从而进行相应的异常处理。

例如，将字符串 24L 转换为 Integer 类，并捕获转换中产生的数字格式异常，可以使用如下代码：

```
try{
    int age=Integer.parseInt("24L");                    //抛出 NumberFormatException 异常
     System.out.println("打印 1");
}catch(NumberFormatException e){                          //捕获 NumberFormatException 异常
    System.out.println("年龄请输入整数！");
    System.out.println("错误："+e.getMessage());
}
System.out.println("打印 2");
```

因为程序执行到"Integer.parseInt（"24L"）"时抛出异常，直接被 catch 语句捕获，程序流程跳转到 catch 语句块内继续执行，所以"System.out.println("打印 1")"代码行不会被执行。异常处理结束后，程序会继续执行 try...catch 语句后面的代码。

📖 **说明**：若不知代码抛出的是哪种异常，可指定它们的父类 Throwable 或 Exception。

在 try...catch 语句中，可以同时存在多个 catch 语句块。其一般格式如下：

```
try{
    可能产生异常的代码
}catch(异常类 1 异常对象){
    异常 1 处理代码
}catch(异常类 2 异常对象){
    异常 2 处理代码
}
...//其他 catch 语句块
```

上述代码中，每个 catch 语句块都用来捕获一种类型的异常。若 try 语句块中的代码发生异常，则会由上而下依次查找能够捕获该异常的 catch 语句块，并执行该 catch 语句块中的代码。

在使用多个 catch 语句捕获 try 语句块中的代码抛出的异常时，需要注意 catch 语句的顺序。若多个 catch 语句所要捕获的异常类之间具有继承关系，则用来捕获子类的 catch 语句要放在捕获父类的 catch 语句的前面。否则，异常抛出后，先由捕获父类异常的 catch 语句捕获，而捕获子类异常的 catch 语句将成为执行不到的代码，在编译时会出错。例如：

```
try{
    int age=Integer.parseInt("24L");                    //抛出 NumberFormatException 异常
}catch(Exception e){                                      //捕获 Exception 异常
    System.out.println(e.getMessage());
}catch(NumberFormatException e){                          //捕获异常类 Exception 的子类异常
    System.out.println(e.getMessage());
}
```

上述代码，第二个 catch 语句捕获的 NumberFormatException 异常是 Exception 异常类的子类，所以 try 语句块中的代码抛出异常后，先由第一个 catch 语句块捕获，其后的 catch 语句块成为执行不到的代码，编译时发生如下异常：

```
执行不到的 NumberFormatException 的 catch 块。它已由 Exception 的 catch 块处理
```

【例 7-1】 在企业进销存管理系统的销售退货窗体中，定义初始化商品下拉列表的方法。

```
private void initSpBox() {
    List list = new ArrayList();          // 创建商品信息的集合
    // 获得有库存的商品信息的结果集
    ResultSet set = Dao.query
```

```
                    ("select * from tb_spinfo where id in (select id from tb_kucun)");
    sp.removeAllItems();                // 移除"商品名称"下拉列表中的选项
    sp.addItem(new TbSpinfo());         // 向"商品名称"下拉列表中添加商品信息
    for (int i = 0; table != null && i < table.getRowCount(); i++) {
        TbSpinfo tmpInfo = (TbSpinfo) table.getValueAt(i, 0);   // 获得商品信息
        // 如果商品信息和商品编号都不为空
        if (tmpInfo != null && tmpInfo.getId() != null)
            list.add(tmpInfo.getId()); // 向商品信息的集合中添加商品编号
    }
    try {
        while (set.next()) {                // 移动后的记录指针指向一条有效的记录
        TbSpinfo spinfo = new TbSpinfo(); // 商品信息
            spinfo.setId(set.getString("id").trim());                 // 商品编号
            // 如果表格中已存在同样商品，"商品名称"下拉列表中就不再包含该商品
            if (list.contains(spinfo.getId()))
                continue;
            spinfo.setSpname(set.getString("spname").trim());     // 商品名称
            spinfo.setCd(set.getString("cd").trim());             // 产地
            spinfo.setJc(set.getString("jc").trim());             // 商品简称
            spinfo.setDw(set.getString("dw").trim());             // 单位
            spinfo.setGg(set.getString("gg").trim());             // 规格
            spinfo.setBz(set.getString("bz").trim());             // 包装
            spinfo.setPh(set.getString("ph").trim());             // 批号
            spinfo.setPzwh(set.getString("pzwh").trim());         // 批准文号
            spinfo.setMemo(set.getString("memo").trim());         // 备注
            spinfo.setGysname(set.getString("gysname").trim());   // 供应商
            sp.addItem(spinfo);            // 向"商品名称"下拉列表中添加商品信息
        }
    } catch (SQLException e) {
        e.printStackTrace();
    }
}
```

程序运行结果如图 7-1 所示。

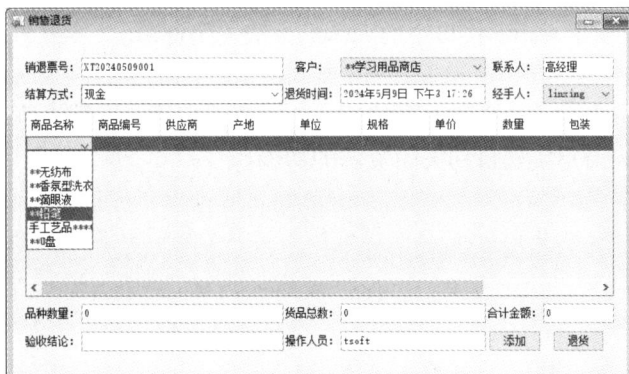

图 7-1　例 7-1 的运行结果

7.2.2　使用 finally 语句

finally 语句需要与 try…catch 语句一同使用，不管程序中有无异常发生，并且不管之前的 try…catch 语句是否顺利被执行完毕，最终都会执行 finally 语句块中的代码。这保证了一些不管在任何情况下都必须被执行的步骤被

本小节微课

执行，从而保证了程序的健壮性。

【例 7-2】 下面这段代码虽然发生了异常，但是 finally 子句中的代码依然执行。

```java
public class Demo {
    public static void main(String[] args) {
        try {
            int age = Integer.parseInt("24L"); // 抛出 NumberFormatException 异常
            System.out.println("打印 1");
        } catch (NumberFormatException e) {    // 捕获 NumberFormatException 异常
            int b = 8 / 0;                      // 编译出错，抛出 ArithmeticException 异常
            System.out.println("年龄请输入整数！");
            System.out.println("错误: " + e.getMessage());
        } finally {                            // 无论结果怎样，都会执行 finally 语句块
            System.out.println("打印 2");
        }
        System.out.println("打印 3");
    }
}
```

程序运行结果如图 7-2 所示。

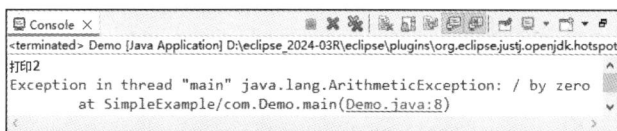

图 7-2　例 7-2 的运行结果

7.2.3　使用 try…with…resources 语句

try…with…resources 语句能够很容易地关闭在 try…catch 语句中使用的
资源。这些资源指的是在程序运行结束后，必须关闭的对象。

如果一个资源对象在 try…with…resources 语句中被声明，那么 Java 虚
拟机会自动调用 AutoCloseable 接口中的 close()方法关闭资源。

【例 7-3】 定义一个实现 AutoCloseable 接口的 Resource 类。在 Resource 类中，包含一
个用于执行任务的 doTask()方法和重写的 close()方法。定义一个用于测试的 Test 类，使用
try…with…resources 语句实现自动关闭资源的功能。

```java
class Resource implements AutoCloseable {
    void doTask() {
        System.out.println("执行任务");
    }

    @Override
    public void close() throws Exception {
        System.out.println("关闭资源");
    }
}

public class Test {
    public static void main(String[] args) {
        try(Resource r = new Resource()) {
            r.doTask();
        } catch (Exception e) {
            e.printStackTrace();
```

```
            }
        }
    }
```

程序运行结果如图 7-3 所示。

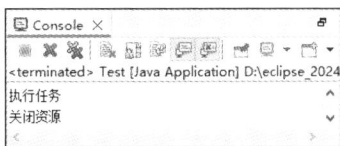

图 7-3　例 7-3 的运行结果

7.2.4　使用 throws 关键字

若某个方法可能会发生异常，但不想在当前方法中处理该异常，那么可以将该异常抛出，在调用该方法的代码中捕获该异常并进行处理。

将异常抛出，可通过 throws 关键字实现。throws 关键字通常被应用在声明方法时，用来指定方法可能抛出的异常，多个异常可用英文逗号分隔。

本小节微课

【例 7-4】 下面这段代码的 dofile()方法声明抛出一个 IOException 异常，所以在该方法的调用者 main()方法中需要捕获该异常并进行处理。

```java
import java.io.File;
import java.io.FileWriter;
import java.io.IOException;
public class Demo {
    public static void main(String[] args){
        try{
            dofile("C:/mytxt.txt");
        }catch(IOException e){
            System.out.println("调用dofile()方法出错! ");
            System.out.println("错误: "+e.getMessage());
        }
    }
    public static void dofile(String name) throws IOException{
        File file=new File(name);                    //创建文件
        FileWriter fileOut=new FileWriter(file);
        fileOut.write("Hello!world!");               //向文件中写入数据
        fileOut.close();                             //关闭输出流
        fileOut.write("爱护地球! ");                  //运行出错，抛出异常
    }
}
```

程序运行结果如图 7-4 所示。

对一个产生异常的方法，如果不使用 try…catch 语句捕获并处理异常，那么必须使用 throws 关键字指出该方法可能会抛出的异常。但如果异常类型是 Error、RuntimeException 或它们的子类，那么可以不使用 throws 关键字来声明要抛出的异常。例如，对于 NumberFormatException 或 ArithmeticException 异常，Java 虚拟机会捕获此类异常。

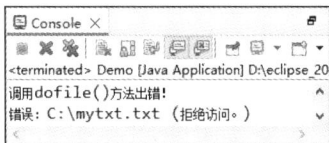

图 7-4　例 7-4 的运行结果

将异常通过 throws 关键字抛给上一级后，如果上一级仍不想处理该异常，可以继续向上抛出，但最终要有能够处理该异常的代码。

7.2.5 使用 throw 关键字

使用 throw 关键字也可以抛出异常。throw 关键字用于方法体内，并且抛出一个异常类对象；throws 关键字用在方法声明中，来指明方法可能抛出的多个异常。

通过 throw 抛出异常后，如果想由上一级代码捕获并处理异常，则同样需要使用 throws 关键字在方法声明中指明要抛出的异常；如果想在当前的方法中捕获并处理 throw 抛出的异常，则必须使用 try…catch 语句。上述两种情况，若 throw 抛出的异常是 Error、RuntimeException 或它们的子类，则无须使用 throws 关键字或 try…catch 语句。

本小节微课

当输入的年龄为负数时，Java 虚拟机不会认为这是一个错误，但实际上年龄是不能为负数的，可通过异常的方式来处理这种情况。

【例 7-5】 创建 People 类，该类中的 check()方法首先将传递进来的 String 型参数转换为 int 型，然后判断该 int 型整数是否为负数，若为负数则抛出异常，并在该类的 main()方法中捕获异常并处理。

```java
public class People {
    public static int check(String strage) throws Exception{
        int age=Integer.parseInt(strage);              //转换字符串为 int 型
        if(age<0)                                       //如果 age 小于 0
            throw new Exception("年龄不能为负数！");      //抛出一个 Exception 异常对象
        return age;
    }
    public static void main(String[] args) {
        try{
            int myage=check("-101");                    //调用 check()方法
            System.out.println(myage);
        }catch(Exception e){                            //捕获 Exception 异常
            System.out.println("数据逻辑错误！");
            System.out.println("原因: "+e.getMessage());
        }
    }
}
```

程序运行结果如图 7-5 所示。

在 check()方法中将异常抛给了调用者（main()方法）进行处理。check()方法可能会抛出以下两种异常。

（1）数字格式的字符串转换为 int 型时抛出的 NumberFormat-Exception 异常。

图 7-5 例 7-5 的运行结果

（2）当年龄小于 0 时抛出的 Exception 异常。

7.2.6 使用异常处理语句的注意事项

通过前面的介绍可知，进行异常处理时主要涉及 try、catch、finally、throw 和 throws 关键字。在使用它们时，要注意以下 7 点。

本小节微课

（1）不能单独使用 try、catch 或 finally 语句块，否则编译时会出错。例如，以下代码在编译时会出错：

```java
File file=new File("D:/myfile.txt");
try {
    FileOutputStream out=new FileOutputStream(file);
```

```
    out.write("Hello!".getBytes());
}
```

（2）当 try 语句块与 catch 语句块一起使用时，可存在多个 catch 语句块，但只能存在一个 finally 语句块。当 catch 语句块与 finally 语句块同时存在时，finally 语句块必须放在 catch 语句块之后。

（3）try 语句块只与 finally 语句块使用时，可以使程序在发生异常后抛出异常，并继续执行方法中的其他代码。例如：

```
public static void doFile() throws IOException{          //通过 throws 关键字将异常向上抛出
    File file=new File("D:/myfile.txt");
    try{
        FileOutputStream out=new FileOutputStream(file);
        out.write("start".getBytes());                   //向"myfile.txt"文件中写入数据
        out.close();                                     //关闭输出流
        out.write("end".getBytes());                     //抛出 IOException 异常
    }finally{
        System.out.println("上一行代码: out.write(null)");  //执行该行代码
    }
}
```

（4）try 语句块只与 catch 语句块使用时，可以使用多个 catch 语句块捕获 try 语句块中可能发生的多种异常。异常发生后，Java 虚拟机会由上而下检测当前 catch 语句块所捕获的异常是否与 try 语句块中发生的异常匹配，若匹配，则不再执行其他的 catch 语句块。如果多个 catch 语句块捕获的是同种类型的异常，则捕获子类异常的 catch 语句块要放在捕获父类异常的 catch 语句块前面。例如，下面的代码错误放置了捕获子类与父类的 catch 语句块的位置，最终导致编译错误。

```
File file=new File("D:/myfile.txt");
try{
    FileOutputStream out=new FileOutputStream(file);
    out.write("start".getBytes());
    out.close();
    out.write("end".getBytes());              //抛出 IOException 异常
}catch(Exception e){
    System.out.println("捕获到父类 Exception 异常");
}catch(IOException e){                         //编译出错
    System.out.println("捕获到 Exception 的子类 IOException 异常");
}
```

（5）在 try 语句块中声明的变量是局部变量，只在当前 try 语句块中有效，在其后的 catch、finally 语句块或其他位置都不能访问该变量；但在 try、catch 或 finally 语句块之外声明的变量，可在 try、catch 或 finally 语句块中访问。例如：

```
int age1=0;
try{
    age1=Integer.valueOf("20L");              //抛出 NumberFormatException 异常
    int age2=Integer.valueOf("24L");          //抛出 NumberFormatException 异常
}catch(ArithmeticException e){
    age1=-1;                                  //编译成功
    age2=0;                                   //编译出错，无法解析 age2
}finally{
    System.out.println(age1);                 //编译成功
    System.out.println(age2);                 //编译出错，无法解析 age2
}
```

（6）对于发生的异常，必须使用 try...catch 语句捕获，或通过 throws 关键字向上抛出，否则编译时会出错。

（7）在使用 throw 语句抛出一个异常对象时，该语句后面的代码将不会被执行。例如：

```
File file=new File("D:/myfile.txt");
try{
    FileOutputStream out=new FileOutputStream(file);
    out.write("start".getBytes());            //向"myfile.txt"文件中写入数据
    out.close();                              //关闭输出流
    out.write("end".getBytes());              //抛出 IOException 异常
}catch(IOException e){
    throw e;
    System.out.println("throw e");            //编译出错，永远执行不到的代码
}
```

7.3 异常类

Java 语言中提供了一些内置的异常类，用于描述较容易发生的错误，这些类都继承自 java.lang.Throwable 类。Throwable 类有两个子类：Error 和 Exception，它们分别表示两种异常类型。

Java 语言中内置异常类的结构如图 7-6 所示。

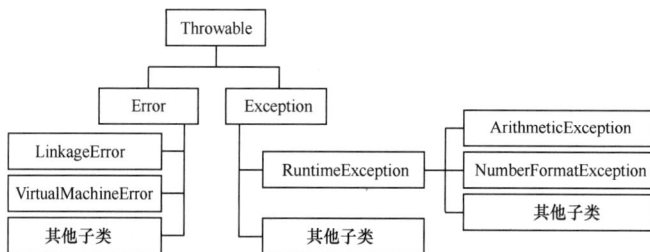

图 7-6　Java 语言中内置异常类的结构

7.3.1　Error 类

Error 类及其子类通常用来描述 Java 程序运行系统中的内部错误以及资源耗尽的错误。Error 类表示的异常比较严重，仅靠修改程序本身不能恢复执行，被称为致命异常类。举一个现实中的例子，如因施工时偷工减料，导致学校教学楼坍塌，此时就相当于发生了一个 Error 类异常。在大多数情况下，发生该异常时，建议终止程序。

7.3.2　Exception 类

Exception 类称为非致命异常类，代表了另一种异常。发生该类异常的程序，通过捕获处理后可正常运行，保持程序的可读性及可靠性。在开发 Java 程序过程中进行的异常处理，主要就是针对该类及其子类的异常处理。对程序中可能发生的该类异常，应该尽可能进行处理，以保证程序在运行时能够顺利被执行，而不应该在异常发生后终止程序。

Exception 类又分为两种异常类型：RuntimeException 异常和 RuntimeException 之外的异常。

1．RuntimeException 异常

RuntimeException 是运行时异常，也称为不检查异常（unchecked exception），是程序设计人员编写的程序中的错误导致的，修改了该错误后，程序就可继续执行。例如，学校制定校规，若有学生违反了校规，就相当于发生了一个 RuntimeException 异常。在程序中发生该异常的情况包括除数为 0 的运算、数组下标越界、对没有初始化的对象进行操作等。当 RuntimeException 类或其子类所描述的异常发生后，可以不通过 try…catch、throws 捕获或抛出，在编译时是可以通过的，只是在运行时由 Java 虚拟机抛出。

Java 语言中提供的常见 RuntimeException 异常类如表 7-2 所示，这些异常类都是 Runtime Exception 的子类。

表 7-2　常见 RuntimeException 异常类

异常类名称	异常类含义
ArithmeticException	算术异常
ArrayIndexOutOfBoundsException	数组下标越界异常
ArrayStoreException	将与数组类型不兼容的值赋值给数组元素时抛出的异常
ClassCastException	类型强制转换异常
IndexOutOfBoundsException	当某对象（如数组）的索引超出范围时抛出该异常
NegativeArraySizeException	建立元素个数为负数的数组异常
NullPointerException	空指针异常
NumberFormatException	字符串转换为数字异常
SecurityException	小应用程序（Applet）执行浏览器的安全设置禁止的动作时抛出的异常
StringIndexOutOfBoundsException	字符串索引超出范围异常

下面简要介绍一些常见的运行时异常。

（1）ArithmeticException 类：用来描述算术异常，如在除法或求余运算中规定，除数不能为 0。当除数为 0 时，Java 虚拟机抛出该异常。例如：

```
int num=9%0;                    //除数为 0，抛出 ArithmeticException 异常
```

（2）NullPointerException 类：用来描述空指针异常，当引用变量值为 null 时，试图通过 "." 操作符对其进行访问，将抛出该异常。例如：

```
Date now=null;                  //声明一个 Date 型变量 now，但不引用任何对象
String today=now.toString();    //抛出 NullPointerException 异常
```

（3）NumberFormatException 类：用来描述字符串转换为数字时的异常。当字符串不是数字格式时，若将其转换为数字，则抛出该异常。例如：

```
String strage="24L";
int age=Integer.parseInt(strage); //抛出 NumberFormatException 异常
```

（4）IndexOutOfBoundsException 类：用来描述某对象的索引超出范围时的异常，其中 ArrayIndexOutOfBoundsException 类与 StringIndexOutOfBoundsException 类都继承自该类，它们分别用来描述数组下标越界异常和字符串索引超出范围异常。

① 抛出 ArrayIndexOutOfBoundsException 异常的情况代码如下：

```
int[] a=new int[3];   //定义一个数组，有 3 个元素 a[0]、a[1] 和 a[2]
a[3]=9;               //试图对 a[3] 元素赋值，抛出 ArrayIndexOutOfBoundsException 异常
```

② 抛出 StringIndexOutOfBoundsException 异常的情况代码如下：

```
String name="MingRi";
char c=name.charAt(name.length()); //抛出 StringIndexOutOfBoundsException 异常
```

（5）ArrayStoreException 类：用来描述数组试图存储类型不兼容的值。例如，对于一个 Integer 型数组，试图存储一个字符串，将抛出该异常，代码如下：

```
Object[] num=new Integer[3];      //引用变量 num 引用 Integer 型数组对象
num[0]="MR";                      //试图存储字符串值，抛出 ArrayStoreException 异常
```

（6）ClassCastException 类：用来描述强制类型转换时的异常。例如，强制转换 String 型为 Integer 型，将抛出该异常，代码如下：

```
Object obj=new String("100");     //引用变量 obj 引用 String 型对象
Integer num=(Integer)obj;         //抛出 ClassCastException 异常
```

2．检查异常

假设一个记者根据上级指定的地址采访一个重要人物，记者在执行该任务时，可能会发生采访不成功的情况，如这个记者到指定地址后没有找到想采访的重要人物，或者这个重要人物拒绝他的采访，类似这样的情况在程序中便是异常，该类异常被称为检查异常（Check Exception），要求必须通过 try…catch 语句捕获或由 throws 关键字抛出，否则编译出错。

Java 语言中常见的检查异常类如表 7-3 所示，每一个类都表示了一种检查异常。

表 7-3　常见的检查异常类

异常类名称	异常类含义
ClassNotFoundException	未找到相应类异常
EOFException	文件已结束异常
FileNotFoundException	文件未找到异常
IllegalAccessException	访问某类被拒绝时抛出的异常
InstantiationException	试图通过 newInstance()方法创建一个抽象类或抽象接口的实例时抛出的异常
IOException	输入/输出异常
NoSuchFieldException	字段未找到异常
NoSuchMethodException	方法未找到异常
SQLException	操作数据库异常

7.4 自定义异常类

本节微课

通常使用 Java 语言内置的异常类就可以描述在编写程序时出现的大部分异常情况，但有时程序设计人员要根据程序设计的需要创建自己的异常类，用以描述 Java 语言内置异常类所不能描述的一些特殊情况。下面介绍如何创建和使用自定义异常类。

自定义异常类必须继承自 Throwable 类，才能被视为异常类，通常是继承 Throwable 的子类 Exception 或 Exception 类的子孙类。自定义异常类与创建一个普通类的语法相同。

创建自定义异常类并在程序中使用，大体可分为以下 4 个步骤。

（1）创建自定义异常类。

（2）在方法中通过 throw 关键字抛出异常对象。

（3）若在当前抛出异常的方法中处理异常，可使用 try…catch 语句捕获并处理；否则

在方法的声明处通过 throws 关键字指明要抛出给方法调用者的异常,继续进行下一步操作。

（4）在出现异常的方法调用代码中捕获并处理异常。

如果自定义异常类继承自 RuntimeExeption 异常类,则在步骤（3）中可以不通过 throws 关键字指明要抛出的异常。

下面通过一个实例来讲解自定义异常类的创建及使用。

【例 7-6】 在编写程序过程中,希望一个字符串的内容全部是英文字母,若其中包含其他的字符,则抛出一个异常。因为在 Java 语言内置的异常类中不存在描述该情况的异常,所以需要自定义该异常类。

（1）创建 MyException 异常类,其必须继承 Exception 类。其代码如下：

```java
public class MyException extends Exception {        //继承 Exception 类
    private String content;
    public MyException(String content){            //构造方法
        this.content=content;
    }
    public String getContent() {                   //获取描述信息
        return this.content;
    }
}
```

（2）创建 Example 类,在 Example 类中创建一个带有 String 型参数的方法 check(),该方法用来检查参数中是否包含英文字母以外的字符。若包含,则通过 throw 关键字抛出一个 MyException 异常对象给 check()方法的调用者 main()方法。

```java
public class Example {
    public static void check(String str) throws MyException{  //指明要抛出的异常
        char a[]=str.toCharArray();                      //将字符串转换为字符数组
        int i=a.length;
        for(int k=0;k<i-1;k++){                          //检查字符数组中的每个元素
            //如果当前元素是英文字母以外的字符
            if(!((a[k]>=65&&a[k]<=90)||(a[k]>=97&&a[k]<=122))){
                //抛出 MyException 异常类对象
                throw new MyException("字符串\""+str+"\"中含有非法字符! ");
            }
        }
    }
    public static void main(String[] args) {
        String str1="HellWorld";
        String str2="Hell!MR!";
        try{
            check(str1);                               //调用 check()方法
            check(str2);                               //执行该行代码时,抛出异常
        }catch(MyException e){                          //捕获 MyException 异常
            System.out.println(e.getContent());        //输出异常描述信息
        }
    }
}
```

程序运行结果如图 7-7 所示。

图 7-7 例 7-6 的运行结果

7.5 异常的使用原则

Java 程序的异常强制程序设计员考虑程序的健壮性和安全性。异常处理不应用来控制程序的正常流程，其主要作用是捕获程序在运行时发生的异常并进行相应的处理。编写代码时处理某个方法可能出现的异常，可遵循以下 3 条原则。

（1）在当前方法声明中使用 try…catch 语句捕获异常。

（2）一个方法被覆盖时，覆盖它的方法必须抛出相同的异常或异常的子类。

（3）如果父类抛出多个异常，则覆盖方法必须抛出那些异常的一个子集，不能抛出新异常。

7.6 借助 AIGC 工具快速扫除异常

在程序开发过程中，遇到异常在所难免，那么如何快速找到异常，并且解决它呢？这一直以来都是困扰程序设计人员的难题。但是，随着 ChatGPT 的推出，找异常已经变得容易许多。人们可以利用 AIGC 工具帮助找出程序中的异常，大大减轻了程序设计人员的工作量，从而提高工作效率。

在程序开发过程中，如果出现异常信息，通过给出的错误提示又不能快速解决问题时，可以把异常信息提交给 AIGC 工具，让 AIGC 工具帮助分析出错的原因，并找到解决的方案。例如，当程序中出现 Exception in thread "main" java.lang.ArithmeticException: / by zero 的异常信息时，可以提炼异常信息，并将其发送到通义千问（阿里巴巴推出的大规模语言模型），通义千问会给出具体的解决方案，如图 7-8 所示。

图 7-8　通义千问给出的解决方案

小结

本章主要介绍了异常处理的方法，包括异常的捕获、抛出，以及使用异常处理技术时应该注意的事项。

异常处理技术是 Java 语言必须掌握的核心技术，读者应该熟练掌握并灵活运用。异常处理技术可以提前分析程序可能出现的不同状况，避免程序因某些不必要的错误而无法运行。

习题

7-1　编写一个异常类 MyException，再编写一个类 Student，Student 类有一个产生异常的方法 speak(int m)。要求参数 m 的值大于 1000 时，方法抛出一个 MyException 对象。编写主类，在主方法中创建 Student 对象，让该对象调用 speak()方法。

7-2　创建类 Number，通过类中的方法 count()可得到任意两个数相乘的结果，并在调用该方法的主方法中使用 try…catch 语句捕捉可能发生的异常。

7-3　创建类 Computer，该类中有一个计算两个数的最大公约数的方法，如果向该方法传递负整数，该方法就会抛出自定义异常。

7-4　如何捕获异常？

7-5　简述异常处理的注意事项。

第8章 常用的实用类

字符串是 Java 程序中经常处理的对象，程序设计人员如果对字符串运用得不好，那么编写的程序的运行效率会降低。在 Java 程序中，字符串作为 String 类的实例来处理。以对象的方式处理字符串，会使字符串更加灵活、方便。Java 程序中不能定义基本数据类型对象，为了能将基本数据类型视为对象进行处理，并能连接相关的方法，Java 程序为每个基本数据类型都提供了包装类。需要说明的是，Java 程序可以直接处理基本数据类型，但在有些情况下需要将基本数据类型作为对象来处理，这时就需要将其转换为包装类。

本章要点：
- 掌握 String 类的使用方法
- 掌握日期类的使用方法
- 掌握 Scanner 类的使用方法
- 掌握 Math 和 Random 类的使用方法
- 掌握数字格式化
- 掌握包装类的使用方法
- 掌握 Number、Character、Boolean 等各种包装类提供的方法

8.1 String 类

Java 语言中提供了一个专门用来操作字符串的类 java.lang.String，本节将学习该类的使用方法。

8.1.1 创建字符串对象

在使用字符串对象之前，可以先通过下面的格式声明一个字符串：

```
String 字符串标识符;
```

字符串对象需要被初始化才能使用，声明并初始化字符串的常用格式如下：

```
String 字符串标识符 = 字符串;
```

在初始化字符串对象时，可以将字符串对象初始化为空值，也可以初始化为具体的字符串。例如：

```
String aStr = null;                          // 初始化为空值
String bStr = "";                            // 初始化为空字符串
String cStr = "MWQ";                         // 初始化为"MWQ"
```

本小节微课

在创建字符串对象时，可以通过双引号初始化字符串对象，也可以通过构造方法创建并初始化对象。其语法格式如下：

```
String varname=new String("theString");
```

（1）varname：字符串对象的变量名，名称自定。

（2）theString：自定义的字符串，内容自定。

⚠ **注意**：一个空字符串并不是说它的值等于null（空值），空字符串和null（空值）是两个概念。空字符串是由空的""符号定义的，其是实例化之后的字符串对象，但是不包含任何字符。

8.1.2 连接字符串

连接字符串可以通过运算符"+"实现，但该运算符与用在算术运算时的意义是不同的，这里"+"表示将多个字符串合并到一起生成一个新的字符串。

对于"+"运算符，如果有一个操作元为 String 类型，则为字符串连接运算符。字符串可与任意类型的数据进行字符串连接操作。若该数据为基本数据类型，则会自动转换为字符串；若为引用数据类型，则会先自动调用所引用对象的 toString() 方法获得一个字符串，然后进行字符串连接操作。

【**例 8-1**】 通过运算符"+"连接字符串。

```java
public class Example {
    public static void main(String[] args) {
        System.out.println("MWQ" + 9412);                    // 与 int 型连接
        System.out.println("10" + 7.5F);                     // 与 float 型连接
        System.out.println("This is " + true);               // 与 boolean 型连接
        System.out.println("MR" + "MWQ");                    // 字符串间连接
        System.out.println("路径: " +
                (new java.io.File("C:/text.txt")));          // 与引用类型连接
    }
}
```

运行上面的代码，在控制台将输出图 8-1 所示的信息。

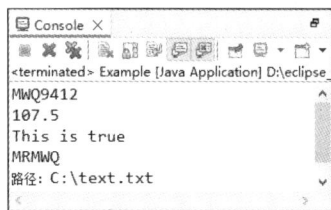

图 8-1 将字符串与其他数据连接

若表达式中包含多个"+"运算符，并且存在各种数据类型参与运算，则按照"+"运算符从左到右的顺序进行运算，Java 语言会根据"+"运算符两边的操作元类型来决定是进行算术运算还是进行字符串连接运算。例如：

```java
System.out.println(100 + 6.4 + "MR");
System.out.println("MR" + 100 + 6.4);
```

对于第一行代码，按照"+"运算符先左后右的结合性，先计算"100+6.4"，结果为 106.4；

然后计算"106.4+"MR"",结果为"106.4MR"。对于第二行代码,先计算""MR"+100",结果为"MR100";然后计算""MR100"+6.4",结果为"MR1006.4",运算结果如图 8-2 所示。

图 8-2　测试运算顺序

【例 8-2】　在企业进销存管理系统的进货单窗体中,定义获得"商品"下拉列表的方法,其中使用"+"运算符拼接用于查询供应商信息的 SQL 语句。

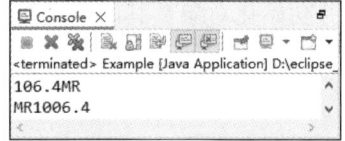

```java
private JComboBox getSpComboBox() {
    if (spComboBox == null) {                  // 如果"商品"下拉列表不存在
        spComboBox = new JComboBox();          // 创建"商品"下拉列表
        spComboBox.addItem(new TbSpinfo());// 向"商品"下拉列表中添加商品信息
        // 为"商品"下拉列表添加动作事件的监听
        spComboBox.addActionListener(new ActionListener() {
            public void actionPerformed(ActionEvent e) {
                // 获得供应商信息的集合
                ResultSet set = Dao.query
                    ("select * from tb_spinfo where gysName='" +
                    getGysComboBox().getSelectedItem() + "'");
                updateSpComboBox(set);          // 更新"商品"下拉列表
            }
        });
        // 为"商品"下拉列表添加选项事件的监听
        spComboBox.addItemListener(new java.awt.event.ItemListener() {
            public void itemStateChanged(java.awt.event.ItemEvent e) {
                // 获得"商品"下拉列表中被选中的商品信息
                TbSpinfo info = (TbSpinfo) spComboBox.getSelectedItem();
                // 如果选择有效就更新表格
                if (info != null && info.getId() != null) {
                    updateTable();              // 更新表格当前行的内容
                }
            }
        });
    }
    return spComboBox;
}
```

8.1.3　字符串操作

在使用字符串时,经常需要对字符串进行处理,以满足一定的要求。例如,从现有字符串中截取新的字符串,替换字符串中的部分字符,以及去掉字符串中的首尾空格等。

1.比较字符串

String 类中包含几个比较字符串的方法,下面分别对它们进行介绍。

(1) equals()方法

String 类的 equals()方法用于比较两个字符串是否相等。由于字符串是对象类型,因此不能简单地用"=="(双等号)判断两个字符串是否相等。equals()方法的格式如下:

比较字符串

```java
public boolean equals(String str)
```

equals()方法的入口参数为欲比较的字符串对象,该方法的返回值为 boolean 型,如果两个字符串相等则返回 true,否则返回 false。例如,下面的代码用来比较字符串"A"和字符串"a"是否相等:

```
String str = "A";
boolean b = str.equals("a");
```

上面代码的比较结果为 false，即 b 为 false，这是因为 equals()方法在比较两个字符串时区分字母大小写。

⚠ 注意：equals()方法比较的是字符串对象的内容，而操作符"=="比较的是两个对象的内存地址（即使内容相同，不同对象的内存地址也不相同），所以在比较两个字符串是否相等时不能使用操作符"=="。

（2）equalsIgnoreCase()方法

equalsIgnoreCase()方法也用来比较两个字符串，不过其与 equals()方法是有区别的，equalsIgnoreCase()方法在比较两个字符串时不区分大小写。equalsIgnoreCase()方法的格式如下：

```
public boolean equalsIgnoreCase(String str)
```

下面的代码用 equalsIgnoreCase()方法比较字符串 "A" 和字符串 "a" 是否相等：

```
String str = "A";
boolean b = str. equalsIgnoreCase("a");
```

上面代码的比较结果为 true，即 b 为 true，这是因为 equalsIgnoreCase()方法在比较两个字符串时不区分字母大小写。

（3）startsWith()方法和 endsWith()方法

startsWith()方法和 endsWith()方法依次用来判断字符串是否以指定的字符串开始或结束。它们的格式如下：

```
public boolean startsWith(String prefix)
public boolean endsWith(String suffix)
```

这两个方法的入口参数为欲比较的字符串对象，返回值为 boolean 型，如果是以指定的字符串开始或结束则返回 true，否则返回 false。例如，下面的代码分别判断字符串 "ABCDE" 是否以字符串 "a" 开始以及以字符串 "DE" 结束：

```
String str = "ABCDE";
boolean bs = str.startsWith("a");
boolean be = str.endsWith("DE");
```

上面代码的比较结果是 bs 为 false，be 为 true，即字符串 "ABCDE" 不是以字符串 "a" 开始，是以字符串 "DE" 结束。

startsWith()方法还有一个重载方法，用来判断字符串从指定索引位置开始是否为指定的字符串。重载方法格式如下：

```
public boolean startsWith(String prefix, int toffset)
```

startsWith(String prefix, int toffset)方法的第二个入口参数为开始的索引位置。例如，下面的代码可以判断字符串 "ABCDE" 从索引位置 2 开始是否为字符串 "CD"：

```
String str = "ABCDE";
boolean b = str.startsWith("CD", 2);
```

上面代码的判断结果为 true，即字符串 "ABCDE" 从索引位置 2 开始是字符串 "CD"。

⚠ 注意：字符串的索引位置从 0 开始。例如，字符串 "ABCDE" 中，字母 A 的索引为 0，字母 C 的索引为 2，依此类推。

（4）compareTo()方法

compareTo()方法用于判断一个字符串是大于、等于还是小于另一个字符串，判断字符串大小的依据是它们在字典中的顺序。compareTo()方法的格式如下：

```
public int compareTo(String str)
```

compareTo()方法的入口参数为被比较的字符串对象，该方法的返回值为 int 型。如果两个字符串相等，则返回 0；如果大于字符串 str，则返回一个正数；如果小于字符串 str，则返回一个负数。例如，下面的代码依次比较字符串"A""B""D"之间的大小。

```
String aStr = "A";
String bStr = "B";
String dStr = "D";
String b2Str = "B";
System.out.println(bStr.compareTo(aStr));    // 字符串"B"与"A"的比较结果为1
System.out.println(bStr.compareTo(b2Str));   // 字符串"B"与"B"的比较结果为0
System.out.println(bStr.compareTo(dStr));    // 字符串"B"与"D"的比较结果为-2
```

2. 获取字符串的长度

字符串是一个对象，在该对象中包含 length 属性，length 属性是该字符串的长度，使用 String 类中的 length()方法可以获取长度属性值。例如，获取字符串"MingRiSoft"长度的代码如下：

获取字符串的
长度

```
String nameStr = "MingRiSoft";
int i = nameStr.length();               // 获得字符串的长度为10
```

3. 字符串的大小写转换

String 类中提供了两个用来实现字母大小写转换的方法，即 toLowerCase()和 toUpperCase()，它们的返回值均为转换后的字符串。其中，toLowerCase()方法用来将字符串中的所有大写字母改为小写字母，toUpperCase()方法用来将字符串中的小写字母改为大写字母。例如，将字符串"AbCDefGh"分别转换为大写和小写，代码如下：

字符串的大小
写转换

```
String str = "AbCDefGh";
String lStr = str.toLowerCase();        //转换为小写字母后得到的字符串为"abcdefgh"
String uStr = str.toUpperCase();        //转换为大写字母后得到的字符串为"ABCDEFGH"
```

4. 查找字符串

String 类提供了两种查找字符串的方法，允许在字符串中搜索指定的字符或字符串。其中，indexOf()方法用于搜索字符或字符串首次出现的位置，lastIndexOf()方法用于搜索字符或字符串最后一次出现的位置。这两种方法均有多个重载方法，它们的返回值均为字符或字符串被发现的索引位置。如果未搜索到，则返回-1。

查找字符串

（1）indexOf(int ch)：用于获取指定字符在原字符串中第一次出现的索引。

（2）lastIndexOf (int ch)：用于获取指定字符在原字符串中最后一次出现的索引。

（3）indexOf(String str)：用于获取指定字符串在原字符串中第一次出现的索引。

（4）lastIndexOf(String str)：用于获取指定字符串在原字符串中最后一次出现的索引。

（5）indexOf(int ch, int startIndex)：用于获取指定字符在原字符串中指定索引位置开始第一次出现的索引。

（6）lastIndexOf (int ch, int startIndex)：用于获取指定字符在原字符串中指定索引位置开始最后一次出现的索引。

（7）indexOf(String str, int startIndex)：用于获取指定字符串在原字符串中指定索引位置开始第一次出现的索引。

（8）lastIndexOf(String str, int startIndex)：用于获取指定字符串在原字符串中指定索引位置开始最后一次出现的索引。

例如：

```
String str = "mingrikeji";
int i = str.indexOf('i');
System.out.println("字符 i 第一次出现在索引: " + i);        // 索引值是 1
i = str.lastIndexOf('i');
System.out.println("字符 i 最后一次出现在索引: " + i);      // 索引值是 9
i = str.lastIndexOf("ri");
System.out.println("字符串 ing 第一次出现在索引: " + i);    // 索引值是 4
i = str.lastIndexOf("ri");
System.out.println("字符串 ing 最后一次出现在索引: " + i);  // 索引值是 4
i = str.lastIndexOf('i', 4);
System.out.println("从第 5 个字符开始, 字符 i 第一次出现在索引: " + i); // 索引值是 1
```

5．从现有字符串中截取子字符串

通过 String 类的 substring()方法，可以从现有字符串中截取子字符串。substring()方法有两个重载方法，具体格式如下：

```
public String substring(int beginIndex)
public String substring(int beginIndex, int endIndex)
```

从现有字符串中
截取子字符串

substring(int beginIndex)方法用来截取从指定索引位置到最后的子字符串，截取得到的字符串包含指定索引位置的字符。例如，下面的代码可以截取字符串"ABCDEF"从索引位置为 3 的字符到最后的字符，得到的子字符串为"DEF"，在子字符串"DEF"中包含字符串"ABCDEF"中索引位置为 3 的字符"D"：

```
String str = "ABCDEF";
System.out.println(str.substring(3));            // 截取得到的子字符串为"DEF"
```

substring(int beginIndex, int endIndex)方法用来截取从起始索引位置 beginIndex 到终止索引位置 endIndex 的子字符串，截取得到的字符串包含起始索引位置 beginIndex 对应的字符，但是不包含终止索引位置 endIndex 对应的字符。例如，下面的代码可以截取字符串"ABCDEF"从起始索引位置 2 的字符到终止索引位置 4 的字符，得到的子字符串为"CD"，子字符串"CD"中包含字符串"ABCDEF"中索引位置为 2 的字符"C"，但是不包含索引位置为 4 的字符"E"：

```
String str = "ABCDEF";
System.out.println(str.substring(2, 4));         // 截取得到的子字符串为"CD"
```

6．去掉字符串的首尾空格

通过 String 类的 trim()方法，可以去掉字符串的首尾空格，得到一个新的字符串。trim()方法的具体格式如下：

```
public String trim()
```

去掉字符串的
首尾空格

例如，通过去掉字符串" AB C "中的首尾空格，将得到一个新的字符串"ABC"。例如，下面的代码分别输出字符串的长度 5 和 3：

```
String str = " ABC ";                    // 定义一个字符串, 首尾均有空格
System.out.println(str.length());        // 输出字符串的长度为 5
```

```
String str2 = str.trim();                    // 去掉字符串的首尾空格
System.out.println(str2.length());            // 输出字符串的长度为 3
```

7．替换字符串中的字符或子字符串

通过 String 类的 replace()方法，可以将原字符串中的某个字符替换为指定的字符，并得到一个新的字符串。replace()方法的具体格式如下：

```
public String replace(char oldChar, char newChar)
```

替换字符串中的
字符或子字符串

例如，将字符串"NBA_NBA_NBA"中的字符"N"替换为字符"M"，将得到一个新的字符串"MBA_MBA_MBA"，代码如下：

```
String str = "NBA_NBA_NBA";
System.out.println(str.replace('N', 'M'));       // 输出的新字符串为"MBA_MBA_MBA"
```

如果想替换原字符串中的指定子字符串，可以通过 String 类的 replaceAll()方法实现。replaceAll()方法的具体格式如下：

```
public String replaceAll(String regex, String replacement)
```

例如，将字符串"NBA_NBA_NBA"中的子字符串"NB"替换为字符串"AA"，将得到一个新的字符串"AAA_AAA_AAA"，代码如下：

```
String str = "NBA_NBA_NBA";
System.out.println(str.replaceAll("NB", "AA")); // 输出的新字符串为"AAA_AAA_AAA"
```

从上面的代码可以看出，replaceAll()方法是替换原字符串中的所有子字符串。如果只需要替换原字符串中的第一个子串，可以通过 String 类的 replaceFirst()方法实现。replaceFirst()方法的具体格式如下：

```
public String replaceFirst(String regex, String replacement)
```

例如，将字符串"NBA_NBA_NBA"中的第一个子串"NB"替换为字符串"AA"，将得到一个新的字符串"AAA_NBA_NBA"，代码如下：

```
String str = "NBA_NBA_NBA";
System.out.println(str.replaceFirst("NB", "AA"));// 输出的新字符串为"AAA_NBA_NBA"
```

8．分割字符串

String 类中提供了两个重载的 split()方法，用来将字符串按照指定的规则进行分割，并以 String 型数组的方式返回，分割得到的子字符串在数组中按照它们在字符串中的顺序排列。重载方法 split(String regex, int limit)的具体格式如下：

分割字符串

```
public String[] split(String regex, int limit)
```

split(String regex, int limit)方法的第一个入口参数 regex 为分割规则；第二个入口参数 limit 用来设置分割规则的应用次数，将影响返回的数组长度。如果 limit 大于 0，则分割规则最多将被应用（limit-1）次，数组的长度也不会大于 limit，并且数组的最后一项将包含超出最后匹配的所有字符；如果 limit 为非正整数，则分割规则将被应用尽可能多的次数，并且数组可以是任意长度。需要注意的是，如果 limit 为 0，数组中位于最后的所有空字符串元素将被丢弃。

下面将字符串"boo:and:foo"分别按照不同的规则和限制进行分割，代码如下：

```
String str = "boo:and:foo";
String[] a = str.split(":", 2);
```

```
String[] b = str.split(":", 5);
String[] c = str.split(":", -2);
String[] d = str.split("o", 5);
String[] e = str.split("o", -2);
String[] f = str.split("o", 0);
String[] g = str.split("m", 0);
```

上面代码得到的 7 个数组的相关信息如表 8-1 所示。

表 8-1　7 个数组的相关信息

数组	分割符	限定数	得到的数组
a	:	2	String[] a = { "boo", "and:foo" };
b	:	5	String[] b = { "boo", "and", "foo" };
c	:	−2	String[] c = { "boo", "and", "foo" };
d	o	5	String[] d = { "b", "", ":and:f", "", "" };
e	o	−2	String[] e = { "b", "", ":and:f", "", "" };
f	o	0	String[] f = { "b", "", ":and:f" };
g	m	0	String[] g = { "boo:and:foo" };

如果将参数 limit 设置为 0，也可以采用重载方法 split(String regex)。该方法将调用方法 split(String regex, int limit)，并默认参数 limit 为 0。split(String regex)方法的具体格式如下：

```
public String[] split(String regex) {
    return split(regex, 0);
}
```

8.1.4　格式化字符串

通过 String 类的 format()方法，可以得到经过格式化的字符串对象，通常应用于对日期和时间的格式化。String 类中的 format()方法有两种重载形式，它们的具体格式如下：

本小节微课

```
public static String format(String format, Object obj)
public static String format(Locale locale, String format, Object obj)
```

（1）format：要获取字符串的格式。

（2）obj：要进行格式化的对象。

（3）locale：格式化字符串时依据的语言环境，对于 format(String format, Object obj)方法，则依据本地的语言环境进行格式化。

在定义格式化字符串采用的格式时，需要利用固定的格式转换符号。格式化字符串的转换符如表 8-2 所示。

表 8-2　格式化字符串的转换符

转换符	功能说明
%s	格式化成字符串表示
%c	格式化成字符型表示
%b	格式化成逻辑型表示
%d	格式化成十进制整型数表示
%x	格式化成十六进制整型数表示
%o	格式化成八进制整型数表示
%f	格式化成十进制浮点数型数表示
%a	格式化成十六进制浮点数型数表示

转换符	功能说明
%e	格式化成指数形式表示
%g	格式化成通用浮点数型数表示（f 和 e 类型中较短的）
%h	格式化成散列码形式表示
%%	格式化成百分比形式表示
%n	换行符
%tx	格式化成日期和时间形式表示（其中 x 代表不同的日期与时间格式转换符）

下面是 3 个获取格式化字符串的例子，分别为获得字符"A"的散列码，将"68"格式化为百分比形式和将"16.8"格式化为指数形式：

```
String code = String.format("%h", 'A');      // 格式化后得到的字符串为"41"
String percent = String.format("%d%%", 68); // 格式化后得到的字符串为"68%"
String exponent = String.format("%e", 16.8); // 格式化后得到的字符串为"1.680000e+01"
```

8.1.5　对象的字符串表示

所有的类都默认继承自 Object 类，Object 类在 java.lang 包中。在 Object 类中有一个 public String toString()方法，该方法用于获得该对象的字符串表示。

一个对象调用 toString()方法返回的字符串的一般格式如下：

包名.类名@内存的引用地址

例如：

```
public class app {
    public static void main(String[] args) {
        Object obj = new Object ();
        System.out.print(obj.toString());
    }
}
```

程序运行结果如图 8-3 所示。

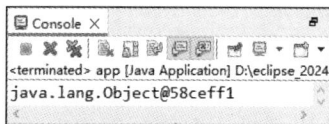

图 8-3　程序运行结果

【例 8-3】 继承 Object 类的子类重写 toString()方法。

```
class Student {
    String name;
    public Student(String s) {
        name = s;
    }
    public String toString() {
        return super.toString() + name + "是三好学生。";
    }
}

public class Example {
    public static void main(String[] args) {
```

```
            Student stu = new Student("小明");
            System.out.print(stu.toString());
    }
}
```

程序运行结果如图 8-4 所示。

图 8-4　例 8-3 的运行结果

8.2　日期和时间的显示形式

在程序设计中经常会遇到日期、时间等数据,需要将这些数据以相应的
形式显示。

本节微课

8.2.1　Date 类

1．无参数构造方法

Data 类的无参数构造方法所创建的对象可以获取本机当前时间。例如:

```
Date date = new Date();   //Data 类在 java.util 包中
System.out.println(date); //输出当前时间
```

执行上面代码之后,控制台输出的就是本机创建 Date 对
象的时间,如图 8-5 所示。

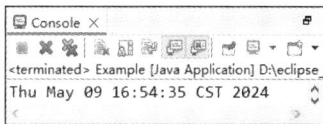

Date 对象表示时间的默认顺序如下:星期、月、日、小
时、分、秒、年。

图 8-5　创建 Date 对象的时间

2．有参数构造方法

计算机系统自身时间是格林尼治时 1970 年 1 月 1 日 0 时,可以根据该时间使用 Date
有参数构造方法创建一个 Date 对象。例如:

```
Date date1 = new Date (1000);
Date date2 = new Date (-1000);
```

在上面的代码中,参数取正数表示公元后的时间,参数取负数表示公元前的时间。参
数 1000 表示 1000ms,即 1s。由于本地时区是北京时区,与格林威治时间相差 8h,所以上
面代码的运行结果如图 8-6 和图 8-7 所示。

图 8-6　公元后时间

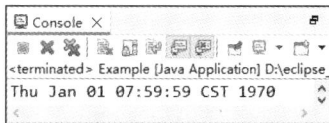

图 8-7　公元前时间

8.2.2　格式化日期和时间

在使用日期和时间时,经常需要对其进行处理,以满足一定的要求。例如,将日期格

　　　常用的实用类 / 第 8 章

式化为"2019- 01-27"形式、将时间格式化为"03:06:52 下午"形式，或者是获得四位的年（如"2019"）或 24h 制的小时（如"21"）。本小节将深入讲解格式化日期和时间的方法。

1．常用日期和时间的格式化

格式化日期与时间的格式转换符定义了各种日期和时间字符串的格式，其中常用的日期和时间的格式转换符如表 8-3 所示。

表 8-3　常用日期和时间的格式转换符

转换符	格式说明	格式示例
F	格式化为形如 "YYYY-MM-DD" 的格式	2012-01-26
D	格式化为形如 "MM/DD/YY" 的格式	01/26/12
r	格式化为形如 "HH:MM:SS AM" 的格式（12h 制）	03:06:52 下午
T	格式化为形如 "HH:MM:SS" 的格式（24h 制）	15:06:52
R	格式化为形如 "HH:MM" 的格式（24h 制）	15:06

下面是对当前日期和时间进行格式化的具体代码：

```
String a = String.format("%tF", today);     // 格式化后的字符串为"2012-01-26"
String b = String.format("%tD", today);     // 格式化后的字符串为"01/26/12"
String c = String.format("%tr", today);     // 格式化后的字符串为"03:06:52 下午"
String d = String.format("%tT", today);     // 格式化后的字符串为"15:06:52"
String e = String.format("%tR", today);     // 格式化后的字符串为"15:06"
```

2．对日期的格式化

定义日期格式的格式转换符可以使日期生成新字符串。日期的格式转换符如表 8-4 所示。

表 8-4　日期的格式转换符

转换符	格式说明	格式示例
b 或 h	获取月份的简称	中：一月　　英：Jan
B	获取月份的全称	中：一月　　英：January
a	获取星期的简称	中：星期六　英：Sat
A	获取星期的全称	中：星期六　英：Saturday
Y	获取年（不足四位前面补 0）	2008
y	获取年的后两位（不足两位前面补 0）	08
C	获取年的前两位（不足两位前面补 0）	20
m	获取月（不足两位前面补 0）	01
d	获取日（不足两位前面补 0）	06
e	获取日（不足两位前面不补 0）	6
j	获取是一年的第多少天	006

下面是对当前日期进行格式化的具体代码：

```
Date today = new Date();
String a = String.format(Locale.US, "%tb", today);     // 格式化后的字符串为"Jan"
String b = String.format(Locale.US, "%tB", today);     // 格式化后的字符串为"January"
String c = String.format("%ta", today);                // 格式化后的字符串为"星期六"
String d = String.format("%tA", today);                // 格式化后的字符串为"星期六"
String e = String.format("%tY", today);                // 格式化后的字符串为"2008"
```

```
String f = String.format("%ty", today);          // 格式化后的字符串为"08"
String g = String.format("%tm", today);          // 格式化后的字符串为"01"
String h = String.format("%td", today);          // 格式化后的字符串为"06"
String i = String.format("%te", today);          // 格式化后的字符串为"6"
String j = String.format("%tj", today);          // 格式化后的字符串为"006"
```

3．对时间的格式化

和日期格式转换符相比，时间格式转换符要更多、更精确，可以将时间格式化成时、分、秒，甚至是毫秒等单位。时间的格式转换符如表 8-5 所示。

表 8-5　时间的格式转换符

转换符	格式说明	格式示例
H	获取 24h 制的小时（不足两位前面补 0）	16
k	获取 24h 制的小时（不足两位前面不补 0）	16
I	获取 12h 制的小时（不足两位前面补 0）	04
l	获取 12h 制的小时（不足两位前面不补 0）	4
M	获取分钟（不足两位前面补 0）	14
S	获取秒（不足两位前面补 0）	33
L	获取三位的毫秒（不足三位前面补 0）	015
N	获取九位的毫秒（不足九位前面补 0）	056200000
p	显示上下午标记	中：下午　　英：pm

下面是对当前时间进行格式化的具体代码：

```
Date today = new Date();
String a = String.format("%tH", today);          // 格式化后的字符串为"16"
String b = String.format("%tk", today);          // 格式化后的字符串为"16"
String c = String.format("%tI", today);          // 格式化后的字符串为"04"
String d = String.format("%tl", today);          // 格式化后的字符串为"4"
String e = String.format("%tM", today);          // 格式化后的字符串为"14"
String f = String.format("%tS", today);          // 格式化后的字符串为"33"
String g = String.format("%tp", today);          // 格式化后的字符串为"下午"
String h = String.format(Locale.US, "%tp", today); // 格式化后的字符串为"pm"
```

8.3　Scanner 类

本节微课

Scanner 类是 java.util 包中的类。该类用来实现程序设计人员的输入，是一种只要有控制台就能实现输入操作的类。创建 Scanner 类的常见方法有以下两种。

（1）Scanner(InputStream in)方法，语法格式如下：

```
new Scanner(in);
```

（2）Scanner(File file)方法，语法格式如下：

```
new Scanner(file);
```

通过控制台进行输入，首先要创建一个 Scanner 对象。例如：

```
Scanner sc=new Scanner(System.in);
sc.next();
sc.close();
```

【例 8-4】 实现在控制台上输入姓名、年龄、地址。

```java
import java.util.Scanner;
public class Example2 {
    public static void main(String s[]){
        String name;
        int age;
        String address;
        //创建Scanner对象
        Scanner sc = new Scanner(System.in);
        System.out.println("请输入姓名: ");          //输入字符
        name = sc.nextLine();
        System.out.println("年龄: ");               //输入整数型数据
        age = sc.nextInt();
        System.out.println("地址: ");
        address=sc.next();
        System.out.println("姓名:  "+name);
        System.out.println("年龄: "+age);
        System.out.println("地址: "+address);
    }
}
```

程序运行结果如图 8-8 所示。

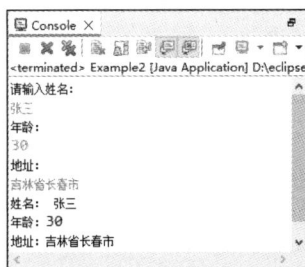

图 8-8　例 8-4 的运行结果

8.4 Math 类和 Random 类

本节微课

1. Math 类

Math 类位于 java.lang 包中，包含许多用来进行科学计算的类方法，这些方法可以直接通过类名进行调用。Math 类中存在两个静态常量：一个是常量 E，它的值是 2.7182828284590452354；另一个是常量 PI，它的值是 3.14159265358979323846。

Math 类的常用方法如下。

（1）public static long abs (double a)：返回 a 的绝对值。

（2）public static double max (double a,double b)：返回 a、b 的最大值。

（3）public static double min (double a,double b)：返回 a、b 的最小值。

（4）public static double pow (double a,double b)：返回 a 的 b 次幂。

（5）public static double sqrt (double a)：返回 a 的平方根。

（6）public static double log (double a)：返回 a 的对数。

（7）public static double sin (double a)：返回 a 的正弦值。

（8）public static double asin (double a)：返回 a 的反正弦值。

（9）public static double random()：产生一个 0～1 的随机数，该随机数不包括 0 和 1。

2．Random 类

虽然 Math 类的方法中包括获取随机数的方法 random()，但是 Java 语言提供了更为灵活的能够获取随机数的 Random 类。Random 类位于 java.util 包中，构造方法如下：

```
public Random ();
public Random (long seed);
```

有参数的构造方法即使用参数 seed 创建一个 Random 对象。例如：

```
Random rd = new Random ();
rd.nextInt ();
```

如果想获取指定范围的随机数，可以使用 nextInt(int m)方法。该方法返回一个 0～m 并且包括 0 不包括 m 的随机数。但是需要注意，参数 m 必须取正整数值。

如果想要获取一个随机的 boolean 值，可以使用 nextBoolean()方法。例如：

```
Random rd = new Random ();
rd.nextBoolean ();
```

8.5 数字格式化

数字格式化指按照指定格式得到一个字符串。例如，对小数 26.3526335 进行保留两位小数操作，得到的字符串是 26.35。

本节微课

8.5.1 Formatter 类

1．格式化模式

格式化模式是 format()方法中的一个使用双引号括起来的字符序列。该字符序列由格式转换符和普通字符构成。关于格式化模式，在 8.1.4 小节有过相关介绍，这里不再赘述。

2．值列表

值列表是使用逗号分隔的变量、常量或表达式，但要保证 format()方法"格式化模式"中格式转换符的个数与"值列表"中列出的值的个数相同。例如：

```
String m = String.format("%d元%.1f箱%d斤",78,8.0,125);
```

运行结果如下：

```
78元8.0箱125斤
```

8.5.2 格式化整数

1．"%d""%o""%x""%X"

"%d""%o""%x"和"%X"格式转换符可格式化 byte、Byte、short、Short、int、Integer、long 和 Long 型数据。

（1）%d：将值格式化为十进制整数。

（2）%o：将值格式化为八进制整数。

（3）%x：将值格式化为小写的十六进制整数。

（4）%X：将值格式化为大写的十六进制整数。

例如：

```
String m = String.format("%d, %o,%x,%X",56321,56321,56321,56321);
```

运行结果如下：

```
56321,156001,dc01,DC01
```

2．修饰符

（1）"+"修饰符：格式化正整数时，强制添加正号。例如，"%+d"将12格式化为"+12"。

（2）","修饰符：格式化整数时，按"千"分组。

例如：

```
String m = String.format("按千分组：%,d。按千分组带正号%+, d",123456,7890);
```

运行结果如下：

```
按千分组：123,456。按千分组带正号+7,890
```

8.5.3 格式化浮点数

1．float、Float、double 和 Double

"%f""%e(%E)""%g(%G)""%a(%A)"格式转换符可格式化 float、Float、double 和 Double。

2．修饰符

（1）"+"修饰符：格式化正数时，强制添加正号。例如，"%+E"将 48.75 格式化为"+4.875000E+01"。

（2）","修饰符：格式化浮点数时，将整数部分按"千"分组。

例如：

```
String m = String.format("%+,f",1234560.789);
```

运行结果如下：

```
整数部分按千分组：+1,234,560.789000
```

8.6 包装类

8.6.1 Integer 类

java.lang 包中的 Integer 类、Long 类和 Short 类，分别将基本数据类型 int、long 和 short 封装成一个类。这些类都是 Number 的子类，区别就是封装不同的数据类型，其包含的方法基本相同，所以本节以 Integer 类为例介绍整数包装类。

本小节微课

Integer 类在对象中包装了一个基本数据类型 int 的值，该类的对象包含一个 int 类型的字段。此外，该类提供了多个方法，能在 int 类型和 String 类型之间互相转换；同时，提供了处理 int 类型时非常有用的其他一些常量和方法。

1．构造方法

Integer 类有以下两种构造方法。

（1）Integer（int number）：以一个 int 型变量作为参数来获取 Integer 对象。

【例 8-5】 以 int 型变量作为参数创建 Integer 对象，代码如下：

```
Integer number = new Integer(7);
```

（2）Integer（String str）：以一个 String 型变量作为参数来获取 Integer 对象。

【例 8-6】 以 String 型变量作为参数创建 Integer 对象，代码如下：

```
Integer number = new Integer("45");
```

⚠️ **注意**：Integer（String Str）方法要用数值型 String 变量作为参数，如 "123"，否则会抛出 NumberFormatException 异常。

2．常用方法

Integer 类的常用方法如表 8-6 所示。

表 8-6 Integer 类的常用方法

返回值	方法	功能描述
byte	byteValue()	以 byte 类型返回该 Integer 的值
int	compareTo(Integer anotherInteger)	在数字上比较两个 Integer 对象。如果这两个值相等，则返回 0；如果调用对象的数值小于 anotherInteger 的数值，则返回负值；如果调用对象的数值大于 anotherInteger 的数值，则返回正值
boolean	equals(Object IntegerObj)	比较此对象与指定的对象是否相等
int	intValue()	以 int 型返回此 Integer 对象
short	shortValue()	以 short 型返回此 Integer 对象
String	toString()	返回一个表示该 Integer 值的 String 对象
Integer	valueOf(String str)	返回保存指定的 String 值的 Integer 对象
int	parseInt(String str)	返回包含在由 str 指定的字符串中的数字的等价整数值

Integer 类中的 parseInt()方法返回与调用该方法的数值字符串相应的整型（int）值。下面通过一个实例来说明 parseInt()方法的应用。

【例 8-7】 在项目中创建类 Summation，在主方法中定义 String 数组，实现将 String 类型数组中的元素转换成 int 型，并将各元素相加。

```
public class Summation {                              //创建类 Summation
    public static void main(String args[]) {          //主方法
        String str[] = { "89", "12", "10", "18", "35" }; //定义 String 数组
        int sum = 0;                                  //定义 int 型变量 sum
        for (int i = 0; i < str.length; i++) {        //循环遍历数组
            int myint=Integer.parseInt(str[i]);       //将数组中的每个元素都转换为 int 型
            sum = sum + myint;                        //将数组中的各元素相加
        }
        System.out.println("数组中的各元素之和是: " + sum); //将计算后结果输出
    }
}
```

程序运行结果如图 8-9 所示。

Integer 类的 toString()方法可将 Integer 值转换为十进制字符串表示。toBinaryString()、toHexString()和 toOctalString()方法分别将 Integer 值转换成二进制、十六进制和八进制字符串，例 8-8 介绍了这 3 种方法的用法。

【例 8-8】 在项目中创建类 Charac，在主方法中创建 String 变量，实现将字符变量以二进制、十六进制和八进制形式输出。

```java
public class Charac {                                   //创建类 Charac
    public static void main(String args[]) {           //主方法
        String str = Integer.toString(456);            //获取数字的十进制表示
        String str2 = Integer.toBinaryString(456);     //获取数字的二进制表示
        String str3 = Integer.toHexString(456);        //获取数字的十六进制表示
        String str4 = Integer.toOctalString(456);      //获取数字的八进制表示
        System.out.println("'456'的十进制表示为: " + str);
        System.out.println("'456'的二进制表示为: " + str2);
        System.out.println("'456'的十六进制表示为: " + str3);
        System.out.println("'456'的八进制表示为: " + str4);
    }
}
```

程序运行结果如图 8-10 所示。

图 8-9 例 8-7 的运行结果

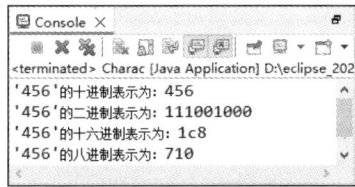

图 8-10 例 8-8 的运行结果

3. 常量

Integer 类提供了以下 4 个常量。

（1）MAX_VALUE：表示 int 类型可取的最大值，即 $2^{31}-1$。

（2）MIN_VALUE：表示 int 类型可取的最小值，即 -2^{31}。

（3）SIZE：用来以二进制补码形式表示 int 值的位数。

（4）TYPE：表示基本数据类型 int 的 Class 实例。

可以通过程序来验证 Integer 类的常量。

【例 8-9】 在项目中创建类 GetCon，在主方法中实现将 Integer 类的常量值输出。

```java
public class GetCon {                                       //创建类 GetCon
    public static void main(String args[]) {                //主方法
        int maxint = Integer.MAX_VALUE;                     //获取 Integer 类的常量值
        int minint = Integer.MIN_VALUE;
        int intsize = Integer.SIZE;
        System.out.println("int 类型可取的最大值是: " + maxint); //将常量值输出
        System.out.println("int 类型可取的最小值是: " + minint);
        System.out.println("int 类型的二进制位数是: " + intsize);
    }
}
```

程序运行结果如图 8-11 所示。

AIGC 高效编程 Java 程序设计（慕课版 第 3 版） 134

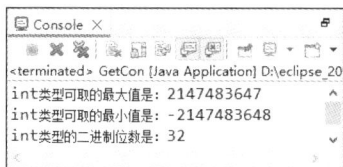

图 8-11 例 8-9 的运行结果

8.6.2 Boolean 类

Boolean 类将基本数据类型为 boolean 的值包装在一个对象中，一个 Boolean 类的对象只包含一个类型为 boolean 的字段。此外，此类还为 boolean 和 String 的相互转换提供了许多方法，并提供了处理 boolean 时非常有用的其他一些常量和方法。

本小节微课

1．构造方法

（1）Boolean(boolean value)：创建一个表示 value 参数的 Boolean 对象。

【例 8-10】 创建一个表示 value 参数的 Boolean 对象，代码如下：

```
Boolean b = new Boolean(true);
```

（2）Boolean(String str)：以 String 变量作为参数，创建 Boolean 对象。如果 String 参数不为 null 且在忽略大小写时等于 true，则分配一个表示 true 值的 Boolean 对象，否则获得一个 false 值的 Boolean 对象。

【例 8-11】 以 String 变量作为参数，创建 Boolean 对象，代码如下：

```
Boolean bool = new Boolean("ok");
```

2．常用方法

Boolean 类的常用方法如表 8-7 所示。

表 8-7　Boolean 类的常用方法

返回值	方法	功能描述
boolean	booleanValue()	将 Boolean 对象的值以对应的 boolean 值返回
boolean	equals(Object obj)	判断调用该方法的对象与 obj 是否相等。当且仅当参数不是 null，而且与调用该方法的对象一样都表示同一个 Boolean 值的 boolean 对象时，才返回 true
boolean	parseBoolean(String s)	将字符串参数解析为 boolean 值
String	toString()	返回表示该布尔值的 String 对象
Boolean	valueOf(String s)	返回一个用指定的字符串表示的 boolean 值

【例 8-12】 在项目中创建类 GetBoolean，在主方法中以不同的构造方法创建 Boolean 对象，并调用 booleanValue() 方法将创建的对象重新转换为 boolean 数据输出。

```
public class GetBoolean {                          //创建类 GetBoolean
    public static void main(String args[]) {       //主方法
        Boolean b1 = new Boolean(true);            //创建 Boolean 对象
        Boolean b2 = new Boolean("ok");            //创建 Boolean 对象
        System.out.println("b1: " + b1.booleanValue());
        System.out.println("b2: " + b2.booleanValue());
    }
}
```

程序运行结果如图 8-12 所示。

3. 常量

Boolean 类提供了以下 3 个常量。

（1）TRUE：对应基值 true 的 Boolean 对象。

（2）FALSE：对应基值 false 的 Boolean 对象。

（3）TYPE：基本类型 boolean 的 Class 对象。

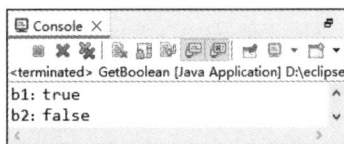

图 8-12　例 8-12 的运行结果

8.6.3 Byte 类

Byte 类将基本数据类型为 byte 的值包装在一个对象中，一个 Byte 类的对象只包含一个类型为 byte 的字段。此外，该类还为 byte 和 String 的相互转换提供了方法，并提供了处理 byte 时非常有用的其他一些常量和方法。

本小节微课

1. 构造方法

Byte 类提供了以下两种构造方法的重载形式来创建 Byte 类对象。

（1）Byte(byte value)：通过这种方法创建的 Byte 对象，可表示指定的 byte 值。

【例 8-13】　以 byte 型变量作为参数，创建 Byte 对象，代码如下：

```
byte mybyte = 45;
Byte b = new Byte(mybyte);
```

（2）Byte(String str)：通过这种方法创建的 Byte 对象，可表示 String 参数所指示的 byte 值。

【例 8-14】　以 String 型变量作为参数，创建 Byte 对象，代码如下：

```
Byte mybyte = new Byte("12");
```

⚠ 注意：Byte（String Str）方法要用数值型 String 变量作为参数，如"123"，否则会抛出 NumberFormatException 异常。

2. 常用方法

Byte 类的常用方法如表 8-8 所示。

表 8-8　Byte 类的常用方法

返回值	方法	功能描述
byte	byteValue()	以一个 byte 值返回 Byte 对象
int	compareTo(Byte anotherByte)	在数字上比较两个 Byte 对象
double	doubleValue()	以一个 double 值返回此 Byte 的值
Int	intValue()	以一个 int 值返回此 Byte 的值
byte	parseByte(String s)	将 String 型参数解析成等价的字节（byte）形式
String	toString()	返回表示此 Byte 的值的 String 对象
Byte	valueOf(String str)	返回一个保持指定 String 所给出的值的 Byte 对象
boolean	equals(Object obj)	将此对象与指定对象进行比较，如果调用该方法的对象与 obj 相等，则返回 true，否则返回 false

3. 常量

Byte 类中提供了以下 4 个常量。

（1）MIN_VALUE：byte 类型可取的最小值。

（2）MAX_VALUE：byte 类型可取的最大值。

（3）SIZE：用于以二进制补码形式表示 byte 值的位数。

（4）TYPE：表示基本数据类型 byte 的 Class 实例。

8.6.4　Character 类

Character 类在对象中包装一个基本数据类型为 char 的值，一个 Character 类的对象包含类型为 char 的单个字段。该类提供了几种方法，以确定字符的类别（小写字母、数字等），并将字符从大写转换成小写，反之亦然。

本小节微课

1．构造方法

Character 类的构造方法的语法格式如下：

```
Character(char value)
```

该类的构造方法必须是一个 char 类型的数据。通过该构造方法创建的 Character 类对象包含由 char 类型参数提供的值。一旦 Character 类被创建，其包含的数值就不能改变。

【例 8-15】 以 char 型变量作为参数，创建 Character 对象，代码如下：

```
Character mychar = new Character('s');
```

2．常用方法

Character 类提供了很多方法来完成对字符的操作，常用方法如表 8-9 所示。

表 8-9　Character 类的常用方法

返回值	方法	功能描述
char	charvalue()	返回此 Character 对象的值
int	compareTo(Character anotherCharacter)	根据数字比较两个 Character 对象，若这两个对象相等则返回 0
Boolean	equals(Object obj)	将调用该方法的对象与指定的对象相比较
char	toUpperCase(char ch)	将字符参数转换为大写
char	toLowerCase(char ch)	将字符参数转换为小写
String	toString()	返回一个表示指定 char 值的 String 对象
char	charValue()	返回此 Character 对象的值
boolean	isUpperCase(char ch)	判断指定字符是否是大写字符
boolean	isLowerCase(char ch)	判断指定字符是否是小写字符

下面通过实例来介绍 Character 对象某些方法的使用。

【例 8-16】 在项目中创建类 UpperOrLower，在主方法中创建 Character 类的对象，并判断字符的大小写状态。

```
public class UpperOrLower {                              //创建类 UpperOrLower
    public static void main(String args[]) {            //主方法
        Character mychar1 = new Character('A');         //声明 Character 对象
        Character mychar2 = new Character('a');         //声明 Character 对象
        System.out.println(mychar1 + "是大写字母吗？"
                + Character.isUpperCase(mychar1));
        System.out.println(mychar2 + "是小写字母吗？"
                + Character.isLowerCase(mychar2));
```

```
        }
    }
```

程序运行结果如图 8-13 所示。

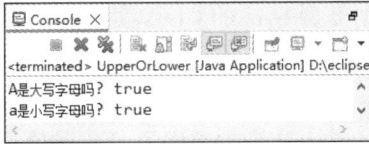

图 8-13   例 8-16 的运行结果

8.6.5   Double 类

Double 类、Float 类是对 double、float 基本数据类型的封装。它们都是 Number 类的子类，又都是对小数进行操作，所以常用方法基本相同，故本节以 Double 类为例进行介绍。对于 Float 类，可以参考本节的相关介绍。

本小节微课

Double 类在对象中包装一个基本数据类型为 double 的值，每个 Double 类的对象都包含一个 double 类型的字段。此外，该类还提供多个方法，可以将 double 转换为 String，将 String 转换为 double，也提供了其他一些处理 double 时有用的常量和方法。

1．构造方法

Double 类提供了以下两种构造方法来获得 Double 类对象。

（1）Double(double value)：基于 double 参数创建 Double 类对象。

（2）Double(String str)：构造一个新分配的 Double 对象，表示用字符串表示的 double 类型的浮点值。

⚠ 注意：Double 类构造方法如果不是以数值类型的字符串作为参数，则会抛出 NumberFormatException 异常。

2．常用方法

Double 类的常用方法如表 8-10 所示。

表 8-10   Double 类的常用方法

返回值	方法	功能描述
byte	byteValue()	以 byte 形式返回 Double 对象值（通过强制转换）
int	compareTo(Double d)	对两个 Double 对象进行数值比较。如果两个值相等，则返回 0；如果调用对象的数值小于 d 的数值，则返回负值；如果调用对象的数值大于 d 的值，则返回正值
boolean	equals(Object obj)	将此对象与指定的对象相比较
int	intValue()	以 int 形式返回 double 值
boolean	isNaN()	如果此 double 值是非数字（NaN）值，则返回 true，否则返回 false
String	toString()	返回此 Double 对象的字符串表示形式
Double	valueOf(String str)	返回用参数字符串 str 表示的 double 值的 Double 对象
double	doubleValue()	以 double 形式返回此 Double 对象
long	longValue()	以 long 形式返回此 double 值（强制转换为 long 类型）

8.6.6　Number 类

抽象类 Number 类是 BigDecimal、BigInteger、Byte、Double、Float、Integer、Long 和 Short 类的父类，Number 类的子类必须提供将表示的数值转换为 byte、double、float、int、long 和 short 的方法。例如，doubleValue() 方法返回双精度值，floatValue() 方法返回浮点值。这些方法如表 8-11 所示。

本小节微课

表 8-11　Number 类的方法

返回值	方法	功能描述
byte	byteValue()	以 byte 形式返回指定的数值
int	intValue()	以 int 形式返回指定的数值
float	floatValue()	以 float 形式返回指定的数值
short	shortValue()	以 short 形式返回指定的数值
long	longValue()	以 long 形式返回指定的数值
double	doubleValue()	以 double 形式返回指定的数值

Number 类的方法分别被 Number 类的各子类所实现，即在 Number 类的所有子类中都包含表 8-11 中的方法。

8.7　借助 AIGC 工具解决 Random 类和 Math 类的 random() 方法的混淆问题

虽然 Random 类和 Math 类的 random() 方法都能够获取随机数，但是二者的区别是什么呢？只有更好地理解它们，才能在开发过程中避免混淆，达到事半功倍的效果。以下是与 AIGC 工具对话示例。

【问题】

Java Random 类和 Math 类的 random() 方法的区别。

【AIGC 工具建议】

Java 的 Random 类和 Math.random() 方法都是用于生成随机数的工具，但它们在实现方式、返回值范围以及线程安全性等方面存在区别。以下是具体分析。

（1）实现方式

Random 类：Random 类使用线性同余生成器（LCG）算法来生成伪随机数。该算法基于一个初始种子值（seed），通过特定的数学公式产生数列。

Math.random()：Math.random() 方法内部实际上是调用了 Random 类的 nextDouble() 方法，因此它也是基于线性同余生成器算法。

（2）返回值范围

Random 类：提供了多种方法生成不同类型和范围的随机数，如 nextInt() 生成 int 类型的随机数，nextDouble() 生成 [0,1) 区间内的 double 类型的随机数。

Math.random()：仅生成 [0,1) 区间内的 double 类型的随机数。

（3）线程安全性

Random 类：不是线程安全的。如果在多线程环境中需要生成随机数，应该为每个线程创建独立的 Random 实例，或者使用线程安全的替代方案，如 ThreadLocalRandom。

Math.random()：是线程安全的，可以在多线程环境中安全地调用。

（4）灵活性

Random 类：更加灵活，可以根据需要生成各种类型和范围的随机数，并且可以通过设置种子来控制随机数序列。

Math.random()：功能较为单一，只能生成[0,1)区间内的 double 类型的随机数。

综上所述，Random 类提供了更多的灵活性和功能，适用于需要生成多种类型和范围随机数的场景；而 Math.random()更加简单直接，适用于只需要生成[0,1)区间内 double 类型随机数的情况。在多线程环境中，如果需要生成随机数，建议使用 Math.random()以确保线程安全。

小结

本章主要介绍了字符串的创建和连接方式，以及获取字符串信息，常用的字符串操作等。这些对字符串的常规操作在实际编程中经常会遇到，因此应该熟练掌握。本章还介绍了 Java 语言中表示数字、字符、布尔值的包装类，其中 Number 类是所有数字类的父类，其子类包括 Integer 类、Float 类等；Character 类是字符的包装类，该类提供了对字符的各种处理方法；Boolean 类是布尔类型值的包装类。

习题

8-1　使用 String 类的 toUpperCase()方法和 toLowerCase()方法实现大小写的转换。

8-2　分别截取字符串 str1 和字符串 str2 的部分内容，如果截取后的两个子字符串相同（不区分大小写），则输出"两个子字符串相同"，否则输出"两个子字符串并不相同"。

8-3　创建 Integer 类对象，并以 int 类型将 Integer 的值返回。

8-4　创建两个 Character 对象，通过 equals()方法比较它们是否相等；将这两个对象分别转换成小写形式，再通过 equals()方法比较两个 Character 对象是否相等。

8-5　编写程序，实现通过字符型变量创建 boolean 值，再将其转换成字符串输出。观察输出后的字符串与创建 Boolean 对象时给定的参数是否相同。

第**9**章 集合

要学习 Java 语言，就必须学习如何使用 Java 集合。Java 集合就像一个容器，用来存放 Java 类的对象。有些存放在容器内的东西是不可操作的，如水桶里面装的水，除了将水装入和倒出容器，就不能再进行其他操作；但是水很容易装入和倒出容器。有些存放在容器内的东西则是可操作的，如衣柜里面摆放的衣服，衣服不仅可以存放到衣柜中，而且可以被有序地摆放，在使用时能被快速地查找；但是，有些衣服不容易取出，如存放在柜子底部的衣服。Java 集合存放 Java 类的对象的情况也是如此，有些对象方便存入和取出，而有些对象则方便查找。

本章要点：
- 掌握 Collection 接口的常用方法
- 掌握 List 集合的常用方法
- 掌握 Set 集合的常用方法
- 掌握 Map 集合的常用方法

9.1 集合中主要接口概述

本节微课

在 java.util 包中提供了一些集合，常用的集合有 List 集合、Set 集合和 Map 集合，其中 List 集合的 List 接口和 Set 集合的 Set 接口实现了 Collection 接口，这些集合被称为容器。集合与数组不同，数组的长度是固定的，集合的长度是可变的；数组用来存放基本数据类型的数据，集合用来存放类对象的引用。

Collection 接口、List 接口、Set 接口和 Map 接口的主要特征如下。

（1）Collection 接口是 List 接口和 Set 接口的父接口，通常情况下不能被直接使用。

（2）List 接口实现了 Collection 接口，List 接口允许存放重复的对象，按照对象的插入顺序排列。

（3）Set 接口实现了 Collection 接口，Set 接口不允许存放重复的对象，按照自身内部的排序规则排列。

（4）Map 接口以键值对（key-value）的形式存放对象，其中键（key）对象不可以重复，值（value）对象可以重复，按照自身内部的排序规则排列。

上述集合的接口继承关系如图 9-1 所示。

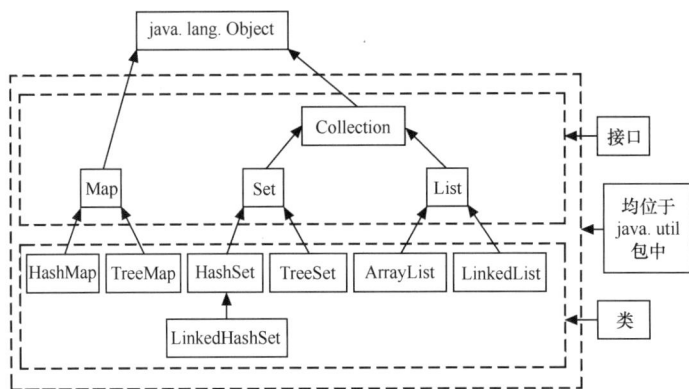

图 9-1 常用集合的接口继承关系

9.2 Collection 接口

Collection 接口通常情况下不被直接使用，但 Collection 接口定义了一些通用的方法，通过这些方法可以实现对集合的基本操作。因为 List 接口和 Set 接口实现了 Collection 接口，所以这些方法对 List 集合和 Set 集合是通用的。Collection 接口定义的常用方法及功能如表 9-1 所示。

本节微课

表 9-1　Collection 接口定义的常用方法及功能

方法名称	功能简介
add(E obj)	将指定的对象添加到该集合中
addAll(Collection<? extends E> col)	将指定集合中的所有对象添加到该集合中
remove(Object obj)	将指定的对象从该集合中移除。返回值为 boolean 型，如果存在指定的对象则返回 true，否则返回 false
removeAll(Collection<?> col)	从该集合中移除同时包含在指定集合中的对象，与 retainAll()方法正好相反。返回值为 boolean 型，如果存在符合移除条件的对象则返回 true，否则返回 false
retainAll(Collection<?> col)	仅保留该集合中同时包含在指定集合中的对象，与 removeAll()方法正好相反。返回值为 boolean 型，如果存在符合移除条件的对象则返回 true，否则返回 false
contains(Object obj)	查看在该集合中是否存在指定的对象。返回值为 boolean 型，如果存在指定的对象则返回 true，否则返回 false
containsAll(Collection<?> col)	查看在该集合中是否存在指定集合中的所有对象。返回值为 boolean 型，如果存在指定集合中的所有对象则返回 true，否则返回 false
isEmpty()	查看该集合是否为空。返回值为 boolean 型，如果在集合中未存放任何对象则返回 true，否则返回 false
size()	获得该集合中存放对象的个数。返回值为 int 型，为集合中存放对象的个数
clear()	移除该集合中的所有对象，清空该集合
iterator()	序列化该集合中的所有对象。返回值为 Iterator<E>型，通过返回的 Iterator<E> 型实例可以遍历集合中的对象
toArray()	获得一个包含所有对象的 Object 型数组
toArray(T[] t)	获得一个包含所有对象的指定类型的数组
equals(Object obj)	查看指定的对象与该对象是否为同一个对象。返回值为 boolean 型，如果为同一个对象则返回 true，否则返回 false

📄 **说明**：表 9-1 中的方法是从 JDK 5.0 中提出的，因为从 JDK 5.0 开始强化了泛化功能，所以部分方法要求入口参数符合泛化类型。从 9.2.1 小节开始，会用到泛化功能，并对使用泛化功能的优点进行详细讲解。

9.2.1　addAll()方法

addAll(Collection<? extends E> col)方法用来将指定集合中的所有对象添加到该集合中。如果对该集合进行了泛化，则要求指定集合中的所有对象都符合泛化类型，否则在编译程序时将抛出异常。入口参数中的 "<? extends E>" 就说明了这个问题，其中的 E 为用来泛化的类型。

【例 9-1】 使用 addAll()方法向集合中添加对象。

```
public static void main(String[] args) {
    String a = "A";
    String b = "B";
    String c = "C";
    Collection<String> list = new ArrayList<String>();
    list.add(a);                              // 通过 add(E obj)方法添加指定对象到集合中
    list.add(b);
    Collection<String> list2 = new ArrayList<String>();
    // 通过 addAll(Collection<? extends E> col)方法添加指定集合中的所有对象到该集合中
    list2.addAll(list);
    list2.add(c);
    Iterator<String> it = list2.iterator(); // 通过 iterator()方法序列化集合中的所有对象
    while (it.hasNext()) {
        String str = it.next(); // 因为对实例 it 进行了泛化，所以不需要进行强制类型转换
        System.out.println(str);
    }
}
```

⚠️ **注意**：由于 Collection 是接口，所以不能对其实例化，而 ArrayList 类是 Collection 接口的间接实现类，所以 Collection 接口通过 ArrayList 类实例化。

上面的代码首先通过 add(Eobj)方法添加两个对象到 list 集合中，分别为 a 和 b；然后依次通过 addAll(Collection<? extends E> col)方法和 add(E obj)方法将集合 list 中的所有对象和对象 c 添加到 list2 集合中；紧接着通过 iterator()方法序列化集合 list2，获得一个 Iterator 型实例 it，因为集合 list 和 list2 中的所有对象均为 String 型，所以将实例 it 也泛化成 String 型；最后利用 while 循环遍历通过序列化集合 list2 得到实例 it，因为将实例 it 泛化成了 String 型，所以可以将通过 next() 方法得到的对象直接赋值给 String 型对象 str，否则需要先执行强制类型转换。

程序运行结果如图 9-2 所示。

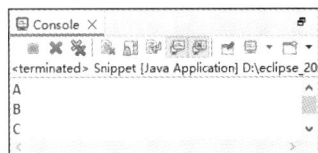

图 9-2　例 9-1 的运行结果

9.2.2　removeAll()方法

removeAll(Collection<?> col)方法用来从该集合中移除同时包含在指定集合中的对象，与 retainAll()方法正好相反。该方法的返回值为 boolean 型，如果存在符合移除条件的对象则返回 true，否则返回 false。

【例 9-2】 使用removeAll()方法从集合中移除对象。

```java
public static void main(String[] args) {
    String a = "A", b = "B", c = "C";
    Collection<String> list = new ArrayList<String>();
    list.add(a);
    list.add(b);
    Collection<String> list2 = new ArrayList<String>();
    list2.add(b);              // 注释该行，再次运行
    list2.add(c);
    // 通过 removeAll()方法从该集合中移除同时包含在指定集合中的对象，并获得返回信息
    boolean isContains = list.removeAll(list2);
    System.out.println(isContains);
    Iterator<String> it = list.iterator();
    while (it.hasNext()) {
        String str = it.next();
        System.out.println(str);
    }
}
```

上面的代码首先分别创建了集合 list 和 list2，在集合 list 中包含对象 a 和 b，在集合 list2 中包含对象 b 和 c；然后从集合 list 中移除同时包含在集合 list2 中的对象，获得返回信息并输出；最后遍历集合 list，在控制台将输出图 9-3 所示的信息，输出 true 说明存在符合移除条件的对象，符合移除条件的对象为 b，此时 list 集合中只存在对象 a。在创建集合 list2 时如果只添加对象 c，再次运行代码，在控制台将输出图 9-4 所示的信息，输出 false 说明不存在符合移除条件的对象，此时 list 集合中依然存在对象 a 和 b。

图 9-3　移除了对象

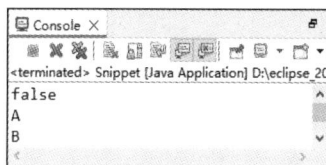

图 9-4　未移除对象

9.2.3　retainAll()方法

retainAll(Collection<?> col)方法仅保留该集合中同时包含在指定集合中的对象，其他的全部移除，与 removeAll()方法正好相反。其返回值为 boolean 型，如果存在符合移除条件的对象则返回 true，否则返回 false。

【例 9-3】 使用retainAll ()方法，仅保留 list 集合中同时包含在 list2 集合中的对象，其他的全部移除。

```java
public static void main(String[] args) {
    String a = "A", b = "B", c = "C";
    Collection<String> list = new ArrayList<String>();
    list.add(a);              // 注释该行，再次运行
    list.add(b);
    Collection<String> list2 = new ArrayList<String>();
    list2.add(b);
    list2.add(c);
    // 通过 retainAll()方法仅保留该集合中同时包含在指定集合中的对象，并获得返回信息
    boolean isContains = list.retainAll(list2);
    System.out.println(isContains);
    Iterator<String> it = list.iterator();
```

```
    while (it.hasNext()) {
        String str = it.next();
        System.out.println(str);
    }
}
```

程序运行结果如图 9-5 所示，输出 true 说明存在符合移除条件的对象，符合移除条件的对象为 a，此时 list 集合中只存在对象 b；在创建集合 list 时如果只添加对象 b，再次运行代码，在控制台将输出图 9-6 所示的信息，输出 false 说明不存在符合移除条件的对象，此时 list 集合中依然存在对象 b。

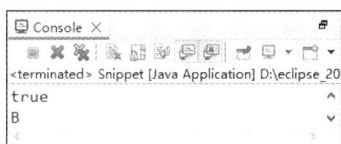

图 9-5　移除了对象　　　　　　　　　　　　图 9-6　未移除对象

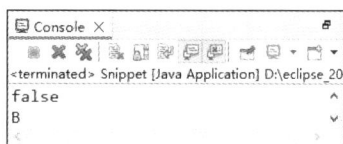

9.2.4　containsAll()方法

containsAll(Collection<?> col)方法用来查看在该集合中是否存在指定集合中的所有对象。其返回值为 boolean 型，如果存在指定集合中的所有对象则返回 true，否则返回 false。

【例 9-4】　使用 containsAll ()方法查看在集合 list 中是否包含集合 list2 中的所有对象。

```
public static void main(String[] args) {
    String a = "A", b = "B", c = "C";
    Collection<String> list = new ArrayList<String>();
    list.add(a);
    list.add(b);
    Collection<String> list2 = new ArrayList<String>();
    list2.add(b);
    list2.add(c);                  // 注释该行，再次运行
    // 通过 containsAll()方法查看在该集合中是否存在指定集合中的所有对象，并获得返回信息
    boolean isContains = list.containsAll(list2);
    System.out.println(isContains);
}
```

执行上面的代码，在控制台将输出 false，说明在集合 list(a,b)中不包含集合 list2(b,c)中的所有对象；在创建集合 list2 时如果只添加对象 b，再次运行代码，在控制台将输出 true，说明在集合 list(a,b)中包含集合 list2(b)中的所有对象。

9.2.5　toArray()方法

toArray(T[] t)方法用来获得一个包含所有对象的指定类型的数组。toArray(T[] t)方法的入口参数必须为数组类型的实例，并且必须已经被初始化，其用来指定欲获得数组的类型。如果对调用 toArray(T[] t)方法的实例进行了泛化，还要求入口参数的类型必须符合泛化类型。

【例 9-5】　使用 toArray ()方法获得一个包含所有对象的指定类型的数组。

```
public static void main(String[] args) {
    String a = "A", b = "B", c = "C";
    Collection<String> list = new ArrayList<String>();
    list.add(a);
    list.add(b);
    list.add(c);
    String strs[] = new String[1];                  // 创建一个 String 型数组
```

```
    // 获得一个包含所有对象的指定类型的数组
    String strs2[] = list.toArray(strs);
    for (int i = 0; i < strs2.length; i++) {
        System.out.println(strs2[i]);
    }
}
```

程序运行结果如图 9-7 所示。

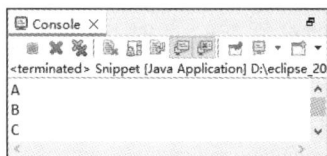

图 9-7　例 9-5 的运行结果

9.3　List 集合

List 集合为列表类型，列表的主要特征是以线性方式存储对象。

9.3.1　List 集合的用法

List 集合包括 List 接口以及 List 接口的所有实现类。因为 List 接口实现了 Collection 接口，所以 List 接口拥有 Collection 接口提供的所有常用方法；又因为 List 集合是列表类型，所以 List 接口还提供了一些适合于自身的常用方法，如表 9-2 所示。

本小节微课

表 9-2　List 接口定义的常用方法及功能

方法名称	功能描述
add(int index, Object obj)	用来向集合的指定索引位置添加对象，其他对象的索引位置相对后移一位。索引位置从 0 开始
addAll(int, Collection coll)	用来向集合的指定索引位置添加指定集合中的所有对象
remove(int index)	用来清除集合中指定索引位置的对象
set(int index, Object obj)	用来将集合中指定索引位置的对象修改为指定的对象
get(int index)	用来获得指定索引位置的对象
indexOf(Object obj)	用来获得指定对象的索引位置。当存在多个时，返回第一个的索引位置；当不存在时，返回−1
lastIndexOf(Object obj)	用来获得指定对象的索引位置。当存在多个时，返回最后一个的索引位置；当不存在时，返回−1
listIterator()	用来获得一个包含所有对象的 ListIterator 型实例
listIterator(int index)	用来获得一个包含从指定索引位置到最后的 ListIterator 型实例
subList(int fromIndex, int toIndex)	通过截取从起始索引位置 fromIndex（包含）到终止索引位置 toIndex（不包含）的对象，重新生成一个 List 集合并返回

从表 9-2 可以看出，List 接口提供的适合于自身的常用方法均与索引有关，可以通过对象的索引操作对象。

List 接口的常用实现类有 ArrayList 和 LinkedList。在使用 List 集合时，通常情况下，声明为 List 类型；实例化时，根据实际情况的需要为 ArrayList 或 LinkedList。例如：

```
List<String> l = new ArrayList<String>();  // 利用 ArrayList 类实例化 List 集合
List<String> l2 = new LinkedList<String>(); // 利用 LinkedList 类实例化 List 集合
```

1. add(int index，Object obj) 方法和 set(int index，Object obj) 方法

在使用 List 集合时，需要注意区分 add(int index, Object obj) 方法和 set(int index, Object obj) 方法，前者是向集合的指定索引位置添加对象，而后者是替换集合的指定索引位置的对象，索引值从 0 开始。

【例 9-6】 测试 add(int index, Object obj)方法和 set(int index, Object obj)方法的区别。

```java
public static void main(String[] args) {
    String a = "A", b = "B", c = "C", d = "D", e = "E";
    List<String> list = new LinkedList<String>();
    list.add(a);
    list.add(e);
    list.add(d);
    list.set(1, b);                          // 将索引位置为1的对象e修改为对象b
    list.add(2, c);                          // 将对象c添加到索引位置为2的位置
    Iterator<String> it = list.iterator();
    while (it.hasNext()) {
        System.out.println(it.next());
    }
}
```

程序运行结果如图 9-8 所示，通过 set()方法将对象 b 添加到了对象 a 的后面，将对象 e 替换为了对象 c。

因为 List 集合可以通过索引位置访问对象，所以还可以通过 for 循环遍历 List 集合。例如，遍历上面代码中 List 集合的代码如下：

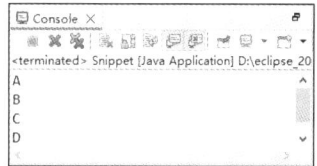

图 9-8 例 9-6 的运行结果

```java
for (int i = 0; i < list.size(); i++) {
    System.out.println(list.get(i));     // 利用get(int index)方法获得指定索引位置的对象
}
```

2. indexOf(Object obj)方法和lastIndexOf(Object obj)方法

在使用 List 集合时，需要注意区分 indexOf(Object obj)方法和 lastIndexOf(Object obj)方法，前者是获得指定对象的最小索引位置，而后者是获得指定对象的最大索引位置。这两个方法获得的索引位置不相同的前提条件是指定的对象在 List 集合中具有重复的对象。如果在 List 集合中有且仅有一个指定的对象，则通过这两个方法获得的索引位置是相同的。

【例 9-7】 测试 indexOf(Object obj)方法和 lastIndexOf(Object obj)方法的区别。

```java
public static void main(String[] args) {
    String a = "A", b = "B", c = "C", d = "D", repeat = "Repeat";
    List<String> list = new ArrayList<String>();
    list.add(a);                             // 索引位置为 0
    list.add(repeat);                        // 索引位置为 1
    list.add(b);                             // 索引位置为 2
    list.add(repeat);                        // 索引位置为 3
    list.add(c);                             // 索引位置为 4
    list.add(repeat);                        // 索引位置为 5
    list.add(d);                             // 索引位置为 6
    System.out.println(list.indexOf(repeat));
    System.out.println(list.lastIndexOf(repeat));
    System.out.println(list.indexOf(b));
    System.out.println(list.lastIndexOf(b));
}
```

程序运行结果如图 9-9 所示。

3. subList(int fromIndex, int toIndex)方法

使用 subList(int fromIndex, int toIndex)方法可以截取现有 List 集合中的部分对象，生成新的 List 集合。需要注意的是，

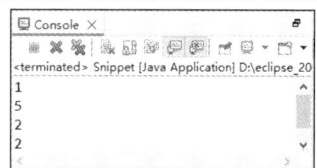

图 9-9 例 9-7 的运行结果

新生成的集合中包含起始索引位置的对象，但是不包含终止索引位置的对象。

【例 9-8】 使用 subList()方法。

```java
public static void main(String[] args) {
    String a = "A", b = "B", c = "C", d = "D", e = "E";
    List<String> list = new ArrayList<String>();
    list.add(a);                 // 索引位置为 0
    list.add(b);                 // 索引位置为 1
    list.add(c);                 // 索引位置为 2
    list.add(d);                 // 索引位置为 3
    list.add(e);                 // 索引位置为 4
    list = list.subList(1, 3);// 利用从索引位置 1~3 的对象重新生成一个 List 集合
    for (int i = 0; i < list.size(); i++) {
        System.out.println(list.get(i));
    }
}
```

程序运行结果如图 9-10 所示。

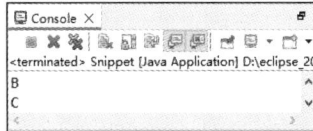

图 9-10　例 9-8 的运行结果

9.3.2　ArrayList 类

ArrayList 类实现了 List 接口，由 ArrayList 类实现的 List 集合采用数组结构保存对象。数组结构的优点是便于对集合进行快速的随机访问，如果经常需要根据索引位置访问集合中的对象，则应使用由 ArrayList 类实现的 List 集合。数组结构的缺点是向指定索引位置插入对象和删除指定索引位置对象的速度较慢。如果经常需要向 List 集合的指定索引位置插入对象，或者是删除 List 集合指定索引位置的对象，则不建议使用由 ArrayList 类实现的 List 集合。插入或删除对象的索引位置越小，效率越低，原因是当向指定的索引位置插入对象时，会同时将指定索引位置及之后的所有对象相应地向后移动一位，如图 9-11 所示；当删除指定索引位置的对象时，会同时将指定索引位置之后的所有对象相应地向前移动一位，如图 9-12 所示。如果在指定的索引位置之后有大量的对象，将严重影响对集合 List 的操作效率。

本小节微课

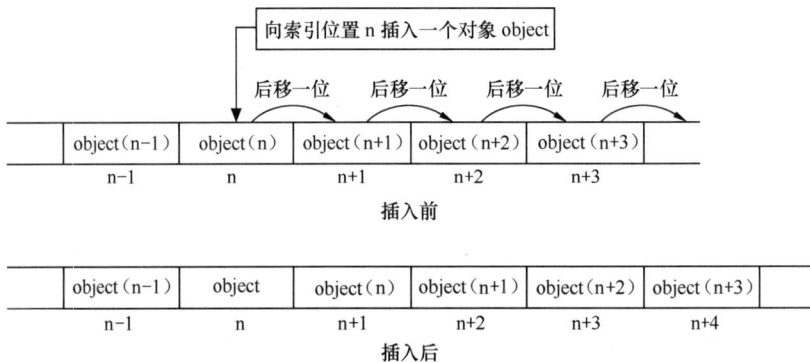

图 9-11　向由 ArrayList 类实现的 List 集合中插入对象

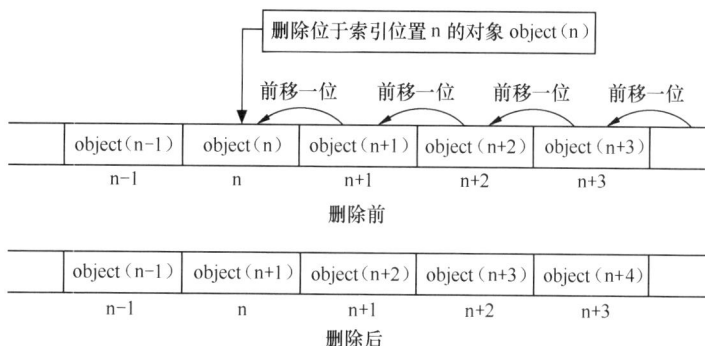

图 9-12 从由 ArrayList 类实现的 List 集合中删除对象

由于由 ArrayList 类实现的 List 集合在插入和删除对象时存在以上所述缺点，在例 9-6 中才没有利用 ArrayList 类实例化 List 集合。

【例 9-9】 编写一段代码，实现随机访问集合中的对象。

在编写该例子时，用到了 java.lang.Math 类的 random()方法。通过该方法可以得到一个小于 10 的 double 型随机数，将该随机数乘以 5 后再强制转换成整数，可得到一个 0～4 的整数，并访问由 ArrayList 类实现的 List 集合中该索引位置的对象。其代码如下：

```java
public static void main(String[] args) {
    String a = "A", b = "B", c = "C", d = "D", e = "E";
    List<String> list = new ArrayList<String>();
    list.add(a);      // 索引位置为 0
    list.add(b);      // 索引位置为 1
    list.add(c);      // 索引位置为 2
    list.add(d);      // 索引位置为 3
    list.add(e);      // 索引位置为 4
    System.out.println(list.get((int) (Math.random() * 5)));// 模拟随机访问集合中的对象
}
```

执行上面的代码，当得到 0～4 的随机数为 1 时，在控制台将输出 "B"；当得到 0～4 的随机数为 3 时，在控制台将输出 "D"，依此类推。

【例 9-10】 在企业进销存管理系统的进货-退货窗体中，把被启用的经手人信息存储在 List 集合中。

```java
private JComboBox getJsrComboBox() {
    if (jsr == null) {                            // 如果"经手人"下拉列表不存在
        jsr = new JComboBox();                    // 创建"经手人"下拉列表
        List<List> czyList = Dao.getJsrs();       // 获得被启用的经手人集合
        for (List<String> list : czyList) {       // 遍历被启用的经手人集合
            String id = list.get(0);              // 经手人编号
            String name = list.get(1);            // 经手人姓名
            Item item = new Item(id, name);       // 数据表公共类
            item.setId(id + "");                  // 编号属性
            item.setName(name);                   // 名称信息
            jsr.addItem(item);                    // 向"经手人"下拉列表中添加经手人
        }
    }
    return jsr;
}
```

程序运行结果如图 9-13 所示。

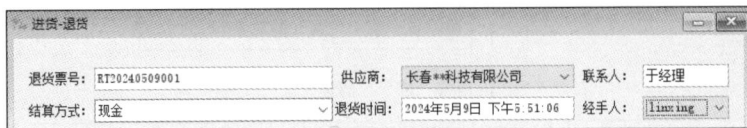

图 9-13 例 9-10 的运行结果

9.3.3 LinkedList 类

LinkedList 类实现了 List 接口，由 LinkedList 类实现的 List 集合采用链表结构保存对象。链表结构的优点是便于向集合中插入和删除对象，如果经常需要向集合中插入对象或者从集合中删除对象，则应该使用由 LinkedList 类实现的 List 集合；链表结构的缺点是随机访问对象的速度较慢，如果经常需要随机访问集合中的对象，则不建议使用由 LinkedList 类实现的 List 集合。由 LinkedList 类实现的 List 集合便于插入和删除对象的原因是当插入和删除对象时，只需要简单地修改链接位置，分别如图 9-14 和图 9-15 所示，省去了移动对象的操作。

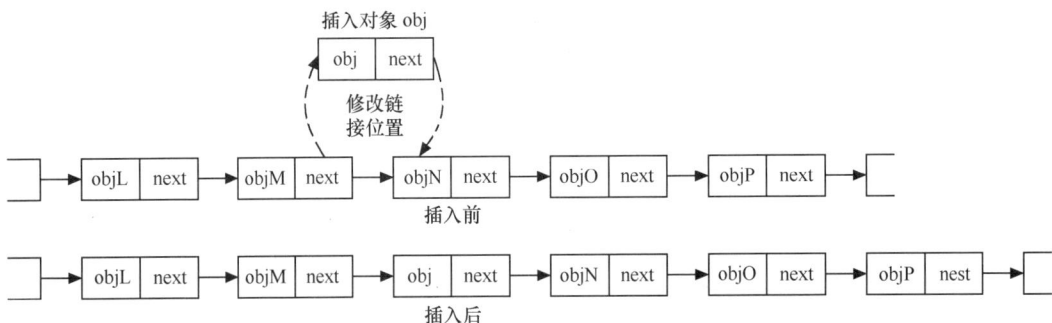

本小节微课

图 9-14 向由 LinkedList 类实现的 List 集合中插入对象

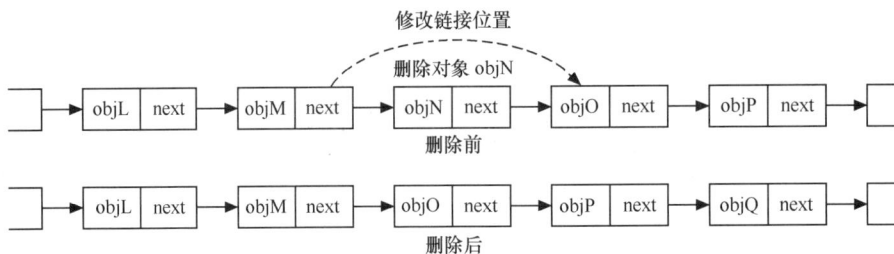

图 9-15 从由 LinkedList 类实现的 List 集合中删除对象

LinkedList 类还根据采用链表结构保存对象的特点，提供了几个专有的操作集合的方法，如表 9-3 所示。

表 9-3 LinkedList 类定义的常用方法及功能

方法名称	功能描述
addFirst(E obj)	将指定对象插入集合的开头
addLast(E obj)	将指定对象插入集合的结尾
getFirst()	获得集合开头的对象
getLast()	获得集合结尾的对象
removeFirst()	移除集合开头的对象
removeLast()	移除集合结尾的对象

下面以操作由 LinkedList 类实现的 List 集合的开头对象为例，介绍表 9-3 中几个方法的使用规则及实现的功能。

【例 9-11】 使用 LinkedList 类。

在该例中首先通过 getFirst()方法获得 List 集合的开头对象并输出，然后通过 addFirst(E obj)方法向 List 集合的开头添加一个对象，接着再次通过 getFirst()方法获得 List 集合的开头对象并输出，紧跟着通过 removeFirst()方法移除 List 集合中的开头对象，最后再次通过 getFirst()方法获得 List 集合的开头对象并输出。其代码如下：

```java
public static void main(String[] args) {
    String a = "A", b = "B", c = "C", test = "Test";
    LinkedList<String> list = new LinkedList<String>();
    list.add(a);                            // 索引位置为 0
    list.add(b);                            // 索引位置为 1
    list.add(c);                            // 索引位置为 2
    System.out.println(list.getFirst());    // 获得并输出集合开头的对象
    list.addFirst(test);                    // 向集合开头添加一个对象
    System.out.println(list.getFirst());    // 获得并输出集合开头的对象
    list.removeFirst();                     // 移除集合开头的对象
    System.out.println(list.getFirst());    // 获得并输出集合开头的对象
}
```

程序运行结果如图 9-16 所示。

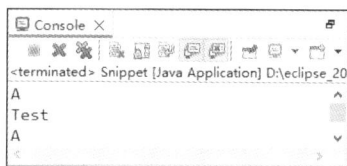

图 9-16 例 9-11 的运行结果

9.4 Set 集合

本节微课

Set 集合为集类型。集是极其简单的集合之一，存放于集中的对象不按特定方式排序，只是简单地把对象加入集合中，类似于向口袋里放东西。对集中存放的对象的访问和操作是通过对象的引用进行的，所以在集中不能存放重复对象。Set 集合包括 Set 接口以及 Set 接口的所有实现类。因为 Set 接口实现了 Collection 接口，所以 Set 接口拥有 Collection 接口提供的所有常用方法。

9.4.1 HashSet 类

由 HashSet 类实现的 Set 集合的优点是能够快速定位集合中的元素。

由 HashSet 类实现的 Set 集合中的对象必须是唯一的，所以添加到由 HashSet 类实现的 Set 集合中的对象需要重新实现 equals()方法，从而保证插入集合中对象标识的唯一性。

由 HashSet 类实现的 Set 集合按照哈希码排序，根据对象的哈希码确定对象的存储位置，所以添加到由 HashSet 类实现的 Set 集合中的对象还需要重新实现 hashCode()方法，从而保证插入集合中的对象能够合理地分布在集合中，以便于快速定位集合中的对象。

Set 集合中的对象是无序的（这里所谓的无序并不是完全无序，只是不像 List 集合那样按对象的插入顺序保存对象），如例 9-12，遍历集合输出对象的顺序与向集合插入对象的顺序并不相同。

【例 9-12】 使用 HashSet 类。

首先新建一个 Person 类，该类需要重新实现 equals(Object obj)方法和 hashCode()方法，以保证对象标识的唯一性和存储分布的合理性，代码如下：

```java
public class Person {
    private String name;
    private long id_card;
    public Person(String name, long id_card) {
        this.name = name;
        this.id_card = id_card;
    }
    public long getId_card() {
        return id_card;
    }
    public void setId_card(long id_card) {
        this.id_card = id_card;
    }
    public String getName() {
        return name;
    }
    public void setName(String name) {
        this.name = name;
    }
    public int hashCode() {                          // 实现 hashCode()方法
        final int PRIME = 31;
        int result = 1;
        result = PRIME * result + (int) (id_card ^ (id_card >>> 32));
        result = PRIME * result + ((name == null) ? 0 : name.hashCode());
        return result;
    }
    public boolean equals(Object obj) {              // 实现 equals()方法
        if (this == obj)
            return true;
        if (obj == null)
            return false;
        if (getClass() != obj.getClass())
            return false;
        final Person other = (Person) obj;
        if (id_card != other.id_card)
            return false;
        if (name == null) {
            if (other.name != null)
                return false;
        } else if (!name.equals(other.name))
            return false;
        return true;
    }
}
```

编写一个用来测试的 main()方法，初始化 Set 集合并遍历输出到控制台，代码如下：

```java
public static void main(String[] args) {
    Set<Person> hashSet = new HashSet<Person>();
    hashSet.add(new Person("马先生", 220181));
    hashSet.add(new Person("李先生", 220186));
    hashSet.add(new Person("王小姐", 220193));
    Iterator<Person> it = hashSet.iterator();
```

```
    while (it.hasNext()) {
        Person person = it.next();
        System.out.println(person.getName() + "  " + person.getId_card());
    }
}
```

程序运行结果如图 9-17 所示。

如果既想保留 HashSet 类快速定位集合中对象的优点，又想让集合中的对象按插入的顺序保存，可以通过 HashSet 类的子类 LinkedHashSet 实现 Set 集合，即将 Person 类中的如下代码：

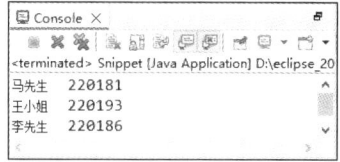

图 9-17 例 9-12 的运行结果

```
Set<Person> hashSet = new HashSet<Person>();
```

替换为如下代码：

```
Set<Person> hashSet = new LinkedHashSet<Person>();
```

9.4.2 TreeSet 类

TreeSet 类不仅实现了 Set 接口，还实现了 java.util.SortedSet 接口，从而保证在遍历集合时按照递增的顺序获得对象。递增排列对象的方式有两种：一种是按照自然顺序递增排列，所以存入由 TreeSet 类实现的 Set 集合的对象时必须实现 Comparable 接口；另一种是按照指定比较器递增排列，即可以通过比较器对由 TreeSet 类实现的 Set 集合中的对象进行排序。

TreeSet 类实现 java.util.SortedSet 接口的方法如表 9-4 所示。

表 9-4 TreeSet 类实现 java.util.SortedSet 接口的方法

方法名称	功能描述
comparator()	获得对该集合采用的比较器。返回值为 Comparator 类型，如果未采用任何比较器则返回 null
first()	返回在集合中排序为第一的对象
last()	返回在集合中排序为最后的对象
headSet(E toElement)	截取在集合中排序位于对象 toElement（不包含）之前的所有对象，重新生成一个 Set 集合并返回
subSet(E fromElement, E toElement)	截取在集合中排序位于对象 fromElement（包含）和对象 toElement（不包含）之间的所有对象，重新生成一个 Set 集合并返回
tailSet(E fromElement)	截取在集合中排序位于对象 toElement（包含）之后的所有对象，重新生成一个 Set 集合并返回

下面将通过一个例子，详细介绍表 9-4 中比较难以理解的 headSet()、subSet() 和 tailSet() 3 个方法，以及在使用时需要注意的事项。

【例 9-13】 使用 TreeSet 类。

首先新建一个 Person 类，由 TreeSet 类实现的 Set 集合要求该类必须实现 java.lang. Comparable 接口，这里实现的排序方式为按编号升序排列，代码如下：

```
public class Person implements Comparable {
    private String name;
    private long id_card;
    public Person(String name, long id_card) {
        this.name = name;
```

```
        this.id_card = id_card;
    }
    public long getId_card() {
        return id_card;
    }
    public void setId_card(long id_card) {
        this.id_card = id_card;
    }
    public String getName() {
        return name;
    }
    public void setName(String name) {
        this.name = name;
    }
    public int compareTo(Object o) {                    // 默认按编号升序排序
        Person person = (Person) o;
        int result = id_card > person.id_card ? 1
                : (id_card == person.id_card ? 0 : -1);
        return result;
    }
}
```

然后编写一个用来测试的 main()方法。在 main()方法中首先初始化一个集合，并对集合进行遍历；然后通过 headSet()方法截取集合前面的部分对象得到一个新的集合，并遍历新的集合（注意：在新集合中不包含指定的对象）；接着通过 subSet()方法截取集合中间的部分对象得到一个新的集合，并遍历新的集合（注意：在新集合中包含指定的起始对象，但是不包含指定的终止对象）；最后通过 tailSet()方法截取集合后面的部分对象得到一个新的集合，并遍历新的集合（注意：在新集合中包含指定的对象）。main()方法的关键代码如下：

```
public static void main(String[] args) {
    Person person1 = new Person("马先生", 220181);
    Person person2 = new Person("李先生", 220186);
    Person person3 = new Person("王小姐", 220193);
    Person person4 = new Person("尹先生", 220196);
    Person person5 = new Person("王先生", 220175);
    TreeSet<Person> treeSet = new TreeSet<Person>();
    treeSet.add(person1);
    treeSet.add(person2);
    treeSet.add(person3);
    treeSet.add(person4);
    treeSet.add(person5);
    System.out.println("初始化的集合：");
    Iterator<Person> it = treeSet.iterator();
    while (it.hasNext()) {                              // 遍历集合
        Person person = it.next();
        System.out.println("------ " + person.getId_card() + "  " + person.getName());
    }
    System.out.println("截取前面部分得到的集合：");
    it = treeSet.headSet(person1).iterator();    // 截取在集合中排在马先生（不包括）之前的人
    while (it.hasNext()) {
        Person person = it.next();
        System.out.println("------ " + person.getId_card() + "  " + person.getName());
    }
    System.out.println("截取中间部分得到的集合：");
    // 截取在集合中排在马先生（包括）和王小姐（不包括）之间的人
    it = treeSet.subSet(person1, person3).iterator();
    while (it.hasNext()) {
```

```
        Person person = it.next();
        System.out.println("------ " + person.getId_card() + "  " + person.getName());
    }
    System.out.println("截取后面部分得到的集合: ");
    it = treeSet.tailSet(person3).iterator(); // 截取在集合中排在王小姐（包括）之后的人
    while (it.hasNext()) {
        Person person = it.next();
        System.out.println("------ " + person.getId_card() + "  " + person.getName());
    }
}
```

程序运行结果如图 9-18 所示。

图 9-18　例 9-13 的运行结果

📖 **说明：** 在通过 headSet()、subSet() 和 tailSet() 方法截取现有集合中的部分对象生成新的集合时，要确定在新的集合中是否包含指定的对象，可以采用如下方式：如果指定的对象位于新集合的起始位置，则包含该指定对象，如 subSet() 方法的第一个参数和 tailSet() 方法的参数；如果指定的对象位于新集合的终止位置，则不包含该指定对象，如 headSet() 方法的参数和 subSet() 方法的第二个参数。

9.5　Map 集合

Map 集合为映射类型，映射与集和列表有明显的区别，映射中的每个对象都是成对存在的。映射中存储的每个对象都有一个相应的键（key）对象，在检索对象时必须通过相应的键对象来获取值（value）对象，类似于在字典中查找单词，所以要求键对象必须是唯一的。键对象还决定了对象在映射中的存储位置，但并不是键对象本身决定的，需要通过一种散列技术进行处理，从而产生一个被称为散列码的整数值。散列码通常用作偏置量，该偏置量是相对于分配给映射的内存区域的起始位置的，由此确定对象在映射中的存储位置。理想情况下，通过散列技术得到的散列码应该是在给定范围内均匀分布的整数值，并且每个键对象都应得到不同的散列码。

9.5.1　Map 集合的用法

Map 集合包括 Map 接口以及 Map 接口的所有实现类。由 Map 接口定义的常用方法及功能如表 9-5 所示。

本小节微课

表 9-5 由 Map 接口定义的常用方法及功能

方法名称	功能描述
put(K key, V value)	向集合中添加指定的键-值映射关系
putAll(Map<? extends K, ? extends V> t)	将指定集合中的所有键-值映射关系添加到该集合中
containsKey(Object key)	如果存在指定键的映射关系,则返回 true,否则返回 false
containsValue(Object value)	如果存在指定值的映射关系,则返回 true,否则返回 false
get(Object key)	如果存在指定的键对象,则返回与该键对象对应的值对象,否则返回 null
keySet()	将该集合中的所有键对象以 Set 集合的形式返回
values()	将该集合中的所有值对象以 Collection 集合的形式返回
remove(Object key)	如果存在指定的键对象,则移除该键对象的映射关系,并返回与该键对象对应的值对象,否则返回 null
clear()	移除集合中所有的映射关系
isEmpty()	查看集合中是否包含键-值映射关系,如果包含则返回 true,否则返回 false
size()	查看集合中包含键-值映射关系的个数,返回值为 int 型
equals(Object obj)	查看指定的对象与该对象是否为同一个对象。返回值为 boolean 型,如果为同一个对象则返回 true,否则返回 false

Map 接口的常用实现类有 HashMap 和 TreeMap。HashMap 通过哈希码对其内部的映射关系进行快速查找,而 TreeMap 中的映射关系存在一定的顺序。如果希望在遍历集合时是有序的,则应该使用由 TreeMap 类实现的 Map 集合,否则建议使用由 HashMap 类实现的 Map 集合,因为由 HashMap 类实现的 Map 集合对于添加和删除映射关系更高效。

Map 集合允许值对象为 null,并且没有个数限制。当 get()方法的返回值为 null 时,可能有两种情况,一种是在集合中没有该键对象,另一种是该键对象没有映射任何值对象,即值对象为 null。因此,在 Map 集合中不应该利用 get()方法来判断是否存在某个键,而应该利用 containsKey()方法来判断。

【例 9-14】 get()和 containsKey()方法的区别。

首先创建一个由 HashMap 类实现的 Map 集合,并依次向 Map 集合中添加一个值对象为 null 和"马先生"的映射;然后分别通过 get()和 containsKey()方法执行这两个键对象;最后执行一个不存在的键对象。其关键代码如下:

```java
public static void main(String[] args) {
    Map<Integer, String> map = new HashMap<Integer, String>();
    map.put(220180, null);
    map.put(220181, "马先生");
    System.out.println("get()方法的返回结果: ");
    System.out.print("------ " + map.get(220180));
    System.out.print("   " + map.get(220181));
    System.out.println("   " + map.get(220182));
    System.out.println("containsKey()方法的返回结果: ");
    System.out.print("------ " + map.containsKey(220180));
    System.out.print("   " + map.containsKey(220181));
    System.out.println("   " + map.containsKey(220182));
}
```

程序运行结果如图 9-19 所示。

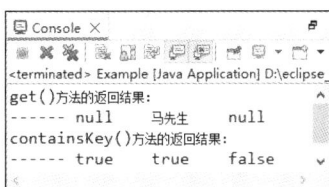

图 9-19 例 9-14 的运行结果

9.5.2 HashMap 类

HashMap 类实现了 Map 接口，由 HashMap 类实现的 Map 集合允许以 null 作为键对象，但是因为键对象不可以重复，所以这样的键对象只能有一个。如果经常需要添加、删除和定位映射关系，建议利用 HashMap 类实现 Map 集合，不过在遍历集合时得到的映射关系是无序的。

本小节微课

在使用由 HashMap 类实现的 Map 集合时，需要重写作为主键对象类的 hashCode()方法。在重写 hashCode()方法时，有以下两条基本原则。

（1）不唯一原则：不必为每个对象生成一个唯一的哈希码，只要通过 hashCode()方法生成的哈希码能够利用 get()方法得到 put()方法添加的映射关系即可。

（2）分散原则：生成哈希码的算法应尽量使哈希码的值分散一些，不要很多哈希码值都集中在一个范围内，这样有利于提高由 HashMap 类实现的 Map 集合的性能。

【例 9-15】 利用 HashMap 类实现 Map 集合。

首先新建一个作为键对象的类 PK_person，代码如下：

```java
public class PK_person {
    private String prefix;              // 主键前缀
    private int number;                 // 主键编号
    public String getPrefix() {
        return prefix;
    }
    public void setPrefix(String prefix) {
        this.prefix = prefix;
    }
    public int getNumber() {
        return number;
    }
    public void setNumber(int number) {
        this.number = number;
    }
    public String getPk() {
        return this.prefix + "_" + this.number;
    }
    public void setPk(String pk) {
        int i = pk.indexOf("_");
        this.prefix = pk.substring(0, i);
        this.number = new Integer(pk.substring(i));
    }
}
```

然后新建一个 Person 类，代码如下：

```java
public class Person {
    private String name;
    private PK_person number;
    public Person(PK_person number, String name) {
```

```
        this.number = number;
        this.name = name;
    }
    public String getName() {
        return name;
    }
    public void setName(String name) {
        this.name = name;
    }
    public PK_person getNumber() {
        return number;
    }
    public void setNumber(PK_person number) {
        this.number = number;
    }
}
```

最后新建一个测试的 main()方法。该方法首先新建一个 Map 集合，并添加一个映射关系；然后新建一个内容完全相同的键对象，并根据该键对象通过 get()方法获得相应的值对象；最后判断是否得到相应的值对象，并输出相应的信息。其完整代码如下：

```
public static void main(String[] args) {
    Map<PK_person, Person> map = new HashMap<PK_person, Person>();
    PK_person pk_person = new PK_person();              // 新建键对象
    pk_person.setPrefix("MR");
    pk_person.setNumber(220181);
    map.put(pk_person, new Person(pk_person, "马先生"));  // 初始化集合
    PK_person pk_person2 = new PK_person();    // 新建键对象,内容与上述键对象的内容完全相同
    pk_person2.setPrefix("MR");
    pk_person2.setNumber(220181);
    Person person2 = map.get(pk_person2);               // 获得指定键对象映射的值对象
    if (person2 == null)                                // 未得到相应的值对象
        System.out.println("该键对象不存在! ");
    else                                                // 得到相应的值对象
        System.out.println(person2.getNumber().getNumber() + "  "
                + person2.getName());
}
```

运行上述代码，在控制台将输出"该键对象不存在!"，即在集合中不存在该键对象。这是因为在 PK_person 类中没有重写 java.lang.Object 类的 hashCode()和 equals()方法，equals()方法默认比较两个对象的地址，所以即使这两个键对象的内容完全相同，也不认为是同一个对象。重写后的 hashCode()和 equals()方法的完整代码如下：

```
public int hashCode() {                                 // 重写 hashCode()方法
    return number + prefix.hashCode();
}
public boolean equals(Object obj) {                     // 重写 equals()方法
    if (obj == null)                                    // 是否为 null
        return false;
    if (getClass() != obj.getClass())                   // 是否为同一类型的实例
        return false;
    if (this == obj)                                    // 是否为同一个实例
        return true;
    final PK_person other = (PK_person) obj;
    if (this.hashCode() != other.hashCode())            // 判断哈希码是否相等
        return false;
    return true;
}
```

重写 PK_person 类的 hashCode()和 equals()方法后，再次运行代码，结果如图 9-20 所示。

图 9-20 例 9-15 的运行结果

9.5.3 TreeMap 类

TreeMap 类不仅实现了 Map 接口，还实现了 Map 接口的子接口 java.util.SortedMap。由 TreeMap 类实现的 Map 集合不允许键对象为 null，因为集合中的映射关系是根据键对象按照一定顺序排列的。TreeMap 类实现 java.util.SortedMap 接口的方法如表 9-6 所示。

本小节微课

表 9-6 TreeMap 类实现 java.util.SortedMap 接口的方法

方法名称	功能描述
comparator()	获得对该集合采用的比较器。返回值为 Comparator 类型，如果未采用任何比较器则返回 null
firstKey()	返回在集合中排序是第一位的键对象
lastKey()	返回在集合中排序是最后一位的键对象
headMap(K toKey)	截取在集合中排序是键对象 toKey（不包含）之前的所有映射关系，重新生成一个 SortedMap 集合并返回
subMap(K fromKey, K toKey)	截取在集合中排序是键对象 fromKey（包含）和 toKey（不包含）之间的所有映射关系，重新生成一个 SortedMap 集合并返回
tailMap(K fromKey)	截取在集合中排序是键对象 fromKey（包含）之后的所有映射关系，重新生成一个 SortedMap 集合并返回

在添加、删除和定位映射关系上，TreeMap 类要比 HashMap 类的性能差一些。如果不需要一个有序的集合，则建议使用 HashMap 类；如果集合需要进行有序的遍历输出，则建议使用 TreeMap 类。一般情况下，可以先使用 HashMap 类实现 Map 集合，在需要顺序输出时，再创建一个具有完全相同映射关系的 TreeMap 类的 Map 集合。

【例 9-16】 使用 TreeMap 类。

首先利用 HashMap 类实现一个 Map 集合，初始化并遍历；然后利用 TreeMap 类实现一个 Map 集合，初始化并遍历，默认按键对象升序排列；最后利用 TreeMap 类实现一个 Map 集合，初始化为按键对象降序排列，实现方式为将 Collections.reverseOrder()作为构造方法 TreeMap (Comparator c)的参数，即与默认排序方式相反。其代码如下：

```
public static void main(String[] args) {
    Person person1 = new Person("马先生", 220181);
    Person person2 = new Person("李先生", 220193);
    Person person3 = new Person("王小姐", 220186);
    Map<Number, Person> map = new HashMap<Number, Person>();
    map.put(person1.getId_card(), person1);
    map.put(person2.getId_card(), person2);
    map.put(person3.getId_card(), person3);
    System.out.println("由 HashMap 类实现的 Map 集合，无序：");
    for (Iterator<Number> it = map.keySet().iterator(); it.hasNext();) {
        Person person = map.get(it.next());
```

```
        System.out.println(person.getId_card() + " " + person.getName());
    }
    System.out.println("由 TreeMap 类实现的 Map 集合，键对象升序：");
    TreeMap<Number, Person> treeMap = new TreeMap<Number, Person>();
    treeMap.putAll(map);
    for (Iterator<Number> it = treeMap.keySet().iterator(); it.hasNext();) {
        Person person = treeMap.get(it.next());
        System.out.println(person.getId_card() + " " + person.getName());
    }
    System.out.println("由 TreeMap 类实现的 Map 集合，键对象降序：");
    TreeMap<Number, Person> treeMap2 = new TreeMap<Number, Person>(
            Collections.reverseOrder());              // 初始化为反转排序
    treeMap2.putAll(map);
    for (Iterator it = treeMap2.keySet().iterator(); it.hasNext();) {
        Person person = (Person) treeMap2.get(it.next());
        System.out.println(person.getId_card() + " " + person.getName());
    }
}
```

程序运行结果如图 9-21 所示。

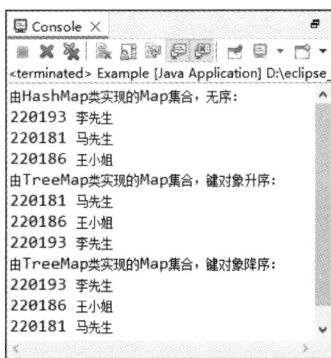

图 9-21　例 9-16 的运行结果

9.6 借助 AIGC 工具编写实例

本章分别介绍了 List 集合、Set 集合和 Map 集合的常用实现类及其基本用法，下面将使用 AIGC 工具编写以下实例，进一步学习 LinkedList 类和 TreeSet 类。

9.6.1　使用 LinkedList 类自定义比较器

以下是与 AIGC 工具对话示例。

【问题】

Java 使用 LinkedList 类自定义比较器。

【AIGC 工具建议】

在 Java 中，LinkedList 类是一个实现了 List 接口的双向链表。它允许存储重复的元素，并且可以包含 null 元素。默认情况下，LinkedList 按照元素的自然顺序进行排序，但你也可以自定义比较器来改变排序方式。要使用自定义比较器，你可以创建一个实现 Comparator 接口的类，并将其传递给 Collections.sort()方法或在创建 LinkedList 时指定比较器。以下是使用 LinkedList 类自定义比较器的示例。

首先，定义一个实体类，比如 Person，它有多个属性，我们将根据这些属性来排序。

```java
public class Person {
    private String name;
    private int age;
    public Person(String name, int age) {
        this.name = name;
        this.age = age;
    }
    public String getName() {
        return name;
    }

    public int getAge() {
        return age;
    }
    @Override
    public String toString() {
        return "Person{" + "name='" + name + '\'' + ", age=" + age + '}';
    }
}
```

然后，创建一个实现了 Comparator 接口的类，用于定义排序规则。例如，可以按年龄排序。

```java
import java.util.Comparator;
public class AgeComparator implements Comparator<Person> {
    @Override
    public int compare(Person p1, Person p2) {
        return Integer.compare(p1.getAge(), p2.getAge());
    }
}
```

最后，你可以在 LinkedList 中使用这个比较器来排序元素。

```java
import java.util.Collections;
import java.util.LinkedList;
public class Main {
    public static void main(String[] args) {
        LinkedList<Person> people = new LinkedList<>();
        people.add(new Person("Alice", 22));
        people.add(new Person("Bob", 18));
        people.add(new Person("Charlie", 25));
        System.out.println("Before sorting:");
        for (Person person : people) {
            System.out.println(person);
        }
        // 使用自定义比较器排序
        Collections.sort(people, new AgeComparator());
        System.out.println("\nAfter sorting by age:");
        for (Person person : people) {
            System.out.println(person);
        }
    }
}
```

【运行结果】

```
Before sorting:
Person{name='Alice', age=22}
Person{name='Bob', age=18}
Person{name='Charlie', age=25}

After sorting by age:
```

```
Person{name='Bob', age=18}
Person{name='Alice', age=22}
Person{name='Charlie', age=25}
```

上述代码创建了一个 LinkedList，添加了几个 Person 对象，并使用 Collections.sort()方法和 AgeComparator 对列表进行排序。输出将显示按年龄排序的人员列表。

9.6.2　使用 TreeSet 类实现优先级队列

以下是与 AIGC 工具对话示例。

【问题】

Java 使用 LinkedList 类自定义比较器。

【AIGC 工具建议】

在 Java 中，TreeSet 可以用于实现优先级队列。优先级队列是一种数据结构，其中每个元素都有一个优先级，并且每次从队列中取出的元素都是具有最高优先级的元素。以下是使用 TreeSet 实现优先级队列的示例。

首先，我们需要定义一个带有优先级的元素类，并实现 Comparable 接口，以便 TreeSet 能够根据优先级进行排序。

```java
class PriorityElement implements Comparable<PriorityElement> {
    private int priority;
    private String value;
    public PriorityElement(int priority, String value) {
        this.priority = priority;
        this.value = value;
    }
    public int getPriority() {
        return priority;
    }
    public String getValue() {
        return value;
    }
    @Override
    public int compareTo(PriorityElement other) {
        // 优先级高的排在前面
        return Integer.compare(other.priority, this.priority);
    }
    @Override
    public String toString() {
        return "PriorityElement{" + "priority=" + priority +
                ", value='" + value + '\'' + '}';
    }
}
```

然后，我们使用 TreeSet 来实现优先级队列，并提供插入和取出最高优先级元素的方法。

```java
import java.util.TreeSet;
public class PriorityQueue {
    private TreeSet<PriorityElement> queue;
    public PriorityQueue() {
        this.queue = new TreeSet<>();
    }
    public void add(int priority, String value) {
        queue.add(new PriorityElement(priority, value));
    }
    public PriorityElement poll() {
        return queue.pollFirst(); // 取出并移除第一个元素（即优先级最高的元素）
    }
}
```

```
public PriorityElement peek() {
    return queue.first(); // 仅查看第一个元素（即优先级最高的元素）
}
public boolean isEmpty() {
    return queue.isEmpty();
}
public static void main(String[] args) {
    PriorityQueue pq = new PriorityQueue();
    pq.add(5, "Task A");
    pq.add(1, "Task B");
    pq.add(3, "Task C");
    pq.add(4, "Task D");
    pq.add(2, "Task E");
    while (!pq.isEmpty()) {
        System.out.println(pq.poll());
    }
}
```

【运行结果】

```
PriorityElement{priority=5, value='Task A'}
PriorityElement{priority=4, value='Task D'}
PriorityElement{priority=3, value='Task C'}
PriorityElement{priority=2, value='Task E'}
PriorityElement{priority=1, value='Task B'}
```

小结

本章详细介绍了 3 种 Java 常用的集合，重点区分了 List 集合与 Set 集合的区别，List 集合、Set 集合与 Map 集合的区别，以及每种集合常用实现类的使用方法和需要注意的事项，还介绍了如何实现对部分集合中的对象进行排序。

本章的每一个知识点都给出了一个实用的例子，读者通过这些例子可以知道如何使用该集合类；同时，通过对比每个例子的运行结果，可以从中找出各个集合类的区别与特点。

习题

9-1　下面哪些可以存储重复元素？

（1）List 集合。

（2）Set 集合。

（3）Map 集合。

（4）Collection 接口。

9-2　能否将 null 值插入 Set 集合中？

9-3　如果需要在一个数据库中存储多个数据元素，而且数据元素不能重复，在查询时没有优先级，应该采用哪个类或接口存储这些元素？

第10章 Java 输入与输出

使用 Java 语言提供的输入/输出（input/output，I/O）处理功能，可以实现对文件的读写、网络数据传输等操作。利用 I/O 处理技术，可以将数据保存到文本文件、二进制文件甚至是 ZIP 压缩文件中，以达到永久保存数据的目的。

本章要点：

- 了解 File 类及常用方法
- 了解流的概念
- 掌握字节流的使用方法
- 掌握字符流的使用方法
- 了解对象序列化技术

10.1 File 类

本节微课

File 类是一个与流无关的类。File 类的对象可以获取文件及文件所在的目录、文件的长度等信息。一个 File 对象的常用构造方法有以下 3 种。

（1）File(String pathname)：通过指定的文件路径字符串创建一个新 File 实例对象。其语法格式如下：

```
new File(pathname);
```

pathname：文件路径字符串，包括文件名称，就是将一个代表路径的字符串转换为抽象的路径。

（2）File(String path,String filename)：根据指定的父路径字符串和子路径字符串（包括文件名称）创建 File 类的实例对象。其语法格式如下：

```
new File(path, filename);
```

path：父路径字符串。

filename：子路径字符串，不能为空。

（3）File(File file,String filename)：根据指定的 File 类的父路径和字符串类型的子路径（包括文件名称）创建 File 类的实例对象。其语法格式如下：

```
new File(file,filename);
```

file：父路径对象。

filename：子路径字符串。

File 类包含文件和文件夹的多种属性和操作方法，常用的方法如表 10-1 所示。

表 10-1　File 类常用的方法

方法名称	功能描述
getName()	获取文件的名字
getParent()	获取文件的父路径字符串
getPath()	获取文件的相对路径字符串
getAbsolutePath()	获取文件的绝对路径字符串
exists()	判断文件或文件夹是否存在
canRead()	判断文件是否可读
isFile()	判断文件是否是一个正常的文件，而不是目录
canWrite()	判断文件是否可被写入
idDirectory()	判断是不是文件夹类型
isAbsolute()	判断是不是绝对路径
isHidden()	判断文件是否是隐藏文件
delete()	删除文件或文件夹，如果删除成功，则返回结果为 true
mkdir()	创建文件夹，如果创建成功，则返回结果为 true
mkdirs()	创建路径中包含的所有父文件夹和子文件夹，如果所有父文件夹和子文件夹都成功创建，则返回结果为 true
createNewFile()	创建一个新文件
length()	获取文件的长度
lastModified()	获取文件的最后修改日期

【例 10-1】　在 D 盘下新建一个"Example1.txt"文件，使用 File 类获取文件信息。

```java
import java.io.File;
public class Example1{
    public static void main(String[] args) {
        File file = new File("D:\\","Example1.txt");        // 创建文件对象
        System.out.println("文件名称: "+file.getName());        // 输出文件属性
        System.out.println("文件是否存在: "+file.exists());
        System.out.println("文件的相对路径: "+file.getPath());
        System.out.println("文件的绝对路径: "+file.getAbsolutePath());
        System.out.println("文件可以读取: "+file.canRead());
        System.out.println("文件可以写入: "+file.canWrite());
        System.out.println("文件大小: "+file.length()+"B");
    }
}
```

程序运行结果如图 10-1 所示。

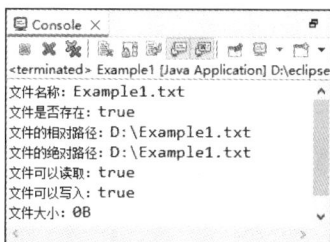

图 10-1　例 10-1 的运行结果

⚠️注意：创建一个 File 类的对象时，如果其代表的文件不存在，系统不会自动创建，必须要调用 createNewFile()方法创建。

【例 10-2】 在企业进销存管理系统的数据库备份与恢复窗体中单击"恢复"按钮，先读取数据库备份文件，再恢复数据库中的数据。

```java
private JButton getRestoreButton() {                        // "恢复"按钮
    if (restoreButton == null) {                            // "恢复"按钮不存在
        restoreButton = new JButton();                      // 创建"恢复"按钮
        restoreButton.setText("恢复(R)");                    // 设置"恢复"按钮中的文本内容
        restoreButton.setMnemonic(KeyEvent.VK_R);           // 设置"恢复"按钮的键盘助记符为 R
        // 为"恢复"按钮添加动作事件的监听
        restoreButton.addActionListener(new java.awt.event.ActionListener() {
            public void actionPerformed(java.awt.event.ActionEvent e) {
                // 获得"数据库恢复"文本框中的路径
                String path = restoreTextField.getText();
                if(path==null||path.isEmpty())              // 路径不存在或路径下没有文件
                    return;// 退出应用程序
                File restoreFile=new File(path);            // 根据路径创建文件对象
                restoreFile.getAbsolutePath();              // 获得文件对象的绝对路径
                try {
                    Dao.restore(restoreFile.getAbsolutePath());// 数据库恢复
                } catch (Exception e1) {
                    e1.printStackTrace();                   // 输出异常信息
                    String message = e1.getMessage(); // 获得全部异常信息
                    // 获得"]"在异常信息中最后一次出现处的索引
                    int index = message.lastIndexOf(']');
                    // 获得最后一次出现']'后的异常信息
                    message=message.substring(index+1);
                    // 弹出异常信息提示框
                    JOptionPane.showMessageDialog
                            (BackupAndRestore.this, message);
                    return;// 退出应用程序
                }
                // 弹出"恢复成功"提示框
                JOptionPane.showMessageDialog(BackupAndRestore.this, "恢复成功");
            }
        });
    }
    return restoreButton;// 返回"恢复"按钮
}
```

程序运行结果如图 10-2 所示。

图 10-2 例 10-2 的运行结果

本节微课

10.2.1 流的基本概念

流（Stream）是一组有序的数据序列。根据操作的类型，流分为输入流和输出流两种。输入流的指向称为源，程序从指向源的输入流中读取源中的数据。当程序需要读取数据时，就会开启一个通向数据源的流，该数据源可以是文件、内存或是网络连接。输出流的指向是字节要去的目的地，程序通过向输出流中写入数据把信息传递到目的地。当程序需要写入数据时，就会开启一个通向目的地的流。

10.2.2 输入/输出流

输入/输出流一般分为字节输入流、字节输出流、字符输入流和字符输出流四种。

1．字节输入流

InputStream 类是字节输入流的抽象类，其是所有字节输入流的父类。Java 语言中存在多个 InputStream 类的子类，它们实现了不同的数据输入流，这些字节输入流的继承关系如图 10-3 所示。

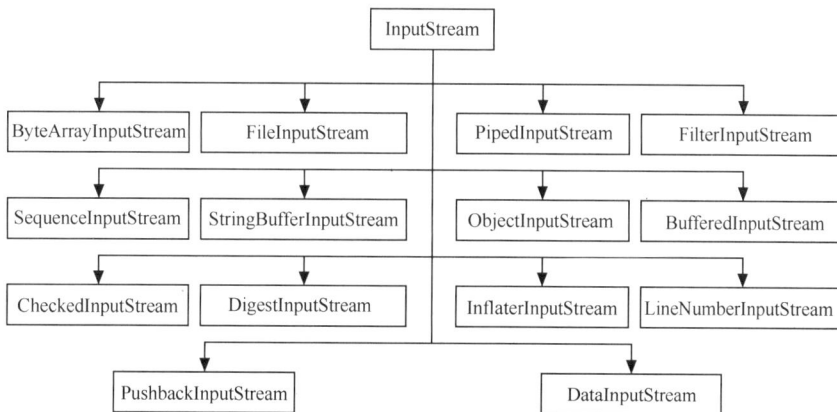

图 10-3　字节输入流的继承关系

2．字节输出流

OutputStream 类是字节输出流的抽象类，其是所有字节输出流的父类。Java 语言中存在多个 OutputStream 类的子类，它们实现了不同的数据输出流，这些字节输出流的继承关系如图 10-4 所示。

3．字符输入流

Reader 类是字符输入流的抽象类，其是所有字符输入流的父类。Java 语言中字符输入流的继承关系如图 10-5 所示。

4．字符输出流

Writer 类是字符输出流的抽象类，其是所有字符输出流的父类。Java 语言中字符输出流的继承关系如图 10-6 所示。

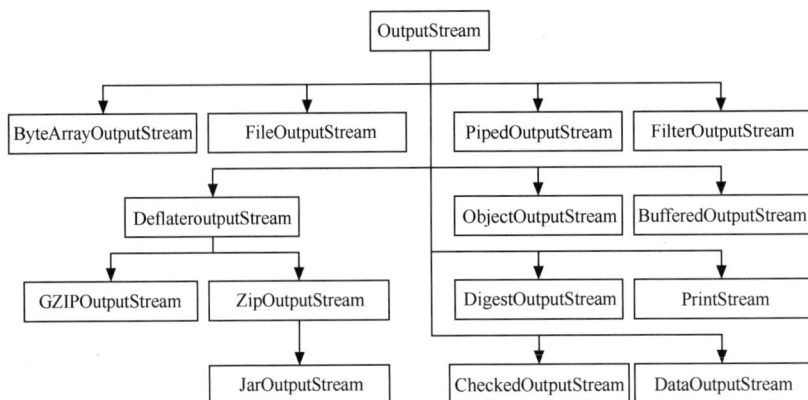

图 10-4　字节输出流的继承关系

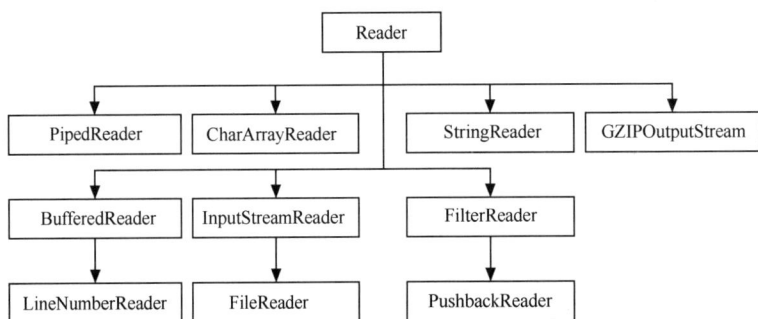

图 10-5　字符输入流的继承关系

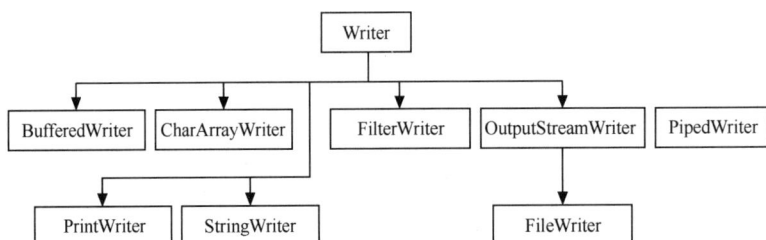

图 10-6　字符输出流的继承关系

10.3　字节流

字节流（byte stream）以字节为单位处理数据。由于字节流不会对数据进行任何转换，因此其用来处理二进制的数据。

本节微课

10.3.1　InputStream 类与 OutputStream 类

1. InputStream 类

InputStream 类是所有字节输入流的父类，其定义了操作输入流的各种方法。InputStream 类常用的方法如表 10-2 所示。

表 10-2　InputStream 类常用的方法

方法名称	功能描述
available()	返回当前输入流的数据读取方法可以读取的有效字节数量
read(byte[] bytes)	从输入流中读取字节并存入数组 bytes 中
read(byte[] bytes,int off,int len)	从输入流读取 len 字节，并存入数组 bytes 中
reset()	将当前输入流重新定位到最后一次调用 mark()方法时的位置
mark(int readlimit)	在输入流中加入标记
markSupported()	测试输入流中是否支持标记
close()	关闭当前输入流，并释放任何与之关联的系统资源
Abasract read()	从当前输入流中读取 1 字节。若已到达流结尾，则返回–1

⚠ 注意：在 InputStream 类的方法中，read()方法被定义为抽象方法，目的是让继承 InputStream 类的子类可以针对不同的外部设备实现不同的 read()方法。

2．OutputStream 类

OutputStream 类是所有字节输出流的父类，其定义了输出流的各种操作方法。OutputStream 类常用的方法如表 10-3 所示。

表 10-3　OutputStream 类常用的方法

方法名称	功能描述
write(byte[] bytes)	将 byte[]数组中的数据写入当前输出流
write(byte[] bytes,int off,int len)	将 byte[]数组下标 off 开始的 len 长度的数据写入当前输出流
flush()	刷新当前输出流，并强制写入所有缓冲的字节数据
close()	关闭当前输出流，并释放所有与当前输出流有关的系统资源
Abstract write(int b)	写入一个 byte 数据到当前输出流

10.3.2　FileInputStream 类与 FileOutputStream 类

1．FileInputStream 类

FileInputStream 类是 InputStream 类的子类，其实现了文件的读取，是文件字节输入流。该类适用于比较简单的文件读取，其所有方法都是从 InputStream 类继承并重写的。创建文件字节输入流常用的构造方法有以下两种。

（1）FileInputStream(String filePath)：根据指定的文件名称和路径创建 FileInputStream 类的实例对象。其语法格式如下：

```
new FileInputStream (filePath);
```

filePath：文件的绝对路径或相对路径。

（2）FileInputStream(File file)：使用 File 类型的文件对象创建 FileInputStream 类的实例对象。其语法格式如下：

```
new FileInputStream (file);
```

file：File 文件类型的实例对象。

【例 10-3】 在 D 盘下新建一个 "Example2.txt" 文件，此文件的内容为 "This is my book."。创建一个 File 类的对象和文件字节输入流对象 fis，并且从输入流中读取文件 "Example2.txt" 的信息。

```java
import java.io.*;
public class Example2 {
    public static void main(String args[]){
        File f=new File("D:\\","Example2.txt");
        try {
            byte bytes[]=new byte[512];
            FileInputStream fis=new FileInputStream(f);  //创建文件字节输入流
            int rs=0;
            System.out.println("The content of Example2 is:");
            while((rs=fis.read(bytes, 0, 512))>0){
                //在循环中读取输入流的数据
                String s=new String(bytes,0,rs);
                System.out.println(s);
            }
            fis.close();                                 //关闭输入流
        } catch (IOException e) {
            e.printStackTrace();
        }
    }
}
```

程序运行结果如图 10-7 所示。

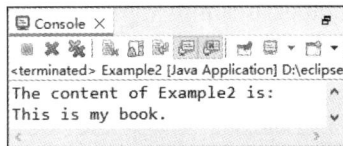

图 10-7 例 10-3 的运行结果

2．FileOutputStream 类

FileOutputStream 类是 OutputStream 类的子类，其实现了文件的写入，能够以字节形式写入文件中。该类的所有方法都是从 OutputStream 类继承并重写的。创建文件字节输出流常用的构造方法有以下两种。

（1）FileOutputStream(String filePath)：根据指定的文件名称和路径，创建关联该文件的 FileOutputStream 类的实例对象。其语法格式如下：

```java
new FileOutputStream (filePath);
```

filePath：文件的绝对路径或相对路径。

（2）FileOutputStream(Filefile)：使用 File 类型的文件对象，创建与该文件关联的 FileOutputStream 类的实例对象。其语法格式如下：

```java
new FileOutputStream (file);
```

file：File 文件类型的实例对象。在 file 后面，加 true 会对原有内容进行追加，不加 true 会将原有内容覆盖。

【例 10-4】 创建一个 File 类的对象，首先判断此配置文件是否存在，如果不存在，则调用 createNewFile()方法创建一个文件；然后从键盘输入字符存入数组里，创建文件输出流，把数组里的字符写入文件中；最终结果保存在 "D:\\Example3.txt" 文件。

```java
import java.io.*;
public class Example3 {
    public static void main(String args[]) {
        int b;
        File file=new File("D:\\","Example3.txt");
        byte bytes[]=new byte[512];
        System.out.println("请输入你想存入文本的内容:");
```

```
        try {
            if (!file.exists())                      // 判断文件是否存在
                file.createNewFile();
            //把从键盘输入的字符存入 bytes 里
            b=System.in.read(bytes);
            //创建文件输出流
            FileOutputStream fos=new FileOutputStream(file,true);
            fos.write(bytes, 0, b);                   //把 bytes 写入指定文件中
            fos.close();                              // 关闭输出流
        } catch (IOException e) {
            e.printStackTrace();
        }
    }
}
```

程序运行结果如图 10-8 所示。

图 10-8　例 10-4 的运行结果

10.4　字符流

字符流（Character stream）用于处理字符数据的读取和写入，其以字符为单位。Reader 类和 Writer 类是字符流的抽象类，它们定义了字符流读取和写入的基本方法，各个子类会依其特点实现或覆盖这些方法。

10.4.1　Reader 类与 Writer 类

1．Reader 类

Reader 类是所有字符输入流的父类，其定义了操作字符输入流的各种方法。Reader 类常用的方法如表 10-4 所示。

本小节微课

表 10-4　Reader 类常用的方法

方法名称	功能描述
read()	读入一个字符。若已读到流结尾，则返回值为-1
read(char[])	读取一些字符到 char[]数组内，并返回所读入的字符的数量。若已到达流结尾，则返回-1
reset()	将当前输入流重新定位到最后一次调用 mark()方法时的位置
skip(long n)	跳过参数 n 指定的字符数量，并返回所跳过字符的数量
close()	关闭该流并释放与之关联的所有资源。在关闭该流后，再调用 read()、ready()、mark()、reset() 或 skip()方法将异常抛出

2．Writer 类

Writer 类是所有字符输出流的父类，其定义了操作输出流的各种方法。Writer 类常用的方法如表 10-5 所示。

表 10-5   Writer 类常用的方法

表 10-5   Writer 类常用的方法

方法名称	功能描述
write(int c)	将字符 c 写入输出流
write(String str)	将字符串 str 写入输出流
write(char[] cbuf)	将字符数组的数据写入字符输出流
flush()	刷新当前输出流，并强制写入所有缓冲的字节数据
close()	向输出流写入缓冲区的数据，关闭当前输出流，并释放所有与当前输出流有关的系统资源

10.4.2   InputStreamReader 类与 OutputStreamWriter 类

1．InputStreamReader 类

InputStreamReader 类是字节流通向字符流的桥梁，其可以根据指定的编码方式将字节输入流转换为字符输入流。字符输入流常用的构造方法有以下两种。

本小节微课

（1）InputStreamReader(InputStream in)：使用默认字符集创建 InputStreamReader 类的实例对象。其语法格式如下：

```
new InputStreamReader(in);
```

in：字节流类的实例对象。

（2）InputStreamReader(InputStream in, String cname)：使用已命名的字符编码方式创建 InputStreamReader 类的实例对象。其语法格式如下：

```
new InputStreamReader(in,cname);
```

cname：使用的编码方式名。

InputStreamReader 类常用的方法如表 10-6 所示。

表 10-6   InputStreamReader 类常用的方法

方法名称	功能描述
close()	关闭流
read()	读取单个字符
read(char[] cb, int off, int len)	将字符读入数组中的某一部分
getEncoding()	返回此流使用的字符编码的名称
ready()	报告此流是否已准备读

【例 10-5】   在 D 盘下新建一个"Example4.txt"文件，文件内容为"今天天气真好!"，使用 InputStreamReader 读取"Example4.txt"文件的内容。

```
import java.io.*;
public class Example4 {
    public static void main(String args[]) {
        try{
        int rs;
        File file=new File("D:\\","Example4.txt");
        FileInputStream fis = new FileInputStream(file);
        InputStreamReader isr = new InputStreamReader (fis);
        System.out.println ("The content of Example4 is:");
        while ((rs = isr.read()) != -1){
            /*顺序读取文件里的内容并赋值给整型变量 rs，直到文件结束为止*/
            System.out.print((char)rs);
```

```
        }
        isr.close();
    }catch(IOException e){
        e.printStackTrace();
    }
  }
}
```

程序运行结果如图 10-9 所示。

2．OutputStreamWriter 类

OutputStreamWriter 类是将字符流转换为字节流的桥梁，其作用是将字符数据编码成字节，并写入到其他字节输出流中。字符输出流常用的构造方法有以下两种。

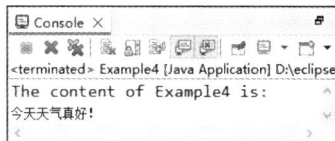

图 10-9   例 10-5 的运行结果

（1）OutputStreamWriter(OutputStream out)：使用默认字符集创建 OutputStreamWriter 类的实例对象。其语法格式如下：

```
new OutputStreamWriter(out);
```

out：字节流类的实例对象。

（2）OutputStreamWriter(OutputStream out,String cname)：使用已命名的字符编码方式创建 OutputStreamWriter 类的实例对象。其语法格式如下：

```
new OutputStreamWriter(out,cname);
```

cname：使用字符编码格式，如中文常用的 GBK、GB2312 以及西文 UTF-8 等编码格式。

OutputStreamWriter 类常用的方法如表 10-7 所示。

表 10-7   OutputStreamWriter 类常用的方法

方法名称	功能描述
close()	关闭流，但要先刷新
flush()	刷新流的缓冲
write(int char)	写入单个字符
write(String str, int off, int len)	写入字符串的某一部分
write(char[] cb, int off, int len)	写入字符数组的某一部分

【例 10-6】   创建两个 File 类的对象，分别判断两个文件是否存在；如果不存在，则新建。从其中一个文件 "D:\\Example5.txt" 中读取数据，复制到文件 "D:\Example5-1.txt" 中，最终使文件 "D:\Example5-1. txt" 中的内容与 "D:\Example5.txt" 的内容相同。

```
import java.io.*;
public class Example5{
    public static void main(String[] args){
        File filein=new File("D:\\","Example5.txt");
        File fileout=new File("D:\\","Example5-1.txt");
        FileInputStream fis;
        try {
            if (!filein.exists())               // 如果文件不存在
                filein.createNewFile();         // 创建新文件
            if (!fileout.exists())              // 如果文件不存在
                fileout.createNewFile();        // 创建新文件
            fis = new FileInputStream(filein);
            FileOutputStream fos=new FileOutputStream(fileout,true);
            InputStreamReader in = new InputStreamReader (fis);
```

```
            OutputStreamWriter out = new OutputStreamWriter (fos);
            int is;
            while((is=in.read()) != -1){
               out.write(is);
            }
            in.close();
            out.close();
        } catch (IOException e) {
            e.printStackTrace();
        }
    }
}
```

10.4.3　FileReader 类与 FileWriter 类

1. FileReader 类

FileReader 类是 Reader 类的子类，其实现了从文件中读出字符数据，是文件字符输入流。该类的所有方法都是从 Reader 类中继承来的。FileReader 类的常用构造方法有以下两种。

（1）FileReader(String filePath)：根据指定的文件名称和路径，创建 FileReader 类的实例对象。其语法格式如下：

```
new FileReader(filePath);
```

filePath：文件的绝对路径或相对路径。

（2）FileReader(File file)：使用 File 类型的文件对象创建 FileReader 类的实例对象。其语法格式如下：

```
new FileReader(file);
```

file：File 文件类型的实例对象。

例如，利用 FileReader 类读取文件"D:\\Example5-1.txt"的内容，输出到控制台，程序代码如下：

```
try {
    File f=new File("D:\\","Example5-1.txt");
    FileReader fr=new FileReader(f);                       // 创建文件字符输入流
    char[] data=new char[512];
    int rs=0;
    while((rs=fr.read(data))>0){                           // 在循环中读取数据
        String str=new String(data,0,rs);
        System.out.println(str);
    }
} catch (Exception e) {
    e.printStackTrace();
}
```

2. FileWriter 类

FileWriter 类是 Writer 类的子类，其实现了将字符数据写入文件中，是文件字符输出流。该类的所有方法都是从 Writer 类中继承来的。FileWriter 类的常用构造方法有以下两种。

（1）FileWriter(StringfilePath)：根据指定的文件名称和路径，创建关联该文件的 FileWriter 类的实例对象。其语法格式如下：

```
new FileWriter(filePath);
```

本小节微课

（2）FileWriter(File file)：使用 File 类型的文件对象，创建与该文件关联的 FileWriter 类的实例对象。其语法格式如下：

```
new FileWriter(file);
```

例如，判断文件"D:\\Example6.txt"是否存在，如果不存在则创建，将"D:\\Example5-1.txt"的内容复制到文件"D:\\Example6.txt"中。其代码如下：

```
try {
    File f=new File("D:\\","Example6.txt");
    if (!f.exists())                                       // 如果文件不存在
        f.createNewFile();                                 // 创建新文件
    FileReader fr=new FileReader("D:\\Example5-1.txt");    // 创建文件字符输入流
    FileWriter fWriter=new FileWriter(f);                  // 创建文件字符输出流
    int is;
    while((is=fr.read()) != -1){
        fWriter.write(is);                                 // 将数据写入输出流
    }
    fr.close();
    fWriter.close();
} catch (Exception e) {
    e.printStackTrace();
}
```

10.4.4　BufferedReader 类与 BufferedWriter 类

1．BufferedReader 类

BufferedReader 类是 Reader 类的子类，使用该类可以以行为单位读取数据。BufferedReader 类的主要构造方法如下：

```
BufferedReader(Reader in)
```

该构造方法使用 Reader 类的对象，创建一个 BufferedReader 对象。其语法格式如下：

```
new BufferedReader(in);
```

BufferedReader 类中提供了一个 ReaderLine()方法，Reader 类中没有此方法，该方法能够读取文本行。例如：

```
FileReader fr;
try {
    fr = new FileReader("D:\\Example6.txt");
    BufferedReader br = new BufferedReader(fr);
    String aline;
    while ((aline=br.readLine()) != null){         //按行读取文本
        String str=new String(aline);
        System.out.println(str);
    }
    fr.close();
    br.close();
} catch (Exception e) {
    e.printStackTrace();
}
```

2．BufferedWriter 类

BufferedWriter 类是 Writer 类的子类，该类可以以行为单位写入数据。BufferedWriter 类常用的构造方法如下：

本小节微课

```
BufferedWriter(Writer out)
```

该构造方法使用 Writer 类的对象，创建一个 BufferedWriter 对象。其语法格式如下：

```
new BufferedReader(out);
```

BufferedWriter 类提供了一个 newLine()方法，Writer 类中没有此方法，该方法是换行标记。例如：

```
File file=new File("D:\\","Example6.txt");
FileWriter fos;
try {
    fos = new FileWriter(file,true);
    BufferedWriter bw=new BufferedWriter(fos);
    bw.write("Example");
    bw.newLine();
    bw.write("Example");
    bw.close();
} catch (IOException e) {
    e.printStackTrace();
}
```

【例 10-7】 修改例 10-6，用 BufferedReader 类和 BufferedWriter 类实现同样功能，但在运行程序之前必须在 D 盘创建 "Example5.txt" 文件，并且输入一些内容。

```
import java.io.*;
public class Example6 {
    public static void main(String args[]) {
        try {
            FileReader fr;
            fr = new FileReader("D:\\Example5.txt");   // 创建 BufferedReader 对象
            File file = new File("D:\\Example5-1.txt");
            FileWriter fos = new FileWriter(file);      // 创建文件输出流
            BufferedReader br=new BufferedReader(fr);
            BufferedWriter bw=new BufferedWriter(fos);  // 创建 BufferedWriter 对象
            String str =null;
            while ((str = br.readLine()) != null) {
                bw.write(str + "\n");                   // 为读取的文本行添加换行符
            }
            br.close();                                 // 关闭输入流
            bw.close();                                 // 关闭输出流
        } catch (IOException e) {
            e.printStackTrace();
        }
    }
}
```

10.4.5 PrintStream 类与 PrintWriter 类

1．PrintStream 类

PrintStream 类是用于操作字节流、输出数据到各种输出流的类，它提供了多种方法来打印各种类型的数据。PrintStream 类常用的构造方法如下：

本小节微课

```
PrintStream(OutputStream out)
```

该构造方法使用 OutputStream 类的对象，创建一个 PrintStream 对象。其语法格式如下：

```
new PrintStream(out);
```

PrintStream 类常用的方法如表 10-8 所示。

表 10-8　PrintStream 类常用的方法

方法名称	功能描述
print(String str)	输出字符串
print(char[] ch)	输出一个字符数组
print(object obj)	输出一个对象
println(String str)	输出一个字符串并结束该行
println(char[] ch)	输出一个字符数组并结束该行
println(object obj)	输出一个对象并结束该行

【例 10-8】　创建一个 File 类的对象，随机输出 100 以内的 5 个数，并把这 5 个数保存到 "D:\\Example7. txt" 文件中。

```java
import java.io.*;
import java.util.Random;
public class Example7 {
    public static void main(String args[]){
        PrintStream ps;
        try {
            File file=new File("D:\\","Example7.txt");
            if (!file.exists())                     // 如果文件不存在
                file.createNewFile();               // 创建新文件
            ps = new PrintStream(new FileOutputStream(file));
            Random r=new Random();
            int rs;
            for(int i=0;i<5;i++){
            rs=r.nextInt(100);
            ps.println(rs+"\t");
            }
            ps.close();
        } catch (Exception e) {
            e.printStackTrace();
        }
    }
}
```

程序运行结果如图 10-10 所示。

2．PrintWriter 类

PrintWriter 类是用于操作字符流的、输出数据到各种输出流的类，它提供了多种方法来打印各种类型的数据。PrintStream 类常用的构造方法如下：

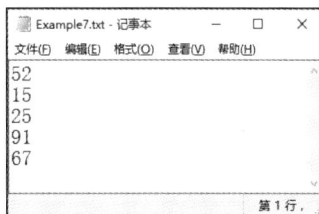

图 10-10　例 10-8 的运行结果

（1）PrintWriter(Writer out)：使用 Writer 类的对象，创建一个 PrintWriter 对象。其语法格式如下：

```
new PrintWriter(out); // out 是 Writer 类的对象
```

（2）PrintWriter(OutputStream out)：使用 OutputStream 类的对象，创建一个 PrintWriter 对象。其语法格式如下：

```
new PrintWriter(out); // out 是 OutputStream 类的对象
```

PrintWriter 类常用的方法如表 10-9 所示。

表 10-9　PrintWriter 类常用的方法

方法名称	功能描述
print(String str)	将字符串型数据写入输出流
print(int i)	将整数型数据写入输出流
flush()	强制性地将缓冲区中的数据写入输出流
println(String str)	将字符串和换行符写入输出流
println(int i)	将整数型数据和换行符写入输出流
println()	将换行符写入输出流

使用 PrintWriter 实现文件复制功能的程序代码如下:

```
File filein=new File("D:\\","Example6.txt");
File fileout=new File("D:\\","Example7.txt");
try {
    //创建一个 BufferedReader 对象
    BufferedReader br=new BufferedReader(new FileReader(filein));
    //创建一个 PrintWriter 对象
    PrintWriter pw=new PrintWriter(new FileWriter(fileout));
    int b;
    //读出文件"Example6.txt"中的数据
    while((b=br.read())!=-1){
        pw.println((char)b);                    //写入文件中
    }
    br.close();                                 //关闭输入流
    pw.close();                                 //关闭输出流
} catch (Exception e) {
    e.printStackTrace();
}
```

10.4.6　System 类

System 类是 final 类,该类不能被继承,也不能创建 System 类的实例
对象。System 类中用于获取用户输入的语法格式如下:

```
System.in
```

本小节微课

in:静态变量,类型是 InputStream。

Java 语言不直接支持键盘输入。实现键盘输入的一般过程如下:

```
InputStreamReader isr=new InputStreamReader(System.in);
BufferedReader br=new BufferedReader(isr);
try {
    String str=br.readLine();
    br.close();
} catch (IOException e) {
    e.printStackTrace();
}
```

10.5　对象序列化

本节微课

程序运行时可能有需要保存的数据,对于基本数据类型如 int、float、
char 等,可以简单地保存到文件中,待程序下次启动时,可以读取文件中
的数据初始化程序。但是,对于复杂的对象类型,如果需要永久保存,使

用上述解决方法就会复杂一些，需要把对象中不同的属性分解为基本数据类型，并分别保存到文件中。当程序再次运行时，需要建立新的对象，从文件中读取与对象有关的所有数据，再使用这些数据分别为对象的每个属性进行初始化。

使用对象输入/输出流实现对象序列化，可以直接存取对象。序列化就是将对象写入输出流，该输出流可以是文件输出流、网络输出流以及其他数据输出流；反序列化就是从输入流中获取序列化的对象数据，用这些数据生成新的 Java 对象。

10.5.1　ObjectInput 接口与 ObjectOutput 接口

ObjectInput 接口与 ObjectOutput 接口分别继承了 DataInput 接口和 DataOutput 接口，提供了对基本数据类型和对象序列化的方法。使用对象序列化功能可以非常方便地将对象写入输出流，或者从输入流读取对象。ObjectInput 接口与 ObjectOutput 接口中定义的对象反序列化和序列化方法如下。

（1）readObject()：定义在 ObjectInput 接口中，由 ObjectInputStream 类实现。其语法格式如下：

```
Object object=readObject()
```

object：Java 对象。

⚠ 注意：使用 readObject()方法获取的序列化对象是 Object 类型的，必须通过强制类型转换才能使用。

（2）writeObject ()：定义在 ObjectOutput 接口中，由 ObjectOutputStream 类实现。其语法格式如下：

```
writeObject(object);
```

object：将要序列化的对象。

⚠ 注意：被序列化的对象必须实现 java.io.Serializable 接口，否则不能实现序列化。

10.5.2　ObjectInputStream 类与 ObjectOutputStream 类

Java 语言提供了 ObjectInputStream 类和 ObjectOutputStream 类，用于读取和保存对象，它们分别是对象输入流和对象输出流。ObjectInputStream 类和 ObjectOutputStream 类分别是 InputStream 类和 OutputStream 类的子类，继承了它们所有的方法。

1．ObjectInputStream 类

ObjectInputStream 类的构造方法如下：

```
ObjectInputStream(InputStream in)
```

当准备读取一个对象到程序中时，可以用 ObjectInputStream 类创建对象输入流。其语法格式如下：

```
new ObjectInputStream(in);
```

ObjectInputStream 类读取基本数据类型的方法如下：

```
readObject()
```

2．ObjectOutputStream 类

ObjectOutputStream 类的构造方法如下：

```
ObjectOutputStream(OutputStream out)
```

当准备将一个对象写入输出流（序列化）时，可以用 ObjectOutputStream 类创建对象输出流。其语法格式如下：

```
new ObjectOutputStream(out);
```

ObjectOutputStream 类写入基本数据类型的方法如下：

```
WriteObject()
```

【例 10-9】 在 D 盘下新建一个"Example10.txt"文件，实现用户密码的修改。

（1）创建 user 类，构造方法中包括姓名、密码、年龄 3 个参数，并实现 java.io.Serializable 接口。

```java
import java.io.Serializable;
public class user implements Serializable{
    String name;String password;int age;
    user(String name,String password,int age){
        this.name=name;
        this.password=password;
        this.age=age;
    }
    public void setpassword(String pass){
        this.password=pass;
    }
}
```

（2）创建 Example10 类，将 user 类的对象写入"Example10.txt"文件中，修改用户密码之后再将其读出。

```java
import java.io.*;
public class Example10 {
    public static void main(String args[]){
        user use=new user("Tom","111",21);                //创建user类的对象
        try {
            FileOutputStream fos=new FileOutputStream("D:\\Example10.txt");
            //创建输出流的对象，使之可以将对象写入文件中
            ObjectOutputStream obs=new ObjectOutputStream(fos);
            obs.writeObject(use);                          //将对象写入文件中
            System.out.println("未修改写入文件的用户信息");
            System.out.println("用户名: "+use.name);         //输出文件中的信息
            System.out.println("原密码: "+use.password);
            System.out.println("年龄: "+use.age);
            FileInputStream fis=new FileInputStream("D:\\Example10.txt");
            //创建输入流的对象，使之可以从文件中读取数据
            ObjectInputStream ois=new ObjectInputStream(fis);
            use=(user)ois.readObject();                    //读取文件中的信息
            use.setpassword("1111");                       //修改密码
            System.out.println("修改之后文件中的信息");
            //输出修改后的文件信息
            System.out.println("用户名: "+use.name);
            System.out.println("修改后的密码: "+use.password);
            System.out.println("年龄: "+use.age);
        } catch (Exception e) {
```

```
            e.printStackTrace();
        }
    }
}
```

程序运行结果如图 10-11 所示。

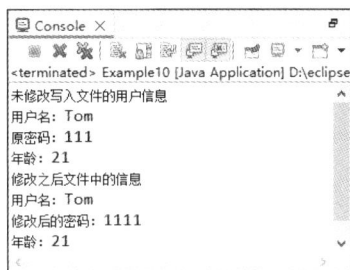

图 10-11　例 10-9 的运行结果

10.6 借助 AIGC 工具编写实例

10.5 节介绍了实现对象序列化和反序列化所需的接口、类和方法，下面将使用 AIGC
工具编写以下实例。

10.6.1　使用 AIGC 工具编写一个对象序列化的实例

以下是与 AIGC 工具对话示例。

【问题】

Java 序列化。

【AIGC 工具建议】

Java 序列化是一种将对象的状态转换为字节流的机制，以便可以将对象保存到文件、
数据库或通过网络传输。反序列化则是将字节流转换回对象的过程。序列化在 Java 中主要
通过 java.io.Serializable 接口来实现。下面是一个示例代码。

首先，要使一个类的对象可以被序列化，需要让这个类实现 java.io.Serializable 接口。
这是一个标记接口（没有方法），用于告知 JVM 该类的对象可以被序列化。

```java
import java.io.Serializable;
public class Person implements Serializable {
    private static final long serialVersionUID = 1L; // 推荐添加版本号
    private String name;
    private int age;
    // 构造函数、getter 和 setter 方法
    public Person(String name, int age) {
        this.name = name;
        this.age = age;
    }
    @Override
    public String toString() {
        return "Person{name='" + name + "', age=" + age + '}';
    }
}
```

然后，使用 ObjectOutputStream 类将对象写入输出流（例如文件）。

```
import java.io.FileOutputStream;
import java.io.IOException;
import java.io.ObjectOutputStream;
public class SerializeExample {
    public static void main(String[] args) {
        Person person = new Person("John Doe", 30);
        try (ObjectOutputStream oos =
                new ObjectOutputStream(new FileOutputStream("person.ser"))) {
            oos.writeObject(person);
            System.out.println("对象已序列化: " + person);
        } catch (IOException e) {
            e.printStackTrace();
        }
    }
}
```

【运行结果】

```
对象已序列化: Person{name='John Doe', age=30}
```

10.6.2　使用 AIGC 工具编写一个对象反序列化的实例

以下是与 AIGC 工具对话示例。

【问题】

Java 反序列化。

【AIGC 工具建议】

Java 反序列化是将字节流转换回对象的过程。反序列化通常用于从文件、数据库或网络传输中恢复对象的状态。在 Java 中，反序列化主要通过 ObjectInputStream 类实现。下面是一个示例代码。

首先，确保要反序列化的类实现了 Serializable 接口。

```
import java.io.Serializable;
public class Person implements Serializable {
    private static final long serialVersionUID = 1L; // 推荐添加版本号
    private String name;
    private int age;
    // 构造函数、getter 和 setter 方法
    public Person(String name, int age) {
        this.name = name;
        this.age = age;
    }
    @Override
    public String toString() {
        return "Person{name='" + name + "', age=" + age + '}';
    }
}
```

然后，使用 ObjectInputStream 类从输入流读取对象。

```
import java.io.FileInputStream;
import java.io.IOException;
import java.io.ObjectInputStream;
public class DeserializeExample {
    public static void main(String[] args) {
        try (ObjectInputStream ois =
                new ObjectInputStream(new FileInputStream("person.ser"))) {
            Person deserializedPerson = (Person) ois.readObject();
            System.out.println("对象已反序列化: " + deserializedPerson);
```

```
        } catch (IOException | ClassNotFoundException e) {
            e.printStackTrace();
        }
    }
}
```

【运行结果】

对象已反序列化: Person{name='John Doe', age=30}

小结

本章针对 Java 语言的输入/输出处理功能进行了细致的讲解。使用输入/输出流，可以在文件、网络、打印机等资源和设备中对数据进行读取和写入操作。输入/输出流又可以细分为字节流和字符流。字节流以计算机能识别的二进制数制操作数据，所以其能够访问任何类型的数据，包括图片、音频、视频和文本等。字符流主要用于操作文本数据，这些文本可以是计算机能显示的所有字符，所以其多用于文本、消息，以及网络信息通信中。本章最后介绍了对象序列化技术，使用该技术可以通过对象输入/输出流保存和读取对象，将一个对象持久化（保存成实际存在的数据，如数据库或文件），能够永久保存对象的状态和数据，在下一次程序启动时，可以直接读取对象数据，将其应用到程序中。

习题

10-1 编写一个程序，将一个电话号码写入文件中。

10-2 实现文件的复制。

10-3 使用 Java 语言的输入/输出流技术将一个文本文件的内容按行读出，每读出一行就顺序添加行号，并写入另一个文件中。

第11章 Swing 程序设计

要利用 Java 语言开发应用程序，就要学习 Swing。Swing 是基于 AWT（abstract windows toolkit，抽象窗口工具包）开发的，所以其功能更强大，性能更优化，更能体现 Java 语言的跨平台性。虽然 AWT 中的所有组件都是重量组件，但是在 Swing 中只保留了几个必要的重量组件，其他重量组件全部改为轻量组件，并为这些轻量组件增加了一些功能，如显示图片。

- 了解 Swing 概念
- 掌握创建窗体的方法
- 掌握常用布局管理器的使用方法
- 掌握常用面板的使用方法
- 掌握常用组件的使用方法
- 掌握常用事件处理

11.1 Swing 概述

本节微课

Swing 并不是缩略词，而是它的设计者在 1996 年年末开始这个项目时共同选定的名字。Swing 是 Java 基类（Java foundation classes，JFC）的一部分。基类就是为程序设计人员使用 Java 语言开发应用程序而设计的类库。Swing 只是组成 JFC 的五个库中的一个，其他四个库分别为 AWT、辅助功能 API、2D API 和对拖放功能的增强支持。

Swing 是基于 AWT 开发的，所以 AWT 是 Swing 的基础。AWT 是 Java 语言开发用户界面程序的基本工具包。Swing 提供了大多数轻量组件的组件集，其中一部分是 AWT 所缺少的，即由 Swing 补充的附加件；还有一部分是由 Swing 提供的用来替代 AWT 重量组件的轻量组件。另外，Swing 还提供了一个用于实现包含插入式界面样式等特性的图形用户界面的下层构件，使 Swing 组件在不同的平台上都能够保持组件的界面样式特性，如双缓冲、调试图形、文本编辑包等。

AWT 1.1 版本中首次出现了轻量组件。在 AWT 早期版本中，只有与本地对等组件相关联的重量组件，重量组件必须在它们自己的本地不透明窗口中绘制；而轻量组件在本地没有对等组件，轻量组件只需要绘制在包含它们的重量容器的窗口中。因为轻量组件不需要绘制在本地不透明窗口中，所以它们可以有透明的背景，这一点使得轻量组件可以是非矩形的，即使轻量组件必须有矩形边框。

由 Swing 提供的组件大都是轻量组件，其中提供的少数重量组件都是必需的。因为轻量组件是绘制在包含它的容器中的，而不是绘制在自己的窗口中，所以轻量组件最终必须包含在一个重量容器中。因此，由 Swing 提供的小应用程序、窗体、窗口和对话框都必须是重量组件，以便提供一个可以用来绘制 Swing 轻量组件的窗口。

Swing 提供了 40 多个组件，是 AWT 提供组件的四倍，其中一部分是用来替代 AWT 重量组件的轻量组件。这些替代组件除了拥有原组件的功能，还增加了一些特性，如由 Swing 提供的按钮和标签除了可以显示文本，还可以显示图标；另一部分是由 Swing 提供的有助于开发图形用户界面的附加组件。

本节微课

11.2 创建窗体

在开发 Java 应用程序时，通常情况下是利用 JFrame 类创建窗体。利用 JFrame 类创建的窗体包含一个标题、"最小化"按钮、"最大化"按钮和"关闭"按钮，如图 11-1 所示。

JFrame 类提供了一系列用来设置窗体的方法，如通过 setTitle(String title)方法可以设置窗体的标题，通过 SetBounds(int x, int y, int width, int height)方法可以设置窗体的显示位置及大小。SetBounds(intx, inty, int width, int height)方法接收四个 int 型参数，前两个参数用来设置窗体的显示位置，依次为窗体左上角的点（x,y）在显示器中的水平和垂直坐标；后两个参数用来设置窗体的大小，依次为窗体的宽度（width）和高度（height），如图 11-2 所示。

图 11-1　利用 JFrame 类创建的窗体

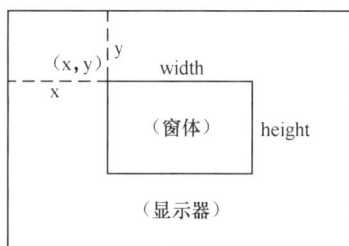

图 11-2　窗体的显示位置及大小

在创建窗体时，通常情况下需要设置"关闭"按钮的动作。"关闭"按钮的默认动作为将窗体隐藏，可以通过 setDefaultCloseOperation(int operation)方法设置"关闭"按钮的动作。该方法的入口参数可以从 JFrame 类提供的静态常量中选择，可选的静态常量如表 11-1 所示。

表 11-1　JFrame 类中用来设置"关闭"按钮动作的静态常量

静态常量	常量值	执行操作
HIDE_ON_CLOSE	1	隐藏窗口，为默认操作
DO_NOTHING_ON_CLOSE	0	不执行任何操作
DISPOSE_ON_CLOSE	2	移除窗口
EXIT_ON_CLOSE	3	退出窗口

【例 11-1】 编写创建图 11-1 所示窗体的类。

```
import javax.swing.JFrame;
public class MyFirstFrame extends JFrame {          // 继承窗体类 JFrame
    public static void main(String args[]) {
        MyFirstFrame frame = new MyFirstFrame();
        frame.setVisible(true);                     // 设置窗体可见，默认为不可见
    }
    public MyFirstFrame() {
```

```
        super();                              // 继承父类的构造方法
        setTitle("利用 JFrame 类创建的窗体");     // 设置窗体的标题
        setBounds(100, 100, 500, 375);        // 设置窗体的显示位置及大小
        getContentPane().setLayout(null);     // 设置为不采用任何布局管理器
        setDefaultCloseOperation(JFrame.EXIT_ON_CLOSE); // 设置窗体"关闭"按钮的动作为退出
    }
}
```

⚠️ **注意**：在利用 JFrame 类创建窗体时，必须通过 setVisible(boolean b)方法将窗体设置为可见，否则执行上述代码后，在显示器上将看不到图 11-1 所示的窗体。

在本章后面的例子中，如无特殊说明，也将利用该段代码创建 JFrame 窗体。由于篇幅有限，因此后面将不再列出代码。

11.3 常用布局管理器

布局管理器负责管理组件在容器中的排列方式。本节将介绍程序开发中常用的几种布局管理器。

本节微课

11.3.1 不使用布局管理器

在布局管理器出现之前，所有的应用程序都使用直接定位方式排列容器中的组件，如 VC、Delphi、VB 等开发语言都使用这种布局方式。Java 语言也提供了对绝对定位的组件排列方式的支持，但是这样布局的程序界面不能保证在其他操作平台中也能正常显示。如果需要开发的程序只在单一的系统中使用，可以考虑使用这种布局管理方式。

通过 setLayout(LayoutManager mgr)方法设置组件容器采用的布局管理器，如果不采用任何布局管理器，则可以将其设置为 null。例如：

```
getContentPane().setLayout(null);
```

【例 11-2】 在不使用任何布局管理器的情况下实现图 11-3 所示的登录窗口。

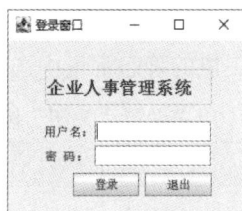

图 11-3 不使用布局管理器

首先设置窗体的相关信息，如设置为不使用布局管理器，即将布局管理器设置为 null，代码如下：

```
setTitle("登录窗口");
setBounds(100, 100, 260, 210);              // 设置窗体的显示位置及大小
getContentPane().setLayout(null);           // 设置为不采用任何布局管理器
setDefaultCloseOperation(JFrame.EXIT_ON_CLOSE);
```

然后向窗体中添加需要的组件，如标签、文本框、密码框、按钮等，并通过直接定位方式设置组件的显示位置，代码如下：

```java
final JLabel label = new JLabel();
label.setBorder(new TitledBorder(null, "", TitledBorder.DEFAULT_JUSTIFICATION,
        TitledBorder.DEFAULT_POSITION, null, null));
label.setForeground(new Color(255, 0, 0));
label.setFont(new Font("", Font.BOLD, 18));
label.setText("企业人事管理系统");
label.setBounds(39, 28, 170, 36);               // 设置"企业人事管理系统"标签的显示位置及大小
getContentPane().add(label);
final JLabel usernameLabel = new JLabel();
usernameLabel.setText("用户名: ");
usernameLabel.setBounds(38, 83, 60, 15);         // 设置"用户名"标签的显示位置及大小
getContentPane().add(usernameLabel);
JTextField textField = new JTextField();
textField.setBounds(89, 80, 120, 21);            // 设置"用户名"文本框的显示位置及大小
getContentPane().add(textField);
final JLabel passwordLabel = new JLabel();
passwordLabel.setText("密  码: ");
passwordLabel.setBounds(39, 107, 60, 15);        // 设置"密码"标签的显示位置及大小
getContentPane().add(passwordLabel);
JPasswordField passwordField = new JPasswordField();
passwordField.setBounds(89, 104, 120, 21);       // 设置"密码"文本框的显示位置及大小
getContentPane().add(passwordField);
final JButton exitButton = new JButton();
exitButton.setText("退出");
exitButton.setBounds(141, 131, 68, 23);          // 设置"退出"按钮的显示位置及大小
getContentPane().add(exitButton);
final JButton landButton = new JButton();
landButton.setText("登录");
landButton.setBounds(67, 131, 68, 23);           // 设置"登录"按钮的显示位置及大小
getContentPane().add(landButton);
```

11.3.2 FlowLayout 类布局管理器

由 FlowLayout 类实现的布局管理器称为流布局管理器，其布局方式是在一行上排列组件，如图 11-4 所示。当组件容器没有足够大的空间时，则回行显示，如图 11-5 所示。当组件容器的大小发生改变时，将自动调整组件的排列方式。

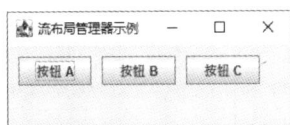

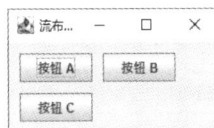

图 11-4 在组件容器足够大的情况下在一行显示　　图 11-5 在组件容器不够大的情况下回行显示

流布局管理器默认为居中显示组件，可以通过 FlowLayout 类的 setAlignment(int align) 方法设置组件的对齐方式。该方法的参数可以从 FlowLayout 类的静态常量中选择，如表 11-2 所示。

表 11-2　FlowLayout 类中用来设置组件对齐方式的静态常量

静态常量	常量值	组件对齐方式
LEFT	0	靠左侧显示
CENTER	1	居中显示，为默认对齐方式
RIGHT	2	靠右侧显示

流布局管理器默认组件的水平间距和垂直间距均为 5 像素，可以通过 FlowLayout 类的

setHgap(int hgap)和 setVgap(int vgap)方法设置组件的水平间距和垂直间距。

【例 11-3】 流布局管理器示例。

```
final FlowLayout flowLayout = new FlowLayout();    // 创建流布局管理器对象
flowLayout.setHgap(10);                            // 设置组件的水平间距
flowLayout.setVgap(10);                            // 设置组件的垂直间距
flowLayout.setAlignment(FlowLayout.LEFT);          // 设置组件的对齐方式
getContentPane().setLayout(flowLayout);            // 设置组件容器采用流布局管理器
final JButton aButton = new JButton();
aButton.setText("按钮 A");
getContentPane().add(aButton);
final JButton bButton = new JButton();
bButton.setText("按钮 B");
getContentPane().add(bButton);
final JButton cButton = new JButton();
cButton.setText("按钮 C");
getContentPane().add(cButton);
```

在例 11-3 的代码中，将容器设置为采用流布局管理器，流布局管理器的对齐方式设置为靠左侧对齐，组件间的水平间距和垂直间距均设置为 10 像素，当组件容器不够大时的显示效果如图 11-5 所示。

11.3.3 BorderLayout 类布局管理器

由 BorderLayout 类实现的布局管理器称为边界布局管理器，其布局方式是将容器划分为五部分，如图 11-6 所示。边界布局管理器为 JFrame 窗体的默认布局管理器。

如果组件容器采用了边界布局管理器，则在将组件添加到容器时需要设置组件的显示位置，通过 add(Component comp, Object constraints)方法添加并设置。该方法的第一个参数为欲添加的组件对象，第二个参数为组件的显示位置，可以从 BorderLayout 类的静态常量中选择，如表 11-3 所示。

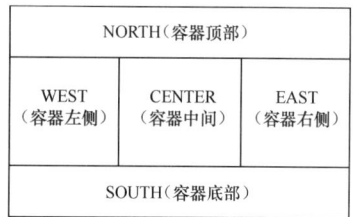

图 11-6　边界布局管理器的布局方式

表 11-3　BorderLayout 类中用来设置组件显示位置的静态常量

静态常量	常量值	组件对齐方式
CENTER	"Center"	显示在容器中间
NORTH	"North"	显示在容器顶部
SOUTH	"South"	显示在容器底部
WEST	"West"	显示在容器左侧
EAST	"East"	显示在容器右侧

边界布局管理器默认组件的水平间距和垂直间距均为 0 像素，可以通过 BorderLayout 类的 setHgap(inthgap)和 setVgap(intvgap)方法设置组件的水平间距和垂直间距。

【例 11-4】 边界布局管理器示例。

```
final BorderLayout borderLayout = new BorderLayout();    // 创建边界布局管理器对象
borderLayout.setHgap(10);                                // 设置组件的水平间距
borderLayout.setVgap(10);                                // 设置组件的垂直间距
Container panel = getContentPane();                       // 获得容器对象
```

```
panel.setLayout(borderLayout);                          // 设置容器采用边界布局管理器
final JButton aButton = new JButton();
aButton.setText("按钮 A");
panel.add(aButton, BorderLayout.NORTH);                 // 顶部
final JButton bButton = new JButton();
bButton.setText("按钮 B");
panel.add(bButton, BorderLayout.WEST);                  // 左侧
final JButton cButton = new JButton();
cButton.setText("按钮 C");
panel.add(cButton, BorderLayout.CENTER);                // 中间
final JButton dButton = new JButton();
dButton.setText("按钮 D");
panel.add(dButton, BorderLayout.EAST);                  // 右侧
final JButton eButton = new JButton();
eButton.setText("按钮 E");
panel.add(eButton, BorderLayout.SOUTH);                 // 底部
```

在例 11-4 的代码中，将容器设置为采用边界布局管理器，边界布局管理器的水平间距和垂直间距均设置为 10 像素。程序运行结果如图 11-7 所示。

图 11-7　例 11-4 的运行结果

11.3.4　GridLayout 类布局管理器

由 GridLayout 类实现的布局管理器称为网格布局管理器，其布局方式是将容器按照用户的设置平均划分成若干网格，如图 11-8 所示。

在通过构造方法 GridLayout(int rows, int cols)创建网格布局管理器对象时，参数 rows 用来设置网格的行数，参数 cols 用来设置网格的列数，在设置时分为以下四种情况。

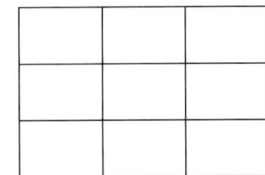

图 11-8　网格布局管理器的布局方式

（1）只设置了网格的行数，即 rows 大于 0，cols 等于 0：在这种情况下，容器将先按行排列组件，当组件个数大于 rows 时，则再增加一列，依此类推。

（2）只设置了网格的列数，即 rows 等于 0，cols 大于 0：在这种情况下，容器将先按列排列组件，当组件个数大于 cols 时，则再增加一行，依此类推。

（3）同时设置了网格的行数和列数，即 rows 大于 0，cols 大于 0：在这种情况下，容器将先按行排列组件，当组件个数大于 rows 时，则再增加一列，依此类推。

（4）同时设置了网格的行数和列数，但是容器中的组件个数大于网格数（rows×cols）：在这种情况下，将再增加一列，依次类推。

网格布局管理器默认组件的水平间距和垂直间距均为 0 像素，可以通过 GridLayout 类的 setHgap(int hgap)和 setVgap(int vgap)方法设置组件的水平间距和垂直间距。

【例 11-5】　网格布局管理器示例。

```
final GridLayout gridLayout = new GridLayout(4, 0);     // 创建网格布局管理器对象
gridLayout.setHgap(10);                                 // 设置组件的水平间距
gridLayout.setVgap(10);                                 // 设置组件的垂直间距
Container panel = getContentPane();                     // 获得容器对象
panel.setLayout(gridLayout);                            // 设置容器采用网格布局管理器
String[][] names = { { "1", "2", "3", "+" }, { "4", "5", "6", "-" },
```

```
                { "7", "8", "9", "*" }, { ".", "0", "=", "/" } };
JButton[][] buttons = new JButton[4][4];
for (int row = 0; row < names.length; row++) {
    for (int col = 0; col < names.length; col++) {
        buttons[row][col] = new JButton(names[row][col]);
// 创建按钮对象
        panel.add(buttons[row][col]);                        // 将按钮添加到面板中
    }
}
```

在例 11-5 的代码中，将容器设置为采用网格布局管理器，网格布局管理器的水平间距
和垂直间距均设置为 10 像素。程序运行结果如图 11-9 所示。

图 11-9　例 11-5 的运行结果

11.4 常用面板

面板可以添加到 JFrame 窗体中，子面板可以添加到上级面板中，组件可以添加到面板
中。应用面板，可以实现对所有组件进行分层管理，即对不同关系的组件采用不同的布局
管理方式，使组件的布局更合理，使软件界面更美观。

11.4.1　JPanel 类面板

如果将所有的组件都添加到由 JFrame 窗体提供的默认组件容器中，将
存在如下两个问题。

本小节微课

（1）一个界面中的所有组件只能采用一种布局方式，这样很难得到一
个美观的界面。

（2）有些布局方式只能管理有限个组件，如 JFrame 窗体默认的 BorderLayout 类布局管
理器最多只能管理五个组件。

针对上面的两个问题，使用 JPanel 类面板就可以解决。首先将面板
和组件添加到 JFrame 窗体中，然后将子面板和组件添加到上级面板中，
这样就可以向面板中添加无数个组件，并且通过对每个面板采用不同的
布局管理器，真正解决众多组件间的布局问题。JPanel 类面板默认采用
FlowLayout 类布局管理器。

图 11-10　计算器

【例 11-6】实现一个图 11-10 所示的带有显示器的计算器界面。

```
setTitle("计算器");
setResizable(false);                                         // 设置窗体大小不可改变
setBounds(100, 100, 230, 230);
setDefaultCloseOperation(JFrame.EXIT_ON_CLOSE);
```

```
final JPanel viewPanel = new JPanel();                          // 创建显示器面板，采用默认的流布局
getContentPane().add(viewPanel, BorderLayout.NORTH);            // 将显示器面板添加到窗体顶部
JTextField textField = new JTextField();                       // 创建显示器
textField.setEditable(false);                                  // 设置显示器不可编辑
textField.setHorizontalAlignment(SwingConstants.RIGHT);
textField.setColumns(18);
viewPanel.add(textField);                                      // 将显示器添加到显示器面板中
final JPanel buttonPanel = new JPanel();                       // 创建按钮面板
final GridLayout gridLayout = new GridLayout(4, 0);
gridLayout.setVgap(10);
gridLayout.setHgap(10);
buttonPanel.setLayout(gridLayout);                             // 按钮面板采用网格布局
getContentPane().add(buttonPanel, BorderLayout.CENTER);        // 将按钮面板添加到窗体中间
String[][] names = { { "1", "2", "3", "+" }, { "4", "5", "6", "-" },
        { "7", "8", "9", "*" }, { ".", "0", "=", "/" } };
JButton[][] buttons = new JButton[4][4];
for (int row = 0; row < names.length; row++) {
    for (int col = 0; col < names.length; col++) {
        buttons[row][col] = new JButton(names[row][col]);// 创建按钮
        buttonPanel.add(buttons[row][col]);                    // 将按钮添加到按钮面板中
    }
}
final JLabel leftLabel = new JLabel();                         // 创建左侧的占位标签
leftLabel.setPreferredSize(new Dimension(10, 0));              // 设置标签的宽度
getContentPane().add(leftLabel, BorderLayout.WEST);            // 将标签添加到窗体左侧
final JLabel rightLabel = new JLabel();                        // 创建右侧的占位标签
rightLabel.setPreferredSize(new Dimension(10, 0));            // 设置标签的宽度
getContentPane().add(rightLabel, BorderLayout.EAST);          // 将标签添加到窗体右侧
```

在例 11-6 的代码中，JFrame 窗体采用 BorderLayout 类布局；分别创建一个显示器面板和按钮面板，并分别添加到 JFrame 窗体顶部和中间；显示器面板采用默认的 FlowLayout 类布局，其中包含一个文本框组件；按钮面板采用 GridLayout 类布局，其中包含 16 个按钮组件；在窗体的左侧和右侧还分别添加了一个标签组件，目的是使按钮和边框之间存在一定的距离。

11.4.2　JScrollPane 类面板

JScrollPane 类实现了一个带有滚动条的面板，用来为某些组件添加滚动条。例如，在学习 JList 和 JTextArea 组件时均用到了该组件。JScrollPane 类提供的常用方法如表 11-4 所示。

本小节微课

表 11-4　JScrollPane 类提供的常用方法

方法	功能描述
setViewportView(Component view)	设置在滚动面板中显示的组件对象
setHorizontalScrollBarPolicy(int policy)	设置水平滚动条的显示策略
setVerticalScrollBarPolicy(int policy)	设置垂直滚动条的显示策略
setWheelScrollingEnabled(false)	设置滚动面板的滚动条是否支持鼠标的滚动轮

在利用表 11-4 中所示方法时，参数可以从 JScrollPane 类中用来设置滚动条显示策略的静态常量中选择，如表 11-5 所示。

表 11-5　JScrollPane 类中用来设置滚动条显示策略的静态常量

静态常量	常量值	滚动条的显示策略
HORIZONTAL_SCROLLBAR_AS_NEEDED	30	设置水平滚动条只在需要时显示，默认策略
HORIZONTAL_SCROLLBAR_NEVER	31	设置水平滚动条永远不显示
HORIZONTAL_SCROLLBAR_ALWAYS	32	设置水平滚动条一直显示
VERTICAL_SCROLLBAR_AS_NEEDED	20	设置垂直滚动条只在需要时显示，默认策略
VERTICAL_SCROLLBAR_NEVER	21	设置垂直滚动条永远不显示
VERTICAL_SCROLLBAR_ALWAYS	22	设置垂直滚动条一直显示

【例 11-7】　应用滚动面板。

```java
public class JScrollPaneTest extends JFrame {
    public JScrollPaneTest() {
        Container c = getContentPane();        // 获取主容器
        // 创建文本区域组件,文本域默认大小为 20 行、50 列
        JTextArea ta = new JTextArea(20, 50);
        // 创建 JScrollPane 滚动面板，并将文本区放到滚动面板中
        JScrollPane sp = new JScrollPane(ta);
        c.add(sp);                             // 将该面板添加到主容器中
        setTitle("带滚动条的文字编译器");
        setSize(400, 200);
        setDefaultCloseOperation(WindowConstants.DISPOSE_ON_CLOSE);
    }

    public static void main(String[] args) {
        JScrollPaneTest test = new JScrollPaneTest();
        test.setVisible(true);
    }
}
```

例 11-7 的代码为 JFrame 窗体添加了一个滚动面板，该面板的水平滚动条和垂直滚动条均为一直显示。程序运行结果如图 11-11 所示。

图 11-11　例 11-7 的运行结果

11.5　常用组件

组件是绘制软件界面的基本元素，是软件和用户之间的交流要素。例如，用文本框显示相关信息，用单选按钮、复选框、文本框等接收用户的输入信息，用按钮提交用户的输入信息。本节将对绘制软件界面的常用组件进行详细介绍，并针对每个组件给出一个典型例子，以方便读者学习和参考。

11.5.1 JLabel 组件

JLabel（标签）组件用来显示文本和图像，可以只显示其中的一者，也可以二者同时显示。JLabel 组件提供了一系列用来设置标签的方法，如 setText(String text)方法可以设置标签显示的文本；setFont(Font font)方法可以设置标签文本的字体及大小；setHorizontalAlignment(int alignment)方法可以设置文本的显示位置，该方法的参数可以从 JLabel 组件提供的静态常量中选择，可选的静态常量如表 11-6 所示。

表 11-6 JLabel 组件中用来设置标签内容水平显示位置的静态常量

静态常量	常量值	标签内容显示位置
LEFT	2	靠左侧显示
CENTER	0	居中显示
RIGHT	4	靠右侧显示

如果需要在标签中显示图片，可以通过 setIcon(Icon icon)方法进行设置。如果想在标签中既显示文本，又显示图片，可以通过 setHorizontalTextPosition(int textPosition)方法设置文字相对图片在水平方向的显示位置，该方法的参数可以从表 11-6 中提供的静态常量中选择。当参数设置为 LEFT 时，表示文字显示在图片的左侧；当参数设置为 RIGHT 时，表示文字显示在图片的右侧；当参数设置为 CENTER 时，表示文字与图片在水平方向重叠显示。还可以通过 setVerticalTextPosition(int textPosition)方法设置文字相对图片在垂直方向的显示位置，该方法的入口参数可以从 JLabel 组件提供的静态常量中选择，可选的静态常量如表 11-7 所示。

表 11-7 JLabel 组件中用来设置标签文本相对图片在垂直方向显示位置的静态常量

静态常量	常量值	标签内容显示位置
TOP	1	文字显示在图片的上方
CENTER	0	文字与图片在垂直方向重叠显示
BOTTOM	3	文字显示在图片的下方

【例 11-8】 同时显示文本和图片的标签。

```
final JLabel label = new JLabel();                      // 创建标签对象
label.setBounds(0, 0, 492, 341);                        // 设置标签的显示位置及大小
label.setText("欢迎进入 Swing 世界! ");                 // 设置标签显示文字
label.setFont(new Font("", Font.BOLD, 22));             // 设置文字的字体及大小
label.setHorizontalAlignment(JLabel.CENTER);            // 设置标签内容居中显示
label.setIcon(new ImageIcon("img/mrkj.png"));           // 设置标签显示图片
label.setHorizontalTextPosition(JLabel.CENTER);         // 设置文字相对图片在水平方向的显示位置
label.setVerticalTextPosition(JLabel.BOTTOM);           // 设置文字相对图片在垂直方向的显示位置
getContentPane().add(label);                            // 将标签添加到窗体中
```

通过例 11-8 中的代码，可以得到图 11-12 所示的标签，在标签中同时显示文本和图片，在水平方向上文本和图片重叠显示，在垂直方向上文本显示在图片的下方。

⚠注意：如果只通过图片的名称创建图片对象，则需要将图片和相应的类文件放在同一路径下，否则无法正常显示图片。

图 11-12　同时显示文本和图片的标签

【例 11-9】　在企业进销存管理系统的供应商添加面板中，使用标签显示文本框前的指定内容。

```java
public GysTianJiaPanel() {                         // 供应商添加面板
    setLayout(new GridBagLayout());                // 设置供应商添加面板的布局为网格布局
    setBounds(10, 10, 510, 302);                   // 设置供应商添加面板的位置与宽高
    // 设置"供应商全称"标签的位置并添加到容器中
    setupComponet(new JLabel("供应商全称："), 0, 0, 1, 1, false);
    quanChengF = new JTextField();                 // "供应商全称"文本框
    // 设置"供应商全称"文本框的位置并添加到容器中
    setupComponet(quanChengF, 1, 0, 3, 400, true);
    // 设置"简称"标签的位置并添加到容器中
    setupComponet(new JLabel("简称："), 0, 1, 1, 1, false);
    jianChengF = new JTextField();                 // "简称"文本框
    // 设置"简称"文本框的位置并添加到容器中
    setupComponet(jianChengF, 1, 1, 1, 160, true);
    // 设置"邮政编码"标签的位置并添加到容器中
    setupComponet(new JLabel("邮政编码："), 2, 1, 1, 1, false);
    bianMaF = new JTextField();                    // "邮政编码"文本框
    // 为"邮政编码"文本框添加键盘输入事件的监听
    bianMaF.addKeyListener(new InputKeyListener());
    // 设置"邮政编码"文本框的位置并添加到容器中
    setupComponet(bianMaF, 3, 1, 1, 0, true);
    // 设置"地址"标签的位置并添加到容器中
    setupComponet(new JLabel("地址："), 0, 2, 1, 1, false);
    diZhiF = new JTextField();                     // "地址"文本框
    // 设置"地址"文本框的位置并添加到容器中
    setupComponet(diZhiF, 1, 2, 3, 0, true);
    // 设置"电话"标签的位置并添加到容器中
    setupComponet(new JLabel("电话："), 0, 3, 1, 1, false);
    dianHuaF = new JTextField();                   // "电话"文本框
    // 为"电话"文本框添加键盘输入事件的监听
    dianHuaF.addKeyListener(new InputKeyListener());
    // 设置"电话"文本框的位置并添加到容器中
    setupComponet(dianHuaF, 1, 3, 1, 0, true);
    // 设置"传真"标签的位置并添加到容器中
    setupComponet(new JLabel("传真："), 2, 3, 1, 1, false);
    chuanZhenF = new JTextField();                 // "传真"文本框
    // 为"传真"文本框添加键盘输入事件的监听
```

```
chuanZhenF.addKeyListener(new InputKeyListener());
// 设置"传真"文本框的位置并添加到容器中
setupComponet(chuanZhenF, 3, 3, 1, 0, true);
// 设置"联系人"标签的位置并添加到容器中
setupComponet(new JLabel("联系人: "), 0, 4, 1, 1, false);
lianXiRenF = new JTextField();            // "联系人"文本框
// 设置"联系人"文本框的位置并添加到容器中
setupComponet(lianXiRenF, 1, 4, 1, 0, true);
// 设置"联系人电话"标签的位置并添加到容器中
setupComponet(new JLabel("联系人电话: "), 2, 4, 1, 1, false);
lianXiRenDianHuaF = new JTextField();    // "联系人电话"文本框
// 为"联系人电话"文本框添加键盘输入事件的监听
lianXiRenDianHuaF.addKeyListener(new InputKeyListener());
// 设置"联系人电话"文本框的位置并添加到容器中
setupComponet(lianXiRenDianHuaF, 3, 4, 1, 0, true);
// 设置"开户银行"标签的位置并添加到容器中
setupComponet(new JLabel("开户银行: "), 0, 5, 1, 1, false);
yinHangF = new JTextField();              // "开户银行"文本框
// 设置"开户银行"文本框的位置并添加到容器中
setupComponet(yinHangF, 1, 5, 1, 0, true);
// 设置"电子信箱"标签的位置并添加到容器中
setupComponet(new JLabel("电子信箱: "), 2, 5, 1, 1, false);
EMailF = new JTextField();                // "电子信箱"文本框
// 设置"电子信箱"文本框的位置并添加到容器中
setupComponet(EMailF, 3, 5, 1, 0, true);
//省略部分代码
}
```

程序运行结果如图 11-13 所示。

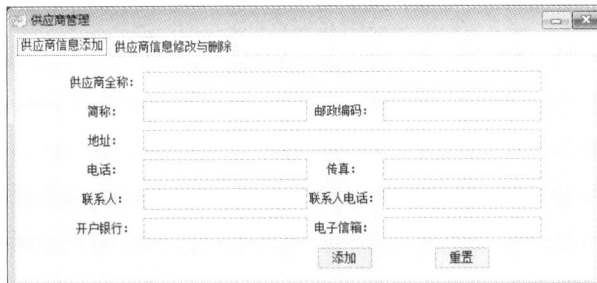

图 11-13　例 11-9 的运行结果

11.5.2　JButton 组件

JButton（按钮）组件是非常简单的按钮组件之一，只在按下和释放两个状态之间进行切换。JButton 组件提供了一系列用来设置按钮的方法，如 setText(String text)方法可以设置按钮的标签文本。下面的代码可以创建一个图 11-14 所示的简单按钮。

图 11-14　简单按钮

```
final JButton button = new JButton();
button.setBounds(10, 10, 70, 23);
button.setText("确 定");
getContentPane().add(button);
```

为按钮设置图片有 3 种方法：setIcon(Icon defaultIcon)方法用来设置按钮在默认状态下显示的图片，setRolloverIcon(Icon rolloverIcon)方法用来设置当光标移动到按钮上方时显示的图片，setPressedIcon(Icon pressedIcon)方法用来设置当按钮被按下时显示的图片。

本小节微课

当将按钮设置为显示图片时，建议通过 setMargin(Insets m)方法将按钮边框和标签四周的间隔均设置为 0。该方法的入口参数为 Insets 类的实例，Insets 类的构造方法为 Insets(int top, int left, int bottom,int right)，接收 4 个 int 型参数，依次为标签上方、左侧、下方和右侧的间隔。setContent AreaFilled(boolean b)方法用于设置按钮的内容区域，当设为 false 时表示不绘制，即设置按钮的背景为透明，默认为绘制。setBorderPainted(boolean b)方法用于设置按钮的边框，当设为 false 时表示不绘制，默认为绘制。

【例 11-10】 实现一个典型的按钮。

```
final JButton button = new JButton();              // 创建按钮对象
button.setMargin(new Insets(0, 0, 0, 0));          // 设置按钮边框和标签之间的间隔
button.setContentAreaFilled(false);                // 设置不绘制按钮的内容区域
button.setBorderPainted(false);                    // 设置不绘制按钮的边框
button.setIcon(new ImageIcon("land.png"));         // 设置默认情况下按钮显示的图片
button.setRolloverIcon(new ImageIcon("land_over.png")); // 设置光标经过时显示的图片
button.setPressedIcon(new ImageIcon("land_pressed.png")); // 设置按钮被按下时显示的图片
button.setBounds(10, 10, 70, 23);                  // 设置标签的显示位置及大小
getContentPane().add(button);                      // 将按钮添加到窗体中
```

通过例 11-10 中的代码，可以得到一个很典型的按钮，在默认情况下按钮的效果如图 11-15 所示，当光标经过按钮时的效果如图 11-16 所示，当按钮被按下时的效果如图 11-17 所示。

图 11-15　默认状态下的按钮效果　　图 11-16　光标经过按钮效果　　图 11-17　按钮被按下时效果

11.5.3　JRadioButton 组件

JRadioButton（单选按钮）组件用来实现一个单选按钮，用户可以很方便地查看单选按钮的状态。JRadioButton 组件可以单独使用，也可以与 ButtonGroup 类联合使用。当 JRadioButton 组件单独使用时，该单选按钮可

本小节微课

以被选中和取消选中；当与 ButtonGroup 类联合使用时，则组成了一个单选按钮组，此时用户只能选中单选按钮组中的一个单选按钮，取消选中的操作将由 ButtonGroup 类自动完成。

ButtonGroup 类用来创建一个按钮组，按钮组是负责维护该组按钮的"开启"状态，在按钮组中只能有一个按钮处于"开启"状态。假设在按钮组中有且仅有 A 按钮处于开启状态，在"开启"其他按钮时，按钮组将自动关闭 A 按钮的"开启"状态。按钮组经常用来维护由 JRadio Button、JRadioButtonMenuItem 或 JToggleButton 类型的按钮组成的按钮组。ButtonGroup 类提供的常用方法如表 11-8 所示。

表 11-8　ButtonGroup 类提供的常用方法

方法	功能描述
add(AbstractButton b)	添加按钮到按钮组中
remove(AbstractButton b)	从按钮组中移除按钮
getButtonCount()	返回按钮组中包含按钮的个数，返回值为 int 型
getElements()	返回一个 Enumeration 类型的对象，通过该对象可以遍历按钮组中包含的所有按钮对象

JRadioButton 组件提供了一系列用来设置单选按钮的方法。例如，setText(String text) 方法可以设置单选按钮的标签文本；setSelected(boolean b)方法可以设置单选按钮的状态，默认情况下未被选中，当设为 true 时表示单选按钮被选中。

【例 11-11】　单选按钮组件示例。

```
final JLabel label = new JLabel();                          // 创建标签对象
label.setText("性别: ");                                     // 设置标签文本
label.setBounds(10, 10, 46, 15);                            // 设置标签的显示位置及大小
getContentPane().add(label);                                // 将标签添加到窗体中
ButtonGroup buttonGroup = new ButtonGroup();                // 创建单选按钮组对象
final JRadioButton manRadioButton = new JRadioButton();     // 创建单选按钮对象
buttonGroup.add(manRadioButton);                            // 将单选按钮添加到单选按钮组中
manRadioButton.setSelected(true);                           // 设置单选按钮默认为被选中
manRadioButton.setText("男");                                // 设置单选按钮的文本
manRadioButton.setBounds(62, 6, 46, 23);                    // 设置单选按钮的显示位置及大小
getContentPane().add(manRadioButton);                       // 将单选按钮添加到窗体中
final JRadioButton womanRadioButton = new JRadioButton();
buttonGroup.add(womanRadioButton);
womanRadioButton.setText("女");
womanRadioButton.setBounds(114, 6, 46, 23);
getContentPane().add(womanRadioButton);
```

通过例 11-11 中的代码，可以得到图 11-18 所示的单选按钮组。在默认情况下，标签文本为"男"的单选按钮被选中，当用户选中标签文本为"女"的单选按钮时，单选按钮组将自动取消标签文本为"男"的单选按钮的选中状态。

图 11-18　单选按钮组

11.5.4　JCheckBox 组件

JCheckBox（复选框）组件用来实现一个复选框，该复选框可以被选中和取消选中，并且可以同时选中多个。用户可以很方便地查看复选框的状态。JCheckBox 组件提供了一系列用来设置复选框的方法。例如，setText(String text) 方法可以设置复选框的标签文本；setSelected(boolean b)方法可以设置复选框的状态，默认情况下未被选中，当设为 true 时表示复选框被选中。

本小节微课

【例 11-12】　复选框组件示例。

```
final JLabel label = new JLabel();                          // 创建标签对象
label.setText("爱好: ");                                     // 设置标签文本
label.setBounds(10, 10, 46, 15);                            // 设置标签的显示位置及大小
getContentPane().add(label);                                // 将标签添加到窗体中
final JCheckBox readingCheckBox = new JCheckBox();          // 创建复选框对象
readingCheckBox.setText("读书");                             // 设置复选框的标签文本
readingCheckBox.setBounds(62, 6, 55, 23);                   // 设置复选框的显示位置及大小
```

```
getContentPane().add(readingCheckBox);                    // 将复选框添加到窗体中
final JCheckBox musicCheckBox = new JCheckBox();
musicCheckBox.setText("听音乐");
musicCheckBox.setBounds(123, 6, 68, 23);
getContentPane().add(musicCheckBox);
final JCheckBox pingpongCheckBox = new JCheckBox();
pingpongCheckBox.setText("乒乓球");
pingpongCheckBox.setBounds(197, 6, 75, 23);
getContentPane().add(pingpongCheckBox);
```

通过例 11-12 中的代码，可以得到图 11-19
所示的复选框。

11.5.5　JComboBox 组件

本小节微课

图 11-19　复选框

JComboBox（选择框）组件用来实现一个选
择框，用户可以从下拉列表中选择相应的值。该选择框还可以设置为可编辑的，当设置为
可编辑状态时，用户可以在选择框中输入相应的值。

在创建选择框时，可以通过构造方法 JComboBox(Object[] items) 直接初始化该选择框包
含的选项。例如，创建一个包含选项"身份证""士兵证""驾驶证"的选择框，代码如下：

```
String[] idCards = { "身份证", "士兵证", "驾驶证" };
JComboBox idCardComboBox = new JComboBox(idCards);
```

也可以通过 setModel(ComboBoxModel aModel) 方法初始化该选择框包含的选项。例如：

```
String[] idCards = { "身份证", "士兵证", "驾驶证" };
JComboBox idCardComboBox = new JComboBox();
comboBox.setModel(new DefaultComboBoxModel(idCards));
```

还可以通过 addItem(Object item) 和 insertItemAt(Object item, int index) 方法向选择框中
添加选项。例如：

```
JComboBox idCardComboBox = new JComboBox();
comboBox.addItem("士兵证");
comboBox.addItem("驾驶证");
comboBox.insertItemAt("身份证", 0);
```

JComboBox 组件提供了一系列用来设置选择框的方法。例如，setSelectedItem() 或
setSelectedIndex() 方法可以设置选择框的默认选项；setEditable() 方法可以设置选择框是否可
编辑，即选择框是否可以接受用户输入的信息，默认为不可编辑，当设为 true 时为可编辑。
JComboBox 组件提供的常用方法如表 11-9 所示。

表 11-9　JComboBox 组件提供的常用方法

方法	功能描述
addItem(Object item)	添加选项到选项列表的尾部
insertItemAt(Object item, int index)	添加选项到选项列表的指定索引位置，索引从 0 开始
removeItem(Object item)	从选项列表中移除指定的选项
removeItemAt(int index)	从选项列表中移除指定索引位置的选项
removeAllItems()	移除选项列表中的所有选项
setSelectedItem(Object item)	设置指定选项为选择框的默认选项
setSelectedIndex(int index)	设置指定索引位置的选项为选择框的默认选项
setMaximumRowCount(int count)	设置选择框弹出时显示选项的最多行数，默认为 8 行
setEditable(boolean isEdit)	设置选择框是否可编辑，当设置为 true 时表示可编辑，默认为不可编辑（false）

【例 11-13】 创建用来填写学历的选择框。

```
final JLabel label = new JLabel();                    // 创建标签对象
label.setText("学历: ");                               // 设置标签文本
label.setBounds(10, 10, 46, 15);                       // 设置标签的显示位置及大小
getContentPane().add(label);                           // 将标签添加到窗体中
String[] schoolAges = { "本科", "硕士", "博士" };;    // 创建选项数组
JComboBox comboBox = new JComboBox(schoolAges);        // 创建选择框对象
comboBox.setEditable(true);                            // 设置选择框为可编辑
comboBox.setMaximumRowCount(3);                        // 设置选择框弹出时显示选项的最多行数
comboBox.insertItemAt("大专", 0);                      // 在索引为 0 的位置插入一个选项
comboBox.setSelectedItem("本科");                      // 设置索引为 0 的选项被选中
comboBox.setBounds(62, 7, 104, 21);                    // 设置选择框的显示位置及大小
getContentPane().add(comboBox);                        // 将选择框添加到窗体中
```

通过例 11-13 中的代码，可以得到一个可编辑的选择框，如果没有适合用户的选项，用户可以输入自己的信息。本例设置默认的选中项为"本科"，如图 11-20 所示；如果未设置默认的选中项，则默认选中索引为 0 的选项，在本例中为"大专"。图 11-21 所示的"高中"为用户输入的信息。

图 11-20　默认选中项

图 11-21　编辑选择框

【例 11-14】 在企业进销存管理系统的商品信息修改与删除面板中，使用选择框选择指定商品。

```
// 设置"选择商品"标签的位置并添加到容器中
setupComponet(new JLabel("选择商品"), 0, 8, 1, 0, false);
sp = new JComboBox();                              // "选择商品"选择框
sp.setPreferredSize(new Dimension(230, 21));       // 设置"选择商品"选择框的宽高
sp.addActionListener(new ActionListener() {
    public void actionPerformed(ActionEvent e) {
        doSpSelectAction();                        // "选择商品"选择框动作事件的监听
    }
});
setupComponet(sp, 1, 8, 2, 0, true);               // 设置"选择商品"选择框的位置并添加到容器中
modifyButton = new JButton("修改");                // "修改"按钮
delButton = new JButton("删除");                   // "删除"按钮
JPanel panel = new JPanel();                        // 按钮面板
panel.add(modifyButton);                           // 把"修改"按钮放到按钮面板中
panel.add(delButton);                              // 把"删除"按钮放到按钮面板中
setupComponet(panel, 3, 8, 1, 0, false);           // 设置按钮面板的位置并添加到容器中
```

程序运行结果如图 11-22 所示。

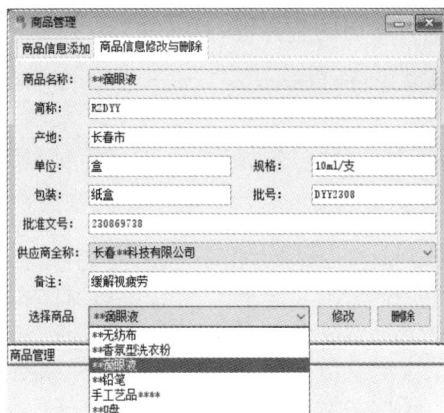

图 11-22 使用选择框选择指定商品

11.5.6 JList 组件

JList（列表框）组件实现一个列表框，列表框与选择框的主要区别是列表框可以多选，而选择框只能单选。在创建列表框时，需要通过构造方法 JList(Object[] list)直接初始化该列表框包含的选项。例如，创建一个用来选择月份的列表框，代码如下：

本小节微课

```
Integer[] months = { 1, 2, 3, 4, 5, 6, 7, 8, 9, 10, 11, 12 };
JList list = new JList(months);
```

由 JList 组件实现的列表框有三种选取模式，可以通过 JList 组件的 setSelectionMode(int selectionMode)方法设置具体的选取模式，该方法的参数可以从 ListSelectionModel 类中的静态常量中选择。三种选取模式包括一种单选模式和两种多选模式，ListSelectionModel 类中用来设置选取模式的静态常量如表 11-10 所示。

表 11-10　ListSelectionModel 类中用来设置选取模式的静态常量

静态常量	常量值	标签内容显示位置
SINGLE_SELECTION	0	只允许选取一个，如图 11-23 所示
SINGLE_INTERVAL_SELECTION	1	只允许连续选取多个，如图 11-24 所示
MULTIPLE_INTERVAL_SELECTION	2	既允许连续选取，又允许间隔选取，如图 11-25 所示

图 11-23　单选模式　　图 11-24　多选模式（必须连选）　图 11-25　多选模式（连隔均可）

JList 组件提供了一系列用来设置列表框的方法，常用方法如表 11-11 所示。

表 11-11　JList 组件提供的设置列表框的常用方法

方法	功能描述
setSelectedIndex(int index)	选中指定索引的一个选项
setSelectedIndices(int[] indices)	选中指定索引的一组选项
setSelectionBackground(Color selectionBackground)	设置选项的背景颜色

方法	功能描述
setSelectionForeground(Color selectionForeground)	设置选项的字体颜色
getSelectedIndices()	以 int[]形式获得被选中的所有选项的索引值
getSelectedValues()	以 Object[]形式获得被选中的所有选项的内容
clearSelection()	取消所有被选中的项
isSelectionEmpty()	查看是否有被选中的项，如果有则返回 true
isSelectedIndex(int index)	查看指定项是否已经被选中
ensureIndexIsVisible(int index)	使指定项在选择窗口中可见
setFixedCellHeight(int height)	设置选择窗口中每个选项的高度
setVisibleRowCount(int visibleRowCount)	设置在选择窗口中最多可见选项的个数
getPreferredScrollableViewportSize()	获得使指定个数的选项可见需要的窗口高度
setSelectionMode(int selectionMode)	设置列表框的选取模式，即单选还是多选

【例 11-15】 创建用来填写爱好的列表框。

```
final JLabel label = new JLabel();                    // 创建标签对象
label.setText("爱好：");                               // 设置标签文本
label.setBounds(10, 10, 46, 15);                      // 设置标签的显示位置及大小
getContentPane().add(label);                          // 将标签添加到窗体中
String[] likes = { "读书", "听音乐", "跑步", "乒乓球", "篮球", "游泳", "滑雪" };
JList list = new JList(likes);                         // 创建列表对象
list.setSelectionMode(ListSelectionModel.MULTIPLE_INTERVAL_SELECTION);
list.setFixedCellHeight(20);                          // 设置选项高度
list.setVisibleRowCount(4);                           // 设置选项可见个数
JScrollPane scrollPane = new JScrollPane();           // 创建滚动面板对象
scrollPane.setViewportView(list);                     // 将列表添加到滚动面板中
scrollPane.setBounds(62, 5, 65, 80);                  // 设置滚动面板的显示位置及大小
getContentPane().add(scrollPane);                     // 将滚动面板添加到窗体中
```

通过例 11-15 中的代码得到的列表框如图 11-26 所示。

图 11-26　列表框

> 说明：由 JList 组件实现的列表框并不提供滚动窗口，如果需要将列表框中的选项显示在滚动窗口中，如例 11-15，则需要先将列表框添加到滚动面板中，再将滚动面板添加到窗体中。

11.5.7　JTextField 组件

JTextField（文本框）组件用来实现一个文本框，接受用户输入的单行文本信息。如果需要为文本框设置默认文本，可以通过构造方法 JTextField(String text)创建文本框对象。例如：

本小节微课

```
JTextField textField= new JTextField ("请输入姓名");
```

也可以通过方法 setText(String t)为文本框设置文本信息。例如：

```
JTextField textField= new JTextField ("请输入姓名");
textField.setText("请输入姓名");
```

在设置文本框时，可以通过 setHorizontalAlignment(int alignment)方法设置文本框内容的水平对齐方式。该方法的入口参数可以从 JTextField 组件中的静态常量中选择，具体信息如表 11-12 所示。

表 11-12　JTextField 组件中用来设置文本框内容的水平对齐方式的静态常量

静态常量	常量值	标签内容显示位置
LEFT	2	靠左侧对齐，效果如图 11-27 所示
CENTER	0	居中对齐，效果如图 11-28 所示
RIGHT	4	靠右侧对齐，效果如图 11-29 所示

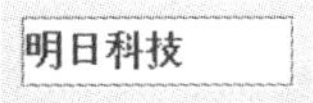

图 11-27　靠左侧对齐 　　　图 11-28　居中对齐 　　　图 11-29　靠右侧对齐

JTextField 组件提供的常用方法如表 11-13 所示。

表 11-13　JTextField 组件提供的常用方法

方法	功能描述
getPreferredSize()	获得文本框的首选大小，返回值为 Dimensions 类型的对象
scrollRectToVisible(Rectangle r)	向左或向右滚动文本框中的内容
setColumns(int columns)	设置文本框最多可显示内容的列数
setFont(Font f)	设置文本框的字体
setScrollOffset(int scrollOffset)	设置文本框的滚动偏移量（以像素为单位）
setHorizontalAlignment(int alignment)	设置文本框内容的水平对齐方式

【例 11-16】　创建用来填写姓名的文本框。

```
final JLabel label = new JLabel();                          // 创建标签对象
label.setText("姓名：");                                     // 设置标签文本
label.setBounds(10, 10, 46, 15);                            // 设置标签的显示位置及大小
getContentPane().add(label);                                // 将标签添加到窗体中
JTextField textField = new JTextField();                    // 创建文本框对象
textField.setHorizontalAlignment(JTextField.CENTER);        // 设置文本框内容的水平对齐方式
textField.setFont(new Font("", Font.BOLD, 12));             // 设置文本框内容的字体样式
textField.setBounds(62, 7, 120, 21);                        // 设置文本框的显示位置及大小
getContentPane().add(textField);                            // 将文本框添加到窗体中
```

通过例 11-16 中的代码，可以得到图 11-30 所示的文本框。

图 11-30　文本框

【例 11-17】　在企业进销存管理系统的登录窗体中，初始化"用户名"文本框。

```
private JTextField getUserField() {    // 初始化"用户名"文本框
    if (userField == null) {           // "用户名"文本框对象为空时
        userField = new JTextField();  // 实例化"用户名"文本框
```

```
                                              // 设置"用户名"文本框的位置和宽高
        userField.setBounds(new Rectangle(142, 39, 127, 22));
    }
    return userField;                          // 返回"用户名"文本框
}
```

程序运行结果如图 11-31 所示。

图 11-31　例 11-17 的运行效果

11.5.8　JPasswordField 组件

本小节微课

JPasswordField（密码框）组件用来实现一个密码框，接收用户输入的单行文本信息，但是并不显示用户输入的真实信息，而是通过显示一个指定的回显字符作为占位符。新创建密码框的默认回显字符为"*"，效果如图 11-32 所示；setEchoChar(char c)方法可以修改回显字符，如将回显字符修改为"#"，修改后的效果如图 11-33 所示。

图 11-32　默认回显字符效果

图 11-33　"#"回显字符效果

JPasswordField 组件提供的常用方法如表 11-14 所示。

表 11-14　JPasswordField 组件提供的常用方法

方法	功能描述
setEchoChar(char c)	设置回显字符为指定字符
getEchoChar()	获得回显字符，返回值为 char 型
echoCharIsSet()	查看是否已经设置了回显字符，如果设置了则返回 true，否则返回 false
getPassword()	获得用户输入的文本信息，返回值为 char 型数组

【例 11-18】　创建用来填写密码的密码框。

```
final JLabel label = new JLabel();                     // 创建标签对象
label.setText("密码: ");                                // 设置标签文本
label.setBounds(10, 10, 46, 15);                       // 设置标签的显示位置及大小
getContentPane().add(label);                           // 将标签添加到窗体中
JPasswordField passwordField = new JPasswordField();   // 创建密码框对象
passwordField.setEchoChar('￥');                        // 设置回显字符为"￥"
passwordField.setBounds(62, 7, 150, 21);               // 设置密码框的显示位置及大小
getContentPane().add(passwordField);                   // 将密码框添加到窗体中
```

通过例 11-18 中的代码，可以得到图 11-34 所示的密码框。

【例 11-19】　在企业进销存管理系统的更改密码窗体中，依次初始化"旧密码"密码框、"新密码"密码框和"确认新密码"

图 11-34　密码框

密码框。

```java
public GengGaiMiMa() {                              // 更改密码窗体的构造方法
    super();                                         // 调用父类 JInternalFrame 的构造器
    setIconifiable(true);                            // 设置更改密码窗体可以图标化
    setTitle("更改密码");                             // 设置更改密码窗体的标题
    setClosable(true);                               // 设置可以关闭更改密码窗体
    // 设置更改密码窗体中内容面板的布局是网格布局
    getContentPane().setLayout(new GridBagLayout());
    setBounds(100, 100, 300, 228);                   // 设置更改密码窗体的位置与宽高

    final JLabel label_1 = new JLabel();            // "旧密码："标签
    // 设置"旧密码："标签中的字体样式和大小
    label_1.setFont(new Font("", Font.PLAIN, 14));
    label_1.setText("旧  密  码：");                  // 设置"旧密码："标签中的文本内容
    // 创建网格限制对象
    final GridBagConstraints gridBagConstraints_2 = new GridBagConstraints();
    gridBagConstraints_2.gridy = 3;                 // 组件位于网格的纵向索引为 3
    gridBagConstraints_2.gridx = 0;                 // 组件位于网格的横向索引为 0
    // 向更改密码窗体中的内容面板添加"旧密码："标签
    getContentPane().add(label_1, gridBagConstraints_2);

    oldPass = new JPasswordField();                 // "旧密码"密码框
    // 创建网格限制对象
    final GridBagConstraints gridBagConstraints_3 = new GridBagConstraints();
    gridBagConstraints_3.weighty = 1.0;             // 组件纵向扩大的权重是 1.0
    gridBagConstraints_3.insets = new Insets(0, 0, 0, 10);// 组件彼此的间距
    // 组件水平扩大以占据空白区域
    gridBagConstraints_3.fill = GridBagConstraints.HORIZONTAL;
    gridBagConstraints_3.gridwidth = 3;             // 组件横跨 3 个网格
    gridBagConstraints_3.gridy = 3;                 // 组件位于网格的纵向索引为 3
    gridBagConstraints_3.gridx = 1;                 // 组件位于网格的横向索引为 1
    // 向更改密码窗体中的内容面板添加"旧密码"密码框
    getContentPane().add(oldPass, gridBagConstraints_3);

    final JLabel label_2 = new JLabel();            // "新密码："标签
    // 设置"新密码："标签中的字体样式和大小
    label_2.setFont(new Font("", Font.PLAIN, 14));
    label_2.setText("新  密  码：");                  // 设置"新密码："标签中的文本内容
    // 创建网格限制对象
    final GridBagConstraints gridBagConstraints_4 = new GridBagConstraints();
    gridBagConstraints_4.gridy = 4;                 // 组件位于网格的纵向索引为 4
    gridBagConstraints_4.gridx = 0;                 // 组件位于网格的横向索引为 0
    // 向更改密码窗体中的内容面板添加"新密码："标签
    getContentPane().add(label_2, gridBagConstraints_4);

    newPass1 = new JPasswordField();                // "新密码"密码框
    // 创建网格限制对象
    final GridBagConstraints gridBagConstraints_5 = new GridBagConstraints();
    gridBagConstraints_5.weighty = 1.0;             // 组件纵向扩大的权重是 1.0
    gridBagConstraints_5.ipadx = 30;                // 组件横向增加 30 像素
    gridBagConstraints_5.insets = new Insets(0, 0, 0, 10);// 组件彼此的间距
    // 组件水平扩大以占据空白区域
    gridBagConstraints_5.fill = GridBagConstraints.HORIZONTAL;
```

```
gridBagConstraints_5.gridwidth = 3;        // 组件横跨 3 个网格
gridBagConstraints_5.gridy = 4;            // 组件位于网格的纵向索引为 4
gridBagConstraints_5.gridx = 1;            // 组件位于网格的横向索引为 1
// 向更改密码窗体中的内容面板添加"新密码"密码框
getContentPane().add(newPass1, gridBagConstraints_5);

final JLabel label_3 = new JLabel();       // "确认新密码: "标签
  // 设置"确认新密码: "标签中的字体样式和大小
label_3.setFont(new Font("", Font.PLAIN, 14));
label_3.setText("确认新密码: ");            // 设置"确认新密码: "标签中的文本内容
// 创建网格限制对象
final GridBagConstraints gridBagConstraints_6 = new GridBagConstraints();
gridBagConstraints_6.gridy = 5;            // 组件位于网格的纵向索引为 5
gridBagConstraints_6.gridx = 0;            // 组件位于网格的横向索引为 0
// 向更改密码窗体中的内容面板添加"确认新密码: "标签
getContentPane().add(label_3, gridBagConstraints_6);

newPass2 = new JPasswordField();           // "确认新密码"密码框
// 创建网格限制对象
final GridBagConstraints gridBagConstraints_7 = new GridBagConstraints();
gridBagConstraints_7.weighty = 1.0;        // 组件纵向扩大的权重是 1.0
gridBagConstraints_7.ipadx = 30;           // 组件横向增加 30 像素
gridBagConstraints_7.insets = new Insets(0, 0, 0, 10);// 组件彼此的间距
// 组件水平扩大以占据空白区域
gridBagConstraints_7.fill = GridBagConstraints.HORIZONTAL;
gridBagConstraints_7.weightx = 1.0;        // 组件横向扩大的权重是 1.0
gridBagConstraints_7.gridwidth = 3;        // 组件横跨 3 个网格
gridBagConstraints_7.gridy = 5;            // 组件位于网格的纵向索引为 5
gridBagConstraints_7.gridx = 1;            // 组件位于网格的横向索引为 1
// 向更改密码窗体中的内容面板添加"确认新密码"密码框
getContentPane().add(newPass2, gridBagConstraints_7);
// 省略部分代码
}
```

程序运行结果如图 11-35 所示。

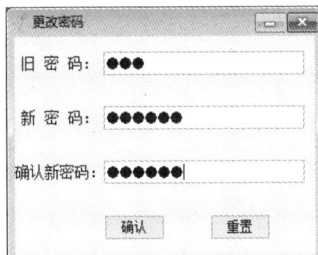

图 11-35　例 11-19 的运行结果

11.5.9　JTextArea 组件

JTextArea（文本域）组件用来实现一个文本域，可以接收用户输入的多行文本。在创建文本域时，可以通过 setLineWrap(boolean wrap)方法设置文本是否自动换行，默认为 false，即不自动换行，此时文本域的运行效果如

本小节微课

图 11-36 所示；如果改为自动换行，即设为 true，则文本域的运行效果如图 11-37 所示。

图 11-36 不自动换行的文本域效果   图 11-37 自动换行的文本域效果

JTextArea 组件提供的常用方法如表 11-15 所示。

表 11-15 JTextArea 组件提供的常用方法

方法	功能描述
append(String str)	将指定文本追加到文档结尾
insert(String str, int pos)	将指定文本插入指定位置
replaceRange(String str, int start, int end)	用给定的新文本替换从指示的起始位置到结尾位置的文本
getColumnWidth()	获取列的宽度
getColumns()	返回文本域中的列数
getLineCount()	确定文本域中所包含的行数
getPreferredSize()	返回文本域的首选大小
getRows()	返回文本域中的行数
setLineWrap(boolean wrap)	设置文本是否自动换行，默认为 false，即不自动换行

【例 11-20】 实现一个图 11-38 所示的文本域，文本域的列数为 15，行数为 3，并且文本自动换行。

```
final JLabel label = new JLabel();
label.setText("备注: ");
label.setBounds(10, 10, 46, 15);
getContentPane().add(label);
JTextArea textArea = new JTextArea();                    // 创建文本域对象
textArea.setColumns(15);                                 // 设置文本域显示文字的列数
textArea.setRows(3);                                     // 设置文本域显示文字的行数
textArea.setLineWrap(true);                              // 设置文本自动换行
final JScrollPane scrollPane = new JScrollPane();        // 创建滚动面板对象
scrollPane.setViewportView(textArea);                    // 将文本域添加到滚动面板中
Dimension dime = textArea.getPreferredSize();            // 获得文本域的首选大小
scrollPane.setBounds(62, 5, dime.width, dime.height);    // 设置滚动面板的位置及大小
getContentPane().add(scrollPane);                        // 将滚动面板添加到窗体中
```

图 11-38 文本域

11.6 常用事件处理

程序设计人员在开发应用程序时，对事件的处理是必不可少的，只有这样才能够实现软件与用户的交互。常用事件有动作事件、焦点事件、鼠标事件和键盘事件。

本节微课

11.6.1 动作事件处理

动作事件由 ActionEvent 类捕获，当单击按钮后将发生动作事件，由 ActionListener 接口处理相应的动作事件。

ActionListener 接口只有一个抽象方法，将在动作事件发生后被触发，如单击按钮之后。ActionListener 接口的具体定义如下：

```
public interface ActionListener extends EventListener {
    public void actionPerformed(ActionEvent e);
}
```

ActionEvent 类中有以下两个比较常用的方法。

（1）getSource()：用来获得触发此次动作事件的组件对象，返回值类型为 Object。

（2）getActionCommand()：用来获得与当前动作事件相关的命令字符串，返回值类型为 String。

【例 11-21】 编写一个用来演示由按钮触发动作事件的示例。

首先创建一个名称为 ActionEventExample 的类，该类继承 JFrame 类，并在该类中定义一个 JLabel 对象，同时编写一个 main()方法，代码如下：

```
private JLabel label;                  // 声明一个标签对象, 用来显示提示信息
public static void main(String args[]) {
    ActionEventExample frame = new ActionEventExample();
    frame.setVisible(true);
}
```

然后编写构造方法 ActionEventExample()，为窗体依次添加一个标签和按钮，并为按钮添加动作监听器，代码如下：

```
public ActionEventExample() {
    super();
    setTitle("动作事件示例");
    setBounds(100, 100, 500, 375);
    setDefaultCloseOperation(JFrame.EXIT_ON_CLOSE);
    label = new JLabel();
    label.setText("欢迎登录! ");
    label.setHorizontalAlignment(JLabel.CENTER);
    getContentPane().add(label);
    final JButton submitButton = new JButton();
    submitButton.setText("登录");
    submitButton.addActionListener(new ButtonAction());// 为按钮添加动作监听器
    getContentPane().add(submitButton, BorderLayout.SOUTH);
}
```

最后编写动作监听器类 ButtonAction，该类为 ActionEventExample 类的内部类。ButtonAction 类的代码如下：

```
class ButtonAction implements ActionListener {
    public void actionPerformed(ActionEvent e) {
        JButton button = (JButton) e.getSource(); // 获得触发此次动作事件的按钮对象
        String buttonName = e.getActionCommand(); // 获得触发此次动作事件的按钮的标签文本
        if (buttonName.equals("登录")) {
            label.setText("您已经成功登录! ");      // 修改标签的提示信息
            button.setText("退出");              // 修改按钮的标签文本
        } else {
            label.setText("您已经安全退出! ");      // 修改标签的提示信息
```

```
            button.setText("登录");                        // 修改按钮的标签文本
        }
    }
}
```

初次运行本示例,将得到图 11-39 所示的窗体;单击窗体中的"登录"按钮,将得到图 11-40 所示的窗体,此时标签中的文本已经由"欢迎登录!"修改为"您已经成功登录!",按钮的标签文本也由"登录" 修改为"退出";此时再单击"退出"按钮,将得到图 11-41 所示的窗体。

图 11-39 初次运行时的效果

图 11-40 单击"登录"按钮后的效果

图 11-41 单击"退出"按钮后的效果

11.6.2 焦点事件处理

焦点事件由 FocusEvent 类捕获,所有的组件都能产生焦点事件,由 FocusListener 接口处理相应的焦点事件。

FocusListener 接口有两个抽象方法,分别在组件获得或失去焦点时被触发。FocusListener 接口的具体定义如下:

```
public interface FocusListener extends EventListener {
    public void focusGained(FocusEvent e);            // 当组件获得焦点时将触发该方法
    public void focusLost(FocusEvent e);              // 当组件失去焦点时将触发该方法
}
```

FocusEvent 类中比较常用的方法是 getSource(),用来获得触发此次焦点事件的组件对象,返回值类型为 Object。

【例 11-22】 编写一个用来演示由文本框触发焦点事件的示例。

首先创建一个名称为 FocusEventExample 的类,该类继承 JFrame 类,并在该类中定义一个 JTextField 对象,同时编写一个 main()方法,代码如下:

```
private JTextField textField;
public static void main(String args[]) {
    FocusEventExample frame = new FocusEventExample();
    frame.setVisible(true);
}
```

然后编写构造方法 FocusEventExample(),为窗体依次添加一个标签、文本框和按钮,并为文本框添加焦点监听器,代码如下:

```
public FocusEventExample() {
    super();
    setTitle("焦点事件示例");
    setBounds(100, 100, 500, 375);
    getContentPane().setLayout(new FlowLayout());
    setDefaultCloseOperation(JFrame.EXIT_ON_CLOSE);
    final JLabel label = new JLabel();
    label.setText("出生日期: ");
    getContentPane().add(label);
    textField = new JTextField();
```

```
        textField.setColumns(10);
        textField.addFocusListener(new TextFieldFocus());    // 为文本框添加焦点监听器
        getContentPane().add(textField);
        final JButton button = new JButton();
        button.setText("确定");
        getContentPane().add(button);
    }
```

最后编写动作监听器类 TextFieldFocus，该类为 FocusEventExample 类的内部类。
TextFieldFocus 类的代码如下：

```
class TextFieldFocus implements FocusListener {
    public void focusGained(FocusEvent e) {
        textField.setText("");
    }
    public void focusLost(FocusEvent e) {
        textField.setText("2008-8-8");
    }
}
```

运行本示例，将得到图 11-42 所示的窗体，此时的文本框拥有焦点，即可以向文本框中
输入内容；单击"确定"按钮，此时的文本框会失去焦点，文本框的焦点监听器将为文本
框设置内容"2008-8-8"，如图 11-43 所示；如果单击文本框，文本框将再次获得焦点，文
本框的焦点监听器将把文本框设置为空，效果如图 11-42 所示。

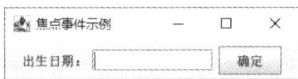

图 11-42　文本框获得焦点　　　　　　　　　图 11-43　文本框失去焦点

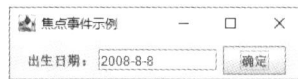

11.6.3　鼠标事件处理

鼠标事件由 MouseEvent 类捕获，所有的组件都能产生鼠标事件，由 MouseListener 接
口处理相应的鼠标事件。

MouseListener 接口有 5 个抽象方法，分别在光标移入（出）组件时、鼠标按键被按下（释
放）时和发生单击事件时被触发。单击事件就是鼠标按键被按下并释放。需要注意的是，如果鼠
标按键是在移出组件之后才被释放，则不会触发单击事件。MouseListener 接口的具体定义如下：

```
public interface MouseListener extends EventListener {
    public void mouseEntered(MouseEvent e);     // 光标移入组件时被触发
    public void mousePressed(MouseEvent e);     // 鼠标按键被按下时触发
    public void mouseReleased(MouseEvent e);    // 鼠标按键被释放时触发
    public void mouseClicked(MouseEvent e);     // 发生单击事件时被触发
    public void mouseExited(MouseEvent e);      // 光标移出组件时被触发
}
```

MouseEvent 类中的常用方法如表 11-16 所示。

表 11-16　MouseEvent 类中的常用方法

方法	功能描述
getSource()	用来获得触发此次鼠标事件的组件对象，返回值为 Object 类型
getButton()	用来获得代表触发此次鼠标按下、释放或单击事件的按键的 int 型值
getClickCount()	用来获得单击按键的次数

利用表 11-17 所示的静态常量可以判断通过 getButton()方法得到的值代表鼠标哪个键。

表 11-17　MouseEvent 类中代表鼠标按键的静态常量

静态常量	常量值	代表的键
BUTTON1	1	鼠标左键
BUTTON2	2	鼠标滚轮
BUTTON3	3	鼠标右键

【例 11-23】　编写一个用来演示鼠标事件的示例。

```java
final JLabel label = new JLabel();
label.addMouseListener(new MouseListener() {
    public void mouseEntered(MouseEvent e) {
        System.out.println("光标移入组件");
    }
    public void mousePressed(MouseEvent e) {
        System.out.println("鼠标按键被按下");
        int i = e.getButton();        // 通过该值可以判断按下的是鼠标哪个键
        if (i == MouseEvent.BUTTON1)
            System.out.println("按下的是鼠标左键");
        if (i == MouseEvent.BUTTON2)
            System.out.println("按下的是鼠标滚轮");
        if (i == MouseEvent.BUTTON3)
            System.out.println("按下的是鼠标右键");
    }
    public void mouseReleased(MouseEvent e) {
        System.out.println("鼠标按键被释放");
        int i = e.getButton();        // 通过该值可以判断释放的是鼠标哪个键
        if (i == MouseEvent.BUTTON1)
            System.out.println("释放的是鼠标左键");
        if (i == MouseEvent.BUTTON2)
            System.out.println("释放的是鼠标滚轮");
        if (i == MouseEvent.BUTTON3)
            System.out.println("释放的是鼠标右键");
    }
    public void mouseClicked(MouseEvent e) {
        System.out.println("单击了鼠标按键");
        int i = e.getButton();        // 通过该值可以判断单击的是鼠标哪个键
        if (i == MouseEvent.BUTTON1)
            System.out.println("单击的是鼠标左键");
        if (i == MouseEvent.BUTTON2)
            System.out.println("单击的是鼠标滚轮");
        if (i == MouseEvent.BUTTON3)
            System.out.println("单击的是鼠标右键");
        int clickCount = e.getClickCount();
        System.out.println("单击次数为" + clickCount + "下");
    }
    public void mouseExited(MouseEvent e) {
        System.out.println("光标移出组件");
    }
});
getContentPane().add(label, BorderLayout.CENTER);
```

运行本示例，首先将光标移入窗体，然后双击鼠标左键，接着单击鼠标右键，最后将光标移出窗体，在控制台将得到图 11-44 所示的信息。

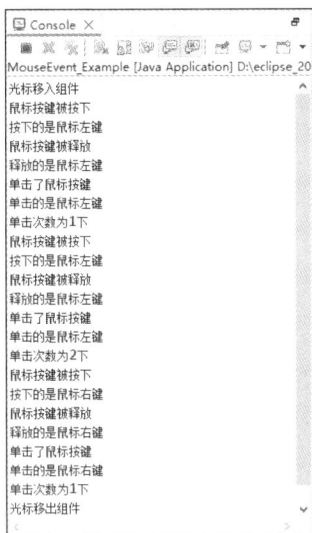

图 11-44　鼠标事件

11.6.4　键盘事件处理

键盘事件由 KeyEvent 类捕获，当向文本框输入内容时将发生键盘事件，由 KeyListener 接口处理相应的键盘事件。

KeyListener 接口有 3 个抽象方法，分别在发生击键事件、键被按下和释放时被触发。KeyListener 接口的具体定义如下：

```
public interface KeyListener extends EventListener {
    public void keyTyped(KeyEvent e);
    public void keyPressed(KeyEvent e);
    public void keyReleased(KeyEvent e);
}
```

KeyEvent 类中的常用方法如表 11-18 所示。

表 11-18　KeyEvent 类中的常用方法

方法	功能描述
getSource()	用来获得触发此键盘事件的组件对象，返回值为 Object 类型
getKeyChar()	用来获得与此键盘事件中的键相关联的字符
getKeyCode()	用来获得与此键盘事件中的键相关联的整数 keyCode
getKeyText(int keyCode)	用来获得描述 keyCode 的标签，如"A""F1""HOME"等
isActionKey()	用来查看此键盘事件中的键是否为"动作"键
isControlDown()	用来查看"Ctrl"键在此键盘事件中是否被按下，当返回 true 时表示被按下
isAltDown()	用来查看"Alt"键在此键盘事件中是否被按下，当返回 true 时表示被按下
isShiftDown()	用来查看"Shift"键在此键盘事件中是否被按下，当返回 true 时表示被按下

在 KeyEvent 类中，以"VK_"开头的静态常量代表各个按键的 keyCode，可以通过这些静态常量判断键盘事件中的按键，以及获得按键的标签。

【例 11-24】　编写一个用来演示键盘事件的示例。

```
final JLabel label = new JLabel();
label.setText("备注: ");
getContentPane().add(label);
```

```
final JScrollPane scrollPane = new JScrollPane();
getContentPane().add(scrollPane);
JTextArea textArea = new JTextArea();
textArea.addKeyListener(new KeyListener() {
    public void keyPressed(KeyEvent e) {
        String keyText = KeyEvent.getKeyText(e.getKeyCode());
        if (e.isActionKey())
            System.out.println("您按下的是动作键"" + keyText + """);
        else {
            System.out.println("您按下的是非动作键"" + keyText + """);
            char keyChar = e.getKeyChar();
            switch (keyChar) {
            case KeyEvent.VK_CONTROL:
                System.out.println("Ctrl 键被按下");
                break;
            case KeyEvent.VK_ALT:
                System.out.println("Alt 键被按下");
                break;
            case KeyEvent.VK_SHIFT:
                System.out.println("Shift 键被按下");
                break;
            }
        }
    }
    public void keyTyped(KeyEvent e) {
        System.out.println(
            "此次输入的是"" + e.getKeyChar() + """);
    }
    public void keyReleased(KeyEvent e) {
        String keyText =
            KeyEvent.getKeyText(e.getKeyCode());
        System.out.println(
            "您释放的是"" + keyText + ""键");
        System.out.println();
    }
});
textArea.setLineWrap(true);
textArea.setRows(3);
textArea.setColumns(15);
scrollPane.setViewportView(textArea);
```

运行本示例，首先输入小写字母"a"，然后输入一个空格，接着输入大写字母"A"，最后按下并释放"F6"键，在控制台将得到图 11-45 所示的信息。

图 11-45　键盘事件

11.7 借助 AIGC 工具创建自适应大小的窗体

在 Java 中，Swing 库中的 GridBagLayout 类是最灵活的布局管理器，它允许组件跨越多行多列。使用 GridBagLayout 类可以创建自适应大小的窗体，那么应该如何编码实现呢？读者可以借助 AIGC 工具学习这个内容，以下是与 AIGC 工具对话示例。

【问题】

Java 创建自适应大小的窗体。

【AIGC 工具建议】

要使窗体的大小和控件位置自适应，通常需要设置合适的布局管理器，并使用适当的布局约束。例如，使用 GridBagLayout 布局管理器时，可以为每个组件设置 GridBagConstraints 的属性，指定其在网格中的位置、占用的行数和列数等。下面是一个简单的示例：

```java
import javax.swing.*;
import java.awt.*;
public class AdaptiveForm {
    public static void main(String[] args) {
        JFrame frame = new JFrame("自适应窗体");
        frame.setDefaultCloseOperation(JFrame.EXIT_ON_CLOSE);
        frame.setSize(400, 300);
        // 设置布局管理器为 GridBagLayout
        frame.setLayout(new GridBagLayout());
        GridBagConstraints constraints = new GridBagConstraints();
        // 创建组件
        JLabel label = new JLabel("用户名:");
        JTextField textField = new JTextField(20);
        JButton button = new JButton("提交");
        // 添加组件到窗体
        constraints.gridx = 0;                                  // 第1列
        constraints.gridy = 0;                                  // 第1行
        frame.add(label, constraints);
        constraints.gridx = 1;                                  // 第2列
        frame.add(textField, constraints);
        constraints.gridx = 0;                                  // 第1列
        constraints.gridy = 1;                                  // 第2行
        constraints.gridwidth = 2;                              // 横跨两列
        constraints.anchor = GridBagConstraints.CENTER;         // 居中对齐
        frame.add(button, constraints);
        // 显示窗体
        frame.setVisible(true);
    }
}
```

【运行结果】

运行结果如图 11-46 所示。

上述代码使用了 GridBagLayout 布局管理器，并通过设置 GridBagConstraints 的属性来控制组件的位置和大小。

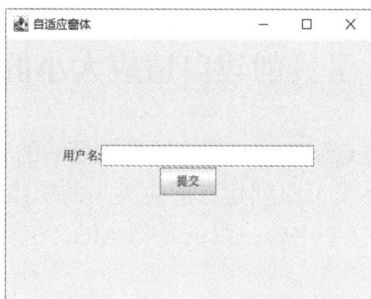

图 11-46　自适应窗体的效果图

【追加问题】

能否创建一个自适应大小且带有自定义关闭、放大和缩小图标的窗体?

【AIGC 追加建议】

请读者扫描二维码,查看 AIGC 工具的追加建议。读者可自行编码查看窗体的效果。

AIGC 追加建议

小结

本章首先介绍了创建 Java 应用程序窗体的方法,然后详细讲解了在绘制窗体时常用的组件、面板和布局管理器,以及常用的事件监听器,通过捕获各个组件的各种事件,就可以完成相应的业务逻辑。

习题

11-1　开发一个登录窗体,包括用户名、密码以及提交按钮和重置按钮,当用户输入用户名 mr、密码 mrsoft 时,弹出登录成功提示对话框。

11-2　哪个布局管理器会在前个组件的相同行上放置组件,直到该组件超出容器的宽度,才重新开始一行?

11-3　当采用 BorderLayout 类布局管理器时,将组件放到哪些位置会自动调整组件的高度,但是不会调整组件的宽度?

11-4　如果希望在容器底部放置一个按钮,应该采用哪个布局管理器?

第**12**章 Swing 高级应用

日常生活中经常会使用表格显示信息，因此本章将重点介绍在 Swing 中表格的创建及使用方法。

本章要点：

- 掌握 JTable 表格的使用
- 掌握表格模型的使用方法
- 掌握提供行标题栏的表格的创建

12.1 利用 JTable 类直接创建表格

表格是常用的数据统计形式之一，在 Swing 中由 JTable 类实现表格。本节将学习利用 JTable 类创建和定义表格，以及操作表格的方法。

12.1.1 创建表格

在 JTable 类中除了默认的构造方法，还提供了利用指定表格列名数组和表格数据数组创建表格的构造方法，代码如下：

本小节微课

```
JTable(Object[][] rowData, Object[] columnNames)
```

（1）rowData：封装表格数据的数组。

（2）columnNames：封装表格列名的数组。

在使用表格时，通常将其添加到滚动面板中，并将滚动面板添加到相应的位置，示例如下。

【例 12-1】 创建可以滚动的表格。

本例利用构造方法 JTable(Object[][] rowData, Object[] columnNames)创建一个表格，并将表格添加到滚动面板中。本例的完整代码如下：

```java
import java.awt.*;
import javax.swing.*;
public class ExampleFrame_01 extends JFrame {
    public static void main(String args[]) {
        ExampleFrame_01 frame = new ExampleFrame_01();
        frame.setVisible(true);
    }
    public ExampleFrame_01() {
        super();
        setTitle("创建可以滚动的表格");
        setBounds(100, 100, 240, 150);
        setDefaultCloseOperation(JFrame.EXIT_ON_CLOSE);
```

```
        String[] columnNames = { "A", "B" }; //定义表格列名数组
        //定义表格数据数组
        String[][] tableValues = { { "A1", "B1" }, { "A2", "B2" },
                { "A3", "B3" }, { "A4", "B4" }, { "A5", "B5" } };
        //创建指定列名和数据的表格
        JTable table = new JTable(tableValues, columnNames);
        //创建显示表格的滚动面板
        JScrollPane scrollPane = new JScrollPane(table);
        //将滚动面板添加到边界布局的中间
        getContentPane().add(scrollPane, BorderLayout.CENTER);
    }
}
```

运行本例，将得到图 12-1 所示的窗体；当调小窗体的高度时，将出现滚动条，如图 12-2 所示。

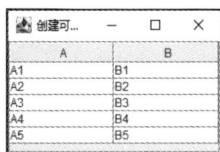

图 12-1　创建可以滚动的表格

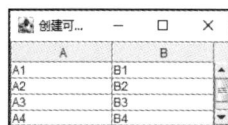

图 12-2　支持滚动条的表格

JTable 类中还提供了利用指定表格列名向量和表格数据向量创建表格的构造方法，代码如下：

```
JTable(Vector rowData, Vector columnNames)
```

（1）rowData：封装表格数据的向量。

（2）columnNames：封装表格列名的向量。

在使用表格时，有时并不需要使用滚动条，即在窗体中可以显示出整个表格。在这种情况下，也可以直接将表格添加到相应的容器中。

⚠️ 注意：如果是直接将表格添加到相应的容器中，则首先需要通过 JTable 类的 getTableHeader() 方法获得 JTableHeader 类的对象，然后将该对象添加到容器的相应位置，否则表格将没有列名。

【例 12-2】　创建不可滚动的表格。

本例利用构造方法 JTable(Vector rowData, Vector columnNames)创建一个表格，并将表格直接添加到容器中。本例的关键代码如下：

```
public class ExampleFrame_02 extends JFrame {
        public static void main(String args[]) {
        ExampleFrame_02 frame = new ExampleFrame_02();
        frame.setVisible(true);
    }
    public ExampleFrame_02() {
        super();
        setTitle("创建不可滚动的表格");
        setBounds(100, 100, 240, 150);
        setDefaultCloseOperation(JFrame.EXIT_ON_CLOSE);
        Vector<String> columnNameV = new Vector<>(); //定义表格列名向量
        columnNameV.add("A");                        //添加列名
        columnNameV.add("B");                        //添加列名
```

```
Vector<Vector<String>> tableValueV = new Vector<>(); //定义表格数据向量
for (int row = 1; row < 6; row++) {
    Vector<String> rowV = new Vector<>();        //定义表格行向量
    rowV.add("A" + row);                          //添加单元格数据
    rowV.add("B" + row);                          //添加单元格数据
    tableValueV.add(rowV);                        //将表格行向量添加到表格数据向量中
}
//创建指定表格列名和表格数据的表格
JTable table = new JTable(tableValueV, columnNameV);
//将表格添加到边界布局的中间
getContentPane().add(table, BorderLayout.CENTER);
JTableHeader tableHeader = table.getTableHeader();   //获得表格头对象
//将表格头添加到边界布局的上方
getContentPane().add(tableHeader, BorderLayout.NORTH);
    }
}
```

运行本例，将得到图 12-3 所示的窗体；当调小窗体的高度时，不会出现滚动条，如图 12-4 所示；如果将上面代码中的最后两行去掉，再次运行本例，将得到图 12-5 所示的窗体，窗体中的表格没有列名。

图 12-3　创建不可滚动的表格　　　图 12-4　不支持滚动条的表格　　　图 12-5　没有表格列名的表格

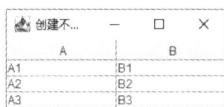

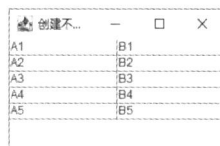

12.1.2　定义表格

表格创建完成后，还需要对其进行一系列的定义，以便适合实际情况。默认情况下，通过双击表格中的单元格就可以对其进行编辑。如果不需要提供该功能，可以通过重构 JTable 类的 isCellEditable(int row, int column)方法实现。该方法返回 boolean 型值 true，表示指定单元格可编辑；如果返回 false，则表示不可编辑。

本小节微课

如果表格只有几列，通常不需要列的可重新排列功能。在创建不支持滚动条的表格时已经使用了 JTableHeader 类的对象，通过该类的 setReorderingAllowed(boolean reorderingAllowed)方法即可设置表格是否支持重新排列功能，设为 true 表示支持重新排列功能。

默认情况下，单元格中的内容靠左侧显示。如果需要单元格中的内容居中显示，可以通过重构 JTable 类的 getDefaultRenderer(Class<?> columnClass)方法来实现。

表 12-1 中列出了 JTable 类中用来定义表格的常用方法。

表 12-1　JTable 类中用来定义表格的常用方法

方法	功能描述
setRowHeight(int rowHeight)	设置表格的行高，默认为 16 像素
setRowSelectionAllowed(boolean sa)	设置是否允许选中表格行，默认为允许选中，设为 false 表示不允许选中
setSelectionMode(int sm)	设置表格行的选择模式
setSelectionBackground(Color bc)	设置表格选中行的背景色
setSelectionForeground(Color fc)	设置表格选中行的前景色（通常情况下为文字的颜色）
setAutoResizeMode(int mode)	设置表格的自动调整模式

在利用 setSelectionMode(int sm)方法设置表格行的选择模式时，其入口参数可以从表 12-2 所示的 ListSelectionModel 类的静态常量中选择。

表 12-2　ListSelectionModel 类中用来设置选择模式的静态常量

静态常量	常量值	代表的选择模式
SINGLE_SELECTION	0	只允许选择一个
SINGLE_INTERVAL_SELECTION	1	允许连续选择多个
MULTIPLE_INTERVAL_SELECTION	2	可以随意选择多个

在利用 setAutoResizeMode(int mode)方法设置表格的自动调整模式时，其入口参数可以从表 12-3 所示的 JTable 类的静态常量中选择。

表 12-3　JTable 类中用来设置自动调整模式的静态常量

静态常量	常量值	代表的自动调整模式
AUTO_RESIZE_OFF	0	关闭自动调整功能，使用水平滚动条时的必要设置
AUTO_RESIZE_NEXT_COLUMN	1	只调整选中列的下一列的宽度
AUTO_RESIZE_SUBSEQUENT_COLUMNS	2	按比例调整选中列以后所有列的宽度，为默认设置
AUTO_RESIZE_LAST_COLUMN	3	只调整最后一列的宽度
AUTO_RESIZE_ALL_COLUMNS	4	按比例调整表格所有列的宽度

说明：表格的自动调整模式就是在调整某一列的宽度时，表格保持总宽度不变的方式。

说明：当调整表格所在窗体的宽度时，如果关闭了表格的自动调整功能，表格的总宽度仍保持不变；如果开启了表格的自动调整功能，表格将按比例调整所有列的宽度至适合窗体的宽度。

【例 12-3】 定义表格。

本例利用本节所讲的全部知识对表格进行定义，代码如下：

```java
public class ExampleFrame_03 extends JFrame {
    public static void main(String args[]) {
        ExampleFrame_03 frame = new ExampleFrame_03();
        frame.setVisible(true);
    }
    public ExampleFrame_03() {
        super();
        setTitle("定义表格");
        setBounds(100, 100, 500, 375);
        setDefaultCloseOperation(JFrame.EXIT_ON_CLOSE);
        final JScrollPane scrollPane = new JScrollPane();
        getContentPane().add(scrollPane, BorderLayout.CENTER);
        String[] columnNames = { "A", "B", "C", "D", "E", "F", "G" };
        Vector<String> columnNameV = new Vector<>();
        for (int column = 0; column < columnNames.length; column++) {
            columnNameV.add(columnNames[column]);
        }
        Vector<Vector<String>> tableValueV = new Vector<>();
        for (int row = 1; row < 21; row++) {
```

```
            Vector<String> rowV = new Vector<String>();
            for (int column = 0; column < columnNames.length; column++) {
                rowV.add(columnNames[column] + row);
            }
            tableValueV.add(rowV);
        }
        JTable table = new MTable(tableValueV, columnNameV);
        //关闭表格列的自动调整功能
        table.setAutoResizeMode(JTable.AUTO_RESIZE_OFF);
        //选择模式为单选
        table.setSelectionMode(ListSelectionModel.SINGLE_SELECTION);
        //被选择行的背景色为黄色
        table.setSelectionBackground(Color.YELLOW);
        //被选择行的前景色（文字颜色）为红色
        table.setSelectionForeground(Color.RED);
        table.setRowHeight(30);                          //表格的行高为30像素
        scrollPane.setViewportView(table);
    }
    private class MTable extends JTable {                 //实现自己的表格类
        public MTable(Vector<Vector<String>> rowData, Vector<String> columnNames) {
            super(rowData, columnNames);
        }
        @Override
        public JTableHeader getTableHeader() {            //定义表格头
            //获得表格头对象
            JTableHeader tableHeader = super.getTableHeader();
            tableHeader.setReorderingAllowed(false);      //设置表格列不可重排
            DefaultTableCellRenderer hr = (DefaultTableCellRenderer)
                tableHeader.getDefaultRenderer();         //获得表格头的单元格对象
            //设置列名居中显示
            hr.setHorizontalAlignment(DefaultTableCellRenderer.CENTER);
            return tableHeader;
        }
        //定义单元格
        @Override
        public TableCellRenderer getDefaultRenderer(Class<?> columnClass) {
            DefaultTableCellRenderer cr = (DefaultTableCellRenderer) super
                .getDefaultRenderer(columnClass);         //获得表格的单元格对象
            //设置单元格内容居中显示
            cr.setHorizontalAlignment(DefaultTableCellRenderer.CENTER);
            return cr;
        }
        @Override
        public boolean isCellEditable(int row, int column) {  //表格不可编辑
            return false;
        }
    }
}
```

    运行本例，选中表格的第 4 行，将得到图 12-6 所示的效果。选中行的背景色为黄色，
文字颜色为红色，并且所有单元格的内容均居中显示。

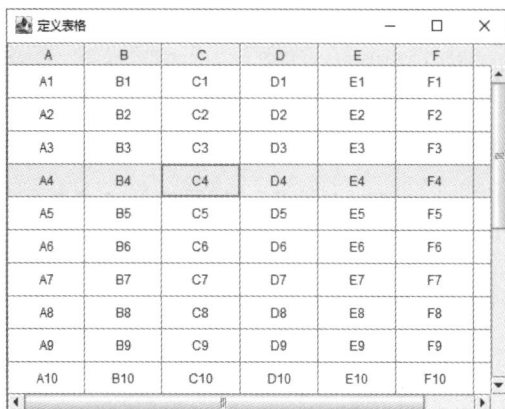

图 12-6　定义表格

12.1.3　操作表格

在编写应用表格的程序时，经常需要获得表格的一些信息，如表格拥有的行数和列数。下面是 JTable 类中 3 个经常用来获得表格信息的方法。

（1）getRowCount()：获得表格拥有的行数，返回值为 int 型。

（2）getColumnCount()：获得表格拥有的列数，返回值为 int 型。

（3）getColumnName(int column)：获得位于指定索引位置的列的名称，返回值为 String 型。

表 12-4 中列出了经常用来操作表格选中行的方法，包括设置、查看、统计、获取和取消选中行的方法。

表 12-4　JTable 类中经常用来操作表格选中行的方法

方法	功能说明
setRowSelectionInterval(int from, int to)	选中索引从 from 到 to 的所有行（包括索引为 from 和 to 的行）
addRowSelectionInterval(int from, int to)	将索引从 from 到 to 的所有行追加为表格的选中行
isRowSelected(int row)	查看索引为 row 的行是否被选中
selectAll()	选中表格中的所有行
clearSelection()	取消所有选中行的选择状态
getSelectedRowCount()	获得表格中被选中行的数量，返回值为 int 型，如果没有被选中的行，则返回−1
getSelectedRow()	获得被选中行中最小的行索引值，返回值为 int 型，如果没有被选中的行，则返回−1
getSelectedRows()	获得所有被选中行的索引值，返回值为 int 型数组

⚠️注意：由 JTable 类实现的表格的行索引和列索引均从 0 开始，即第一行的索引为 0，第二行的索引为 1，依此类推。

JTable 类中还提供了一个用来移动表格列位置的方法 moveColumn(int column, int targetColumn)，其中 column 为欲移动列的索引值，targetColumn 为目的列的索引值。移动表格列的具体执行方式如图 12-7 所示。

从索引位置 column=1 移动到索引位置 targetColumn=6

| 0 | 1 | 2 | 3 | 4 | 5 | 6 | … | n |

前移1位 前移1位 前移1位 前移1位 前移1位

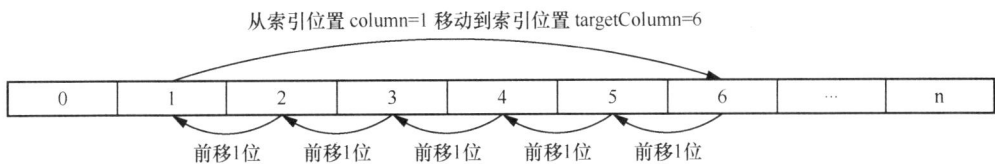

图 12-7 移动表格列的具体执行方式

【例 12-4】 操作表格。

本例展示了本节讲到的所有方法的功能，关键代码如下：

```
table = new JTable(tableValueV, columnNameV);
table.setRowSelectionInterval(1, 3);                    //设置选中行
table.addRowSelectionInterval(5, 5);                    //添加选中行
scrollPane.setViewportView(table);
JPanel buttonPanel = new JPanel();
getContentPane().add(buttonPanel, BorderLayout.SOUTH);
JButton selectAllButton = new JButton("全部选择");
selectAllButton.addActionListener(new ActionListener() {
    public void actionPerformed(ActionEvent e) {
        table.selectAll();                              //选中所有行
    }
});
buttonPanel.add(selectAllButton);
JButton clearSelectionButton = new JButton("取消选择");
clearSelectionButton.addActionListener(new ActionListener() {
    public void actionPerformed(ActionEvent e) {
        table.clearSelection();                         //取消所有选中行的选择状态
    }
});
buttonPanel.add(clearSelectionButton);
System.out.println("表格共有" + table.getRowCount() + "行"
        + table.getColumnCount() + "列");
System.out.println("共有" + table.getSelectedRowCount() + "行被选中");
System.out.println("第3行的选择状态为: " + table.isRowSelected(2));
System.out.println("第5行的选择状态为: " + table.isRowSelected(4));
System.out.println("被选中的第一行的索引是: " + table.getSelectedRow());
int[] selectedRows = table.getSelectedRows();           //获得所有被选中行的索引
System.out.print("所有被选中行的索引是: ");
for (int row = 0; row < selectedRows.length; row++) {
    System.out.print(selectedRows[row] + "  ");
}
System.out.println();
System.out.println("列移动前第2列的名称是: " + table.getColumnName(1));
System.out.println("列移动前第2行第2列的值是: " + table.getValueAt(1, 1));
table.moveColumn(1, 5);                                 //将位于索引1的列移动到索引5处
System.out.println("列移动后第2列的名称是: " + table.getColumnName(1));
System.out.println("列移动后第2行第2列的值是: " + table.getValueAt(1, 1));
```

运行本例，将得到图 12-8 所示的窗体，其中表格的第 2、3、4 和 6 行被选中，并且列名为 B 的列从索引 1 处移动到了索引 5 处。单击"全部选择"按钮，将选中表格的所有行；单击"取消选择"按钮，将取消所有选中行的选择状态。程序运行结果如图 12-9 所示。

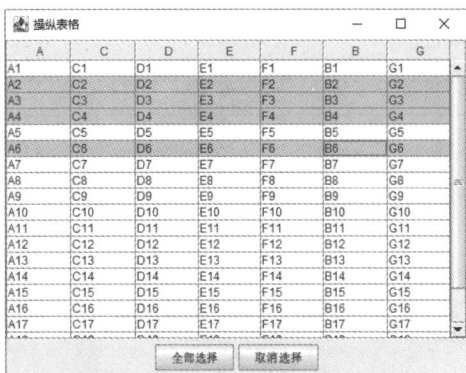

图 12-8 选中指定行的表格

图 12-9 例 12-4 的运行结果

12.2 表格模型与表格

JTable 类只是创建表格，并不负责存储表格中的数据，当利用 JTable 类直接创建表格时，只是将数据封装到了默认的表格模型中，表格中的数据则由表格模型负责存储。本节将学习表格模型的使用方法。

12.2.1 利用表格模型创建表格

TableModel 接口定义了一个表格模型，抽象类 AbstractTableModel 实现了 TableModel 接口的大部分方法，只有以下 3 个抽象方法没有实现。

（1）public int getRowCount()。

（2）public int getColumnCount()。

（3）public Object getValueAt(int rowIndex, int columnIndex)。

DefaultTableModel 类便是由 Swing 提供的继承了 AbstractTableModel 类并实现了上面三个抽象方法的表格模型类。DefaultTableModel 类提供的常用构造方法如表 12-5 所示。

本小节微课

表 12-5 DefaultTableModel 类提供的常用构造方法

构造方法	功能描述
DefaultTableModel()	创建一个 0 行 0 列的表格模型
DefaultTableModel(int rowCount, int columnCount)	创建一个 rowCount 行 columnCount 列的表格模型
DefaultTableModel(Object[][] data, Object[] columnNames)	按照数组中指定的数据和列名创建一个表格模型
DefaultTableModel(Vector data, Vector columnNames)	按照向量中指定的数据和列名创建一个表格模型

表格模型创建完成后，通过 JTable 类的构造方法 JTable(TableModel dm)创建表格，就实现了利用表格模型创建表格。

从 JDK 1.6 开始，Swing 提供了对表格进行排序的功能。通过 JTable 类的 setRowSorter(RowSorter<? extends TableModel> sorter)方法可以为表格设置排序器。TableRowSorter 类是由 Swing 提供的排序器类。为表格设置排序器的典型代码如下：

```
DefaultTableModel tableModel = new DefaultTableModel();  //创建表格模型
JTable table = new JTable(tableModel);                    //创建表格
table.setRowSorter(new TableRowSorter(tableModel));       //设置排序器
```

如果为表格设置了排序器，当单击表格的某一列头时，在该列名称的后面将出现▲标记，说明按该列升序排列表格中的所有行；当再次单击该列头时，标记将变为▼，说明按该列降序排列表格中的所有行。

⚠️ **注意**：在使用表格排序器时，通常要为其设置表格模型。设置表格模型的方法有两种：一种方法是通过构造方法 TableRowSorter(TableModel model)创建排序器，另一种方法是通过 setModel (TableModel model)方法为排序器设置表格模型。

【例 12-5】 利用表格模型创建表格，并使用表格排序器。

```
JScrollPane scrollPane = new JScrollPane();
getContentPane().add(scrollPane, BorderLayout.CENTER);
String[] columnNames = { "A", "B" };     //定义表格列名数组
String[][] tableValues = { { "A1", "B1" }, { "A2", "B2" },
     { "A3", "B3" } };                   //定义表格数据数组
DefaultTableModel tableModel = new DefaultTableModel(tableValues,
     columnNames);                       //创建指定表格列名和表格数据的表格模型
JTable table = new JTable(tableModel); //创建指定表格模型的表格
table.setRowSorter(new TableRowSorter<>(tableModel));
scrollPane.setViewportView(table);
```

运行本例，将得到图 12-10 所示的窗体；单击 B 列的列头后，将得到图 12-11 所示的效果，表格按 B 列升序排列；再次单击 B 列的列头后，将得到图 12-12 所示的效果，表格按 B 列降序排列。

图 12-10　运行效果　　　　图 12-11　升序排列　　　　图 12-12　降序排列

12.2.2　维护表格模型

在使用表格时，经常需要对表格中的内容进行维护，如向表格中添加新的数据行、修改表格中某一单元格的值、从表格中删除指定的数据行等，这些操作均可以通过维护表格模型来完成。

本小节微课

向表格模型中添加新的数据行有两种情况：一种是添加到表格模型的尾部，另一种是添加到表格模型的指定索引位置。

（1）添加到表格模型的尾部，可以通过 addRow()方法完成。addRow()方法的两个重载方法如下。

① addRow(Object[] rowData)：将由数组封装的数据添加到表格模型的尾部。

② addRow(Vector rowData)：将由向量封装的数据添加到表格模型的尾部。

（2）添加到表格模型的指定索引位置，可以通过 insertRow()方法完成。insertRow()方法的两个重载方法如下。

① insertRow(int row, Object[] rowData)：将由数组封装的数据添加到表格模型的指定索引位置。

② insertRow(int row, Vector rowData)：将由向量封装的数据添加到表格模型的指定索

引位置。

如果需要修改表格模型中某一单元格的数据，可以通过 setValueAt(Object aValue, int row, int column)方法完成，其中 aValue 为单元格修改后的值，row 为单元格所在行的索引，column 为单元格所在列的索引。getValueAt(int row, int column)方法可以获得指定单元格的值，该方法的返回值类型为 Object。

如果需要删除表格模型中某一行的数据，可以通过 removeRow(int row)方法完成，其中 row 为欲删除行的索引。

⚠ **注意**：在删除表格模型中的数据时，每删除一行，其后所有行的索引值将相应地减 1，所以当连续删除多行时，需要注意对删除行索引的处理。

12.3 提供行标题栏的表格

JTable 类创建的表格的列标题栏不会随着垂直滚动条的移动而变化，但会随着水平滚动条的移动而变化。当窗体不能显示出表格的所有列时，在向右移动水平滚动条的情况下，表格中某些重要数据列会被隐藏。

本节微课

为了实现上述效果，创建两个并列显示的表格，其中左侧的表格用来显示永远可见的一列或几列，右侧的表格则用来显示其他的表格列。下面来看一个实现该效果的例子。

【例 12-6】 提供行标题栏的表格。

本例实现了一个提供行标题栏的表格，运行本例后将得到图 12-13 所示的窗体，在表格最左侧的"日期"列下方没有滚动条，移动水平滚动条后将得到图 12-14 所示的效果，表格最左侧的"日期"列仍然可见。

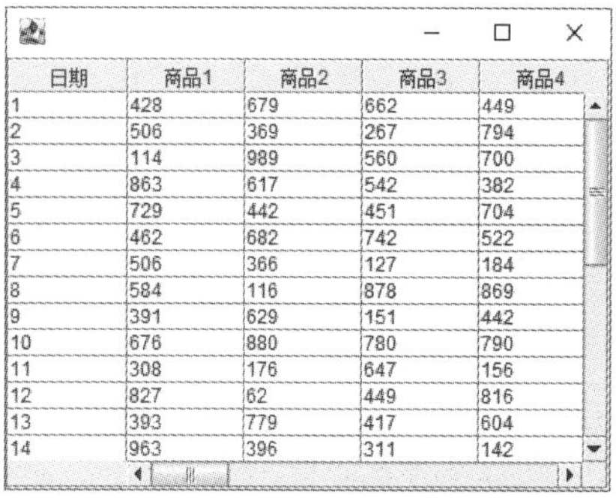

图 12-13 提供行标题栏的表格

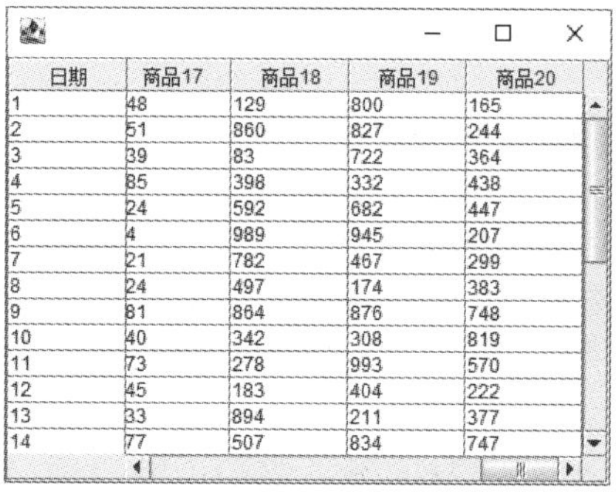

图 12-14 移动水平滚动条后的效果

实现本例的基本步骤如下。

（1）创建 MfixedColumnTable 类，该类继承了 JPanel 类，并声明 3 个属性。其代码如下：

```
public class MfixedColumnTable extends JPanel {
    private Vector<String> columnNameV;          //表格列名数组
    private Vector<Vector<Object>> tableValueV;   //表格数据数组
    private int fixedColumn = 1;                   //固定列数量
}
```

（2）创建用于左侧固定列表格的模型类 FixedColumnTableModel 类，该类继承了 AbstractTableModel 类，并且为 MfixedColumnTable 类的内部类。FixedColumnTableModel

类除了需要实现 AbstractTableModel 类的 3 个抽象方法，还需要重构 getColumnName(int columnIndex)方法。其代码如下：

```
private class FixedColumnTableModel extends AbstractTableModel {
    public int getColumnCount() {                    //返回固定列的数量
        return fixedColumn;
    }
    public int getRowCount() {                       //返回行数
        return tableValueV.size();
    }
    //返回指定单元格的值
    public Object getValueAt(int rowIndex, int columnIndex) {
        return tableValueV.get(rowIndex).get(columnIndex);
    }
    public String getColumnName(int columnIndex) {    //返回指定列的名称
        return columnNameV.get(columnIndex);
    }
}
```

（3）创建用于右侧可移动列表格的模型类 FloatingColumnTableModel 类，该类继承了 AbstractTableModel 类，并且为 MfixedColumnTable 类的内部类。FixedColumnTableModel 类除了需要实现 AbstractTableModel 类的 3 个抽象方法，还需要重构 getColumnName(int columnIndex)方法。其代码如下：

```
private class FloatingColumnTableModel extends AbstractTableModel {
    public int getColumnCount() {                     //返回可移动列的数量
        return columnNameV.size() - fixedColumn;      //需要扣除固定列的数量
    }
    public int getRowCount() {                        //返回行数
        return tableValueV.size();
    }
    //返回指定单元格的值
    public Object getValueAt(int rowIndex, int columnIndex) {
        //为列索引加上固定列的数量
        return tableValueV.get(rowIndex).get(columnIndex + fixedColumn);
    }
    public String getColumnName(int columnIndex) {    //返回指定列的名称
        //需要为列索引加上固定列的数量
        return columnNameV.get(columnIndex + fixedColumn);
    }
}
```

⚠️ 注意：在处理与表格列有关的信息时，均需要在表格总列数的基础上减去固定列数。

（4）在 MfixedColumnTable 类中再声明以下 4 个属性：

```
private JTable fixedColumnTable;                              //固定列表格对象
private FixedColumnTableModel fixedColumnTableModel;          //固定列表格模型对象
private JTable floatingColumnTable;                          //移动列表格对象
private FloatingColumnTableModel floatingColumnTableModel;   //移动列表格模型对象
```

（5）创建用于同步两个表格中被选中行的事件监听器 MListSelectionListener 类，即当选中左侧固定列表格中的某一行时，监听器会同步选中右侧可移动列表格中的对应行；同样，当选中右侧可移动列表格中的某一行时，监听器会同步选中左侧固定列表格中的对应行。该类继承了 ListSelectionListener 类，并且为 MfixedColumnTable 类的内部类。其代码如下：

```
    private class MListSelectionListener implements ListSelectionListener {
        boolean isFixedColumnTable = true; //默认由选中固定列表格中的行触发
        public MListSelectionListener(boolean isFixedColumnTable) {
            this.isFixedColumnTable = isFixedColumnTable;
        }
        public void valueChanged(ListSelectionEvent e) {
            if (isFixedColumnTable) {          //由选中固定列表格中的行触发
                //获得固定列表格中的选中行
                int row = fixedColumnTable.getSelectedRow();
                //同时选中右侧可移动列表格中的相应行
                floatingColumnTable.setRowSelectionInterval(row, row);
            } else {//由选中可移动列表格中的行触发
                //获得可移动列表格中的选中行
                int row = floatingColumnTable.getSelectedRow();
                //同时选中左侧固定列表格中的相应行
                fixedColumnTable.setRowSelectionInterval(row, row);
            }
        }
    }
```

⚠ **注意**：这里实现的事件监听器要求两个表格必须是单选模式，即一次只允许选中一行。

（6）编写 MfixedColumnTable 类的构造方法，需要传入 3 个参数，分别为表格列名数组、表格数据数组和固定列数量，之后创建固定列表格、可移动列表格和滚动面板。其代码如下：

```
public MfixedColumnTable(Vector<String> columnNameV,
        Vector<Vector<Object>> tableValueV, int fixedColumn) {
    super();
    setLayout(new BorderLayout());
    this.columnNameV = columnNameV;
    this.tableValueV = tableValueV;
    this.fixedColumn = fixedColumn;
    //创建固定列表格模型对象
    fixedColumnTableModel = new FixedColumnTableModel();
    //创建固定列表格对象
    fixedColumnTable = new JTable(fixedColumnTableModel);
    //获得选择模型对象
    ListSelectionModel fixed = fixedColumnTable.getSelectionModel();
    //选择模式为单选
    fixed.setSelectionMode(ListSelectionModel.SINGLE_SELECTION);
    //添加行被选中的事件监听器
    fixed.addListSelectionListener(new MListSelectionListener(true));
    //创建可移动列表格模型对象
    floatingColumnTableModel = new FloatingColumnTableModel();
    //创建可移动列表格对象
    floatingColumnTable = new JTable(floatingColumnTableModel);
    //关闭表格的自动调整功能
    floatingColumnTable.setAutoResizeMode(JTable.AUTO_RESIZE_OFF);
    ListSelectionModel floating = floatingColumnTable
            .getSelectionModel();                    //获得选择模型对象
    //选择模式为单选
    floating.setSelectionMode(ListSelectionModel.SINGLE_SELECTION);
    //添加行被选中的事件监听器
    MListSelectionListener listener = new MListSelectionListener(false);
    floating.addListSelectionListener(listener);
```

```
JScrollPane scrollPane = new JScrollPane();          //创建一个滚动面板对象
//将固定列表格头放到滚动面板的左上方
scrollPane.setCorner(JScrollPane.UPPER_LEFT_CORNER,
        fixedColumnTable.getTableHeader());
//创建一个用来显示基础信息的视图对象
JViewport viewport = new JViewport();
viewport.setView(fixedColumnTable);                   //将固定列表格添加到视图中
//设置视图的首选大小为固定列表格的首选大小
viewport.setPreferredSize(fixedColumnTable.getPreferredSize());
//将视图添加到滚动面板的标题视图中
scrollPane.setRowHeaderView(viewport);
//将可移动表格添加到默认视图
scrollPane.setViewportView(floatingColumnTable);
add(scrollPane, BorderLayout.CENTER);
}
```

（7）创建 ExampleFrame_07 类，编写测试提供行标题栏表格的代码，首先封装表格列名数组和表格数据数组，然后创建 MfixedColumnTable 类的对象，最后将其添加到窗体中。其关键代码如下：

```
Vector<String> columnNameV = new Vector<>();
columnNameV.add("日期");
for (int i = 1; i < 21; i++) {
    columnNameV.add("商品" + i);
}
Vector<Vector<Object>> tableValueV = new Vector<>();
for (int row = 1; row < 31; row++) {
    Vector<Object> rowV = new Vector<>();
    rowV.add(row);
    for (int col = 0; col < 20; col++) {
        rowV.add((int) (Math.random() * 1000));
    }
    tableValueV.add(rowV);
}
final MfixedColumnTable panel
                = new MfixedColumnTable(columnNameV, tableValueV, 1);
getContentPane().add(panel, BorderLayout.CENTER);
```

12.4 借助 AIGC 工具解决表格模型的动态更新问题

Java 表格模型的维护和动态更新在开发过程中都有重要作用，表格模型的维护侧重数据结构的稳定管理和数据访问的安全性，而动态更新更注重数据的实时性和界面的响应速度。虽然本章没有介绍动态更新表格模型的相关内容，但是读者可以借助 AIGC 工具学习相关内容，以下是与 AIGC 工具对话示例。

【问题】

Java 实现表格的动态更新。

【AIGC 工具建议】

在 Java 中，实现表格的动态更新通常涉及使用 javax.swing.table.TableModel 接口。通过继承 AbstractTableModel 类并实现其方法，你可以创建一个自定义的表格模型，并在数据发生变化时通知表格进行更新。下面是一个简单的示例。

```java
import javax.swing.*;
import javax.swing.table.AbstractTableModel;
import java.awt.*;
import java.util.ArrayList;
import java.util.List;
public class DynamicTableExample extends JFrame {
    private MyTableModel tableModel;

    public DynamicTableExample() {
        tableModel = new MyTableModel();
        JTable table = new JTable(tableModel);
        setLayout(new BorderLayout());
        add(new JScrollPane(table), BorderLayout.CENTER);
        // Add some buttons to demonstrate dynamic updates
        JPanel buttonPanel = new JPanel();
        JButton addButton = new JButton("Add Row");
        JButton removeButton = new JButton("Remove Row");
        buttonPanel.add(addButton);
        buttonPanel.add(removeButton);
        add(buttonPanel, BorderLayout.SOUTH);
        addButton.addActionListener(e -> {
            tableModel.addRow(new Object[]{"New", "Data", 0});
        });
        removeButton.addActionListener(e -> {
            if (tableModel.getRowCount() > 0) {
                tableModel.removeRow(tableModel.getRowCount() - 1);
            }
        });
        setTitle("Dynamic Table Example");
        setDefaultCloseOperation(JFrame.EXIT_ON_CLOSE);
        pack();
        setLocationRelativeTo(null);
        setVisible(true);
    }
    public static void main(String[] args) {
        SwingUtilities.invokeLater(DynamicTableExample::new);
    }
}
class MyTableModel extends AbstractTableModel {
    private String[] columnNames = {"First Name", "Last Name", "Age"};
    private List<Object[]> data = new ArrayList<>();
    public MyTableModel() {
        // Initial data
        data.add(new Object[]{"John", "Doe", 25});
        data.add(new Object[]{"Jane", "Smith", 30});
        data.add(new Object[]{"Kathy", "Green", 22});
    }
    @Override
    public int getRowCount() {
        return data.size();
    }
    @Override
    public int getColumnCount() {
        return columnNames.length;
    }
    @Override
    public Object getValueAt(int rowIndex, int columnIndex) {
        return data.get(rowIndex)[columnIndex];
    }
    @Override
```

```java
public String getColumnName(int column) {
    return columnNames[column];
}
@Override
public boolean isCellEditable(int rowIndex, int columnIndex) {
    return true; // All cells are editable in this example
}
@Override
public void setValueAt(Object aValue, int rowIndex, int columnIndex) {
    data.get(rowIndex)[columnIndex] = aValue;
    fireTableCellUpdated(rowIndex, columnIndex);
}
public void addRow(Object[] rowData) {
    data.add(rowData);
    fireTableRowsInserted(data.size() - 1, data.size() - 1);
}
public void removeRow(int rowIndex) {
    data.remove(rowIndex);
    fireTableRowsDeleted(rowIndex, rowIndex);
}
}
```

【运行结果】

运行结果如图 12-15 所示。

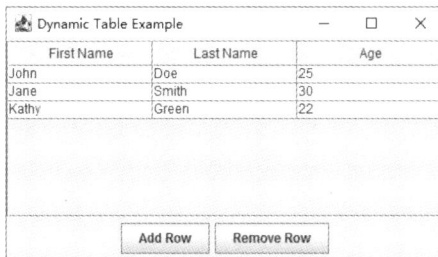

图 12-15　动态更新表格模型的效果图

【编码步骤解析】

（1）创建主框架：DynamicTableExample 类扩展了 JFrame，用于设置 GUI 界面。

（2）定义表格模型：MyTableModel 类继承了 AbstractTableModel，并实现了必要的方法管理表格的数据。

（3）动态更新表格：主框架中有两个按钮"Add Row"和"Remove Row"，用于演示如何动态地添加和删除表格中的行。这些按钮的动作监听器会调用 MyTableModel 中的相应方法来更新表格。

（4）启动应用程序：在 main 方法中的 SwingUtilities.invokeLater 来确保 GUI 创建和更新在事件调度线程上执行。

上述步骤可以在 Java 中实现一个可以动态更新的表格，并根据需要添加、删除或修改表格中的数据。

【追加问题】

能否实现一个动态更新的表格，该表格能够显示和操作数据库中的数据。

【AIGC 追加建议】

请读者扫描二维码，查看 AIGC 工具的追加建议。读者可自行编码查看　AIGC 追加建议

表格的效果。

小结

本章介绍的 JTable 是一个功能强大且非常重要的表格组件，它适用于各种需要展示和编辑二维数据的场景。在深入了解其工作原理和使用方法后，即可将其高效地应用到实际开发中。例如，使用各种方式创建表格，根据实际需要定制表格，通过编码操纵表格及维护表格模型等。这样，不仅能够实现友好的用户界面，而且能够提升与用户之间的交互效果。

习题

12-1 利用 JTable 类表格设计一个用来选择日期的对话框。

12-2 设计一个以多列为行标题栏的程序。

12-3 设计一个实现查找功能的表格模型。

12-4 设计一个应用组合框的表格模型，例如一个具有两列的表格，在统计商品信息时，一列单元格用于显示商品名称，另一列单元格使用组合框设置商品的销售状态。

第13章 多线程

前几章中介绍的实例都是单线程程序，即执行的 Java 程序只会做一件事情。在现实生活中常会同时发生多件事情，如两个人同时过一座独木桥或两个人同过一扇门，在 Java 程序中也会有类似情况，此时程序可以使用多线程。多线程技术使程序能够同时完成多件事情，但是所谓的"同时"完成多件事情，还需要进行进一步控制，否则这些事情会产生冲突。本章将详细讲解多线程内容。

本章要点：
- 了解线程的概念
- 掌握线程的创建
- 了解线程的生命周期
- 了解线程的优先级
- 掌握线程的控制方法
- 掌握线程的同步
- 掌握线程的通信

13.1 线程概述

支持多线程技术是 Java 语言的特性之一，多线程可以使程序同时存在多个执行片段，这些执行片段根据不同的条件和环境同步或异步工作。线程与进程的实现原理类似，但它们的意义不同，进程代表操作系统平台中运行的一个程序，而一个程序中将包含多个线程。

1．进程

进程是一个包含自身执行地址的程序，在多任务操作系统中，可以把 CPU 时间分配给每一个进程。CPU 在指定时间片段内执行某个进程，在下一个时间片段跳至另一个进程中执行，由于转换速度很快，因此使人感觉进程像是在同时运行。

通常将正在运行的程序称为进程，现在的计算机大都支持多进程操作，如使用计算机时可以边上网边听音乐。然而，计算机上只有一块 CPU，并不能同时运行这些进程，CPU 实际上是利用不同时间片段交替执行每个进程。

2．线程

在一个进程内部可以执行多项任务，进程内部的任务称为线程，线程是进程中的实体，一个进程可以拥有多个线程。多线程的执行过程如图 13-1 所示。

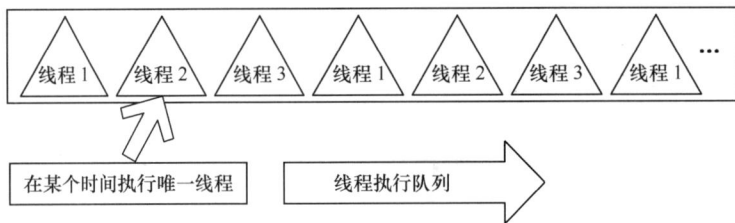

图 13-1　多线程的执行过程

一个线程即单线程是进程内的一个单一顺序控制流程。通常所说的多线程指的是一个进程可以同时运行几个任务，每个任务由一个线程来完成。也就是说，多个线程可以同时运行，并且在一个进程内执行不同的任务。

线程必须拥有父进程，系统没有为线程分配资源，其与进程中的其他线程共享该进程的系统资源。如果一个进程中的多个线程共享相同的内存地址空间，这就意味着这些线程可以访问相同的变量和对象，这让线程之间共享信息变得更容易。

一个结构化"程序"可以看作一个线程，该线程也是由一个开始点、一串连续的执行过程及一个结束点组成的。例如，main()方法是 Java 程序执行的开始点，而程序的中间区域是一串连续的执行过程，程序的结束点则是程序最后的"}"符号。线程实际上只是一个完整程序下的某个执行流程，需要运用系统配置给该程序的资源和环境来执行，所以其又被称为"轻量级的程序"。一个多线程的 Java 程序，即使其在执行期间能够同时进行多个"线程"的工作，但对于操作系统而言，仍然只认为是一个"程序"在运作，其实是 CPU 不断在进行转换（转换执行控制权）的工作。

13.2　线程的创建

在 Java 语言中，线程也是一种对象，但并非任何对象都可以成为线程，只有实现 Runnable 接口或继承了 Thread 类的对象才能成为线程。

本节微课

13.2.1　线程的创建方式

线程的创建有两种方式：继承 Thread 类和实现 Runnable 接口。

1．Thread 类

Thread 类中的常用方法包括 start()方法、interrupt()方法、join()方法、run()方法等。其中，start()方法与 run()方法最为常用，start()方法用于启动线程；run()方法为线程的主体方法，读者可以根据需要覆写 run()方法。

Thread 类有以下 4 个常用构造方法。

（1）默认构造方法：默认的构造方法，没有参数列表。其语法格式如下：

```
Thread thread=new Thread();
```

（2）基于 Runnable 对象的构造方法：包含 Runnable 类型的参数，是实现 Runnable 接口的类的实例对象。基于该构造方法创建的线程对象，将线程的业务逻辑交由参数所传递的 Runnable 对象去实现。其语法格式如下：

```
Thread thread=new Thread(Runnable simple);
```

simple：实现 Runnable 接口的对象。

（3）指定线程名称的构造方法：包含 String 类型的参数，该参数将作为新创建的线程对象的名称。其语法格式如下：

```
Thread thread=new Thread("ThreadName");
```

（4）基于 Runnable 对象并指定线程名称的构造方法：接收 Runnable 对象和线程名称的字符串。其语法格式如下：

```
Thread thread=new Thread(Runnable simple, String name);
```

simple：实现 Runnable 接口的对象。

name：线程名称。

2．Runnable 接口

实现 Runnable 接口的类就可以成为线程，Thread 类就是因为实现了 Runnable 接口，所以才具有了线程的功能。

Runnable 接口只有一个 run()方法，实现 Runnable()接口后必须覆写 run()方法。

13.2.2 继承 Thread 类

在 Java 语言中，要实现线程功能，可以继承 Thread 类，Thread 类已经具备了创建和运行线程的所有必要架构。通过覆写 Thread 类中的 run()方法，以实现用户所需要的功能，实例化自定义的 Thread 类，使用 start()方法启动线程。

【例 13-1】继承 Thread 类创建 SimpleThread 线程类，该类将创建的两个线程同时在控制台输出信息，从而实现两个任务输出信息的交叉显示。

```
public class SimpleThread extends Thread {
    public SimpleThread(String name) {                      // 参数为线程名称
        setName(name);
    }
    public void run() {                                      // 覆盖 run()方法
        int i = 0;
        while (i++ < 5) {                                    // 循环 5 次
            try {
                System.out.println(getName() + "执行步骤" + i);
                Thread.sleep(1000);                         // 休眠 1s
            } catch (Exception e) {
                e.printStackTrace();
            }
        }
    }
    public static void main(String[] args) {
        SimpleThread thread1 = new SimpleThread("线程 1");   // 创建线程 1
        SimpleThread thread2 = new SimpleThread("线程 2");   // 创建线程 2
        thread1.start();                                     // 启动线程 1
        thread2.start();                                     // 启动线程 2
    }
}
```

程序运行结果如图 13-2 所示。

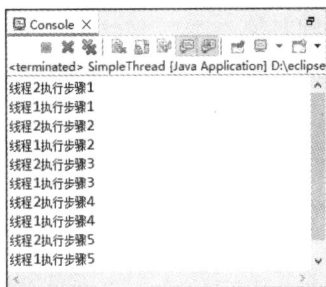

图 13-2   例 13-1 的运行结果

13.2.3   实现 Runnable 接口

虽然可以使用继承 Thread 类的方式实现线程，但是在 Java 语言中只能继承一个类，如果用户定义的类已经继承了其他类，就无法再继承 Thread 类，也就无法使用线程。因此，Java 语言为用户提供了一个接口，即 Runnable 接口。实现 Runnable 接口与继承 Thread 类具有相同的效果，通过实现该接口就可以使用线程。Runnable 接口中定义了一个 run()方法，在实例化一个 Thread 对象时，可以传入一个实现 Runnable 接口的对象作为参数，Thread 类会调用 Runnable 对象的 run()方法，继而执行 run()方法中的内容。

【例 13-2】 创建 SimpleRunnable 类，该类实现了 Runnable 接口，并通过 run()方法实现每间隔 0.5s 在控制台输出一个 "*" 字符，直到输出 15 个 "*" 字符。

```java
public class SimpleRunnable implements Runnable {
    public void run() {    // 覆盖 run()方法
        int i = 15;
        while (i-->= 1) { // 循环 15 次
            try {
                System.out.print("*");
                Thread.sleep(500);
            } catch (Exception e) {
                e.printStackTrace();
            }
        }
    }
    public static void main(String[] args) {
        Thread thread1 = new Thread(new SimpleRunnable(),"线程1");    // 创建线程1
        thread1.start();  // 启动线程1
    }
}
```

程序运行结果如图 13-3 所示。

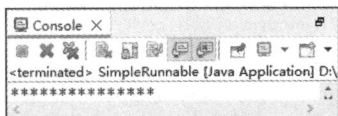

图 13-3   例 13-2 的运行结果

> 说明：SimpleRunnable 类的 main()方法运行之后，程序就已经结束，但是线程还在继续执行，直到输出 15 个 "*" 符号。

13.2.4　实现 Callable 接口

下面将对实现线程的第三种方式进行讲解，即实现 Callable 接口。

实现 Runnable 接口和实现 Callable 接口的区别如下。

（1）前者重写的方法是 run()方法，后者重写的方法是 call()方法。

（2）前者没有返回值，后者有返回值。

（3）前者不需要抛出异常，后者需要抛出异常。

通过实现 Callable 接口实现线程的步骤如下。

（1）创建一个类实现 Callable 接口。

（2）使用带有 Callable 参数的 FutureTask 类的有参构造方法，创建一个 FutureTask 类对象。

（3）使用 Thread 类的有参构造方法，创建一个 Thread 类对象。

（4）调用 start()方法启动线程。

（5）启动线程后，通过 FutureTask.get()方法获取到线程的返回值。

示例代码如下：

```java
import java.util.concurrent.Callable;
import java.util.concurrent.FutureTask;

public class CallableTest {
    public static void main(String[] args) throws Exception {
        FutureTask<String> ft = new FutureTask<>(new CalThread());
        Thread thd = new Thread(ft);
        thd.start();
        System.out.println("已获取线程的返回值! 返回值是\n"" + ft.get() + """);
    }
}

class CalThread implements Callable<String> { // 返回值类型是 String
    @Override
    public String call() throws Exception {    // 重写 call()方法
        return "请查收: 已通过实现 Callable 接口实现线程! ";
    }
}
```

13.3　线程的生命周期

前面已经初步讲解了如何利用线程编写程序，其中包括建立线程、启动线程以及决定线程需要完成的任务，接下来将进一步介绍线程的生命周期。

本节微课

线程主要有以下状态：创建、可执行、非可执行、消亡，各状态间的关系如图 13-4 所示。

下面根据图 13-4 分别说明线程生命周期的各个组成部分。

1．创建

当实例化一个 Thread 对象并执行 start()方法后，线程进入"可执行"状态并开始执行。

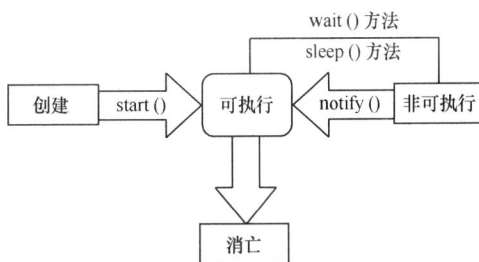

图 13-4　线程状态间的关系

多线程事实上在同一时间点上只有一个线程在执行，因为线程之间转换的动作很快，所以用户感觉多线程是在同时执行。

2. 可执行

线程进入"可执行"状态，执行用户覆写的 run()方法。一个线程进入"可执行"状态，并不代表其可以一直执行到 run()方法结束为止。事实上，其只是加入此应用程序执行安排的队列中。对于大多数计算机而言，其只有一个处理器，无法使多个线程同时执行，这时需要合理安排线程执行计划，让那些处于"可执行"状态下的线程合理分享 CPU 资源。一个处在"可执行"状态下的线程，实际上可能正在等待取得 CPU 时间，即等候执行权。在何时给予线程执行权，则由 Java 虚拟机和线程的优先级（13.4 节）来决定。

3. 非可执行

在"可执行"状态下，线程可能被执行完毕，也可能没有执行完毕，处于等待执行权的队列中。当线程离开"可执行"状态下的等待队列时，会进入"非可执行"状态。可以使用 Thread 类中的 wait()、sleep()方法使线程进入"非可执行"状态。

当线程进入"非可执行"状态后，CPU 不分配时间片给该线程。若希望线程回到"可执行"状态，可以使用 notify()方法，或 notifyAll()方法及 interrupt()方法。

4. 消亡

当 run()方法执行完毕后，线程自动消亡。当 Thread 类调用 start()方法时，Java 虚拟机自动调用 run()方法，而当 run()方法结束时，该 Thread 类会自动终止。较早版本的 Thread 类中存在一个停止线程的 stop()方法，现在已被废弃，因为调用该方法很容易使程序进入不稳定状态。

13.4 线程的控制

由于在程序中使用多线程，为合理安排线程的执行顺序，可以对线程进行相应的控制。线程的控制包括线程的启动、挂起、状态检查以及结束。

13.4.1 线程的启动

一个新的线程被创建后处于初始状态，实际上其并没有立刻进入运行状态，而是处于就绪状态。当轮到该线程执行时，即进入"可执行"状态，开始执行线程 run()方法中的代码。

本小节微课

执行 run()方法是通过调用 Thread 类中 start()方法来实现的。调用 start()方法启动线程的 run()方法不同于一般的调用方法，一般的调用方法是必须等到方法执行完毕才能够返回，而调用线程的 start()方法后，start()方法告诉系统该线程准备就绪并可以启动 run()方法后就返回，并继续执行调用 start()方法下面的语句，这时 run()方法可能还在运行。这样，就实现了多任务操作。

【例 13-3】 使用多线程技术实现用户进入聊天室。

```
public void startService() throws IOException {
    while (true) {
        Socket s = ss.accept();              //获得一个客户端的连接
        System.out.println("用户已进入聊天室");
        allSockets.add(s);                   //将客户端连接的套接字放到集合中
```

```
        new ServerThread(s).start();        //为此客户端单独创建一个事务处理线程
    }
}
```

13.4.2　线程的挂起

线程的挂起实质上就是使线程进入"非可执行"状态。在该状态下，CPU 不会分给线程时间片，该状态可以用来暂停一个线程的运行。在线程挂起后，可以通过重新唤醒线程来使之恢复运行。该过程从表面看来好像什么也没有发生过，只是线程很慢地执行一条指令。

使一个线程处于挂起状态的方法如下。

（1）通过调用 sleep()方法使线程挂起，线程在指定时间内不会运行。

（2）通过调用 join()方法使线程挂起，如果线程 A 调用线程 B 的 join()方法，那么线程 A 将被挂起，直到线程 B 执行完毕为止。

（3）通过调用 wait()方法使线程挂起，直到线程得到了 notify()和 notifyAll()消息，线程才会进入"可执行"状态。

1．sleep()方法

sleep()方法是使一个线程的执行暂时停止的方法，暂停的时间由给定的毫秒数决定。其语法格式如下：

```
Thread.sleep(long millis)
```

millis：必选参数，该参数以毫秒为单位设置线程的休眠时间。

执行 sleep()方法后，当前线程在指定的时间段挂起。如果任何一个线程中断了当前线程的挂起，该方法将抛出 InterruptedException 异常对象，所以在使用 sleep()方法时，必须捕获该异常。

如果想让线程挂起 1.5s，即 1500ms，可以使用如下代码：

```
try {
    Thread.sleep(1500);                    // 使线程挂起 1500ms
} catch (InterruptedException e) {         // 捕获异常
    e.printStackTrace();                   // 输出异常信息
}
```

2．join()方法

join()方法能够使当前执行的线程停下来等待，直至 join()方法所调用的那个线程结束，再恢复执行。其语法格式如下：

```
thread.join()
```

thread：一个线程的对象。

如果一个线程 A 正在运行，用户希望插入一个线程 B，并且要求线程 B 执行完毕，再继续执行线程 A，此时可以使用 B.join()方法完成该需求。其代码如下：

```
public class A extends Thread{
    Thread B;
    run(){
        B.join();                // 在线程 A 中执行线程 B
        ...
    }
}
```

3．wait()方法与notify()方法

wait()方法同样可以对线程进行挂起操作，调用 wait()方法的线程将进入"非可执行"状态。使用 wait()方法有两种方式，其语法格式如下：

```
thread.wait(1000);
```

或者

```
thread.wait();
thread.notify();
```

thread：线程对象。

其中，第一种方式给定线程挂起时间，基本上与 sleep()方法的语法相同；第二种方式是 wait()方法与 notify()方法配合使用，这种方式让 wait()方法无限等下去，直到线程接收到notify()或 notifyAll()方法消息为止。

wait()、notify()、notifyAll()方法不同于其他线程方法，这 3 个方法是 Object 类的一部分，而 Object 类是所有类的父类，所以这 3 个方法会自动被所有类继承。wait()、notify()、notifyAll()方法都被声明为 final 类，所以无法重新定义。

4．suspend()方法与resume()方法

还有一种线程挂起方法是强制挂起线程，而不是为线程指定休眠时间。这种情况下，由其他线程负责唤醒挂起的线程使其继续执行。除了 wait()方法与 notify()方法，线程中还有一对方法用于完成此功能，即 suspend()与 resume()方法。其语法格式如下：

```
thread.suspend();
thread.resume();
```

thread：线程对象。

在这里，线程 thread 在运行到 suspend()方法之后被强制挂起，暂停运行，直到主线程调用 thread.resume()方法时才被重新唤醒。

Java 语言的最新版本中已经舍弃了 suspend()和 resume()方法，因为使用这两个方法可能会产生死锁，所以应该使用同步对象调用 wait()和 notify()方法的机制来代替 suspend()和resume()方法，以进行线程控制。

13.4.3　线程的状态检查

本小节微课

如果线程已经启动且尚未终止，则为活动状态，可以通过 isAlive()方法确定线程是否仍处在活动状态。当然，即使线程处于活动状态，也并不意味着其一定正在运行。对于一个已开始运行但还没有完成任务的线程，isAlive()方法的返回值为 true。

isAlive()方法的语法格式如下：

```
thread.isAlive()
```

thread：线程对象，isAlive()方法将判断该线程的活动状态。

13.4.4　线程的结束

本小节微课

线程的结束有两种情况。

（1）自然消亡：一个线程从 run()方法的结尾处返回，自然消亡且不能

再被运行。

（2）强制死亡：调用 Thread 类中 stop()方法强制停止，但该方法已经被舍弃。

如果要停止一个线程的执行，最好提供一个方式，让线程可以完成 run()方法的流程。

【例 13-4】 在网络聊天中结束聊天功能。

```java
public void run() {
    BufferedReader br = null;
    try {
        br = new BufferedReader(new InputStreamReader(
                s.getInputStream()));           //将客户端套接字输入流转换为字节流读取
        while (true) {                          //无限循环
            String str = br.readLine();         //读取到一行之后，则赋值给字符串
            if (str.indexOf("%EXIT%") == 0) {   //如果文本内容中包括"%EXIT%"
                allSockets.remove(s);           //集合删除此客户端连接
                sendMessageTOAllClient(str.split(":")[1]
                        + " 用户已退出聊天室");
                                                //服务器向所有客户端接口发送退出通知
                s.close();                      //关闭此客户端连接
                return;                         //结束循环
            }
            sendMessageTOAllClient(str);        //向所有客户端发来的文本信息
        }
    } catch (IOException e) {
        e.printStackTrace();
    }
}
```

13.4.5 后台线程

后台线程，即 Daemon 线程，是一个在后台执行服务的线程，如操作系统中的隐藏线程、Java 语言中的垃圾自动回收线程等。如果所有的非后台线程都结束了，则后台线程也会自动终止。

本小节微课

可以使用 Thread 类中的 setDaemon()方法设置一个线程为后台线程，但需要注意必须在线程启动之前调用 setDaemon()方法，这样才能将该线程设置为后台线程。其语法格式如下：

```java
thread.setDaemon(boolean on)
```

thread：线程对象。

on：该参数如果为 true，则将该线程标记为后台线程。

当设置完成一个后台线程后，可以使用 Thread 类中的 isDaemon()方法判断线程是否是后台线程。其语法格式如下：

```java
thread.isDaemon()
```

thread：线程对象。

13.5 线程的同步

本节微课

如果程序是单线程的，则其执行时不必担心会被其他线程打扰，就像在现实中，同一时间只完成一件事情，不用担心这件事情会被其他事情打扰。如果程序中使用多个线程，就好比现实中"两个人同时进入一扇门"，此时就需要进行控制，

否则容易阻塞。

为了避免多线程共享资源发生冲突的情况，可以在线程使用资源时给该资源上一把锁。访问资源的第一个线程为资源上锁，其他线程若想使用该资源，必须等到锁解除为止；锁解除的同时，另一个线程使用该资源并为该资源上锁，如图 13-5 所示。如果将银行中的某个窗口看作一个公共资源，每个客户需要办理的业务就相当于一个线程，而排号系统就相当于给每个窗口上了锁，保证每个窗口只有一个客户在办理业务。当其中一个客户办理完业务后，工作人员启动排号机，通知下一个客户办理业务，这正是线程 A 将锁打开，通知第二个线程使用资源的过程。

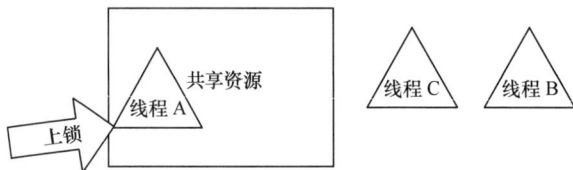

图 13-5　线程为共享资源上锁

为了处理这种共享资源竞争，可以使用同步机制。同步机制指的是两个线程同时操作一个对象时，应该保持对象数据的统一性和整体性。Java 语言为防止资源冲突提供了内置支持。共享资源一般是文件、输入/输出端口，或者是打印机。

Java 语言中有两种同步形式，即同步方法和同步代码块。

1．同步方法

同步方法将访问该资源的方法都标记为 synchronized，这样在需要调用该方法的线程执行完之前，其他调用该方法的线程都会被阻塞。可以使用如下代码声明一个 synchronized()方法：

```
synchronized void sum(){...}        //定义一个取和的同步方法
synchronized void max(){...}        //定义一个取最大值的同步方法
```

【例 13-5】创建两个线程，同时调用 PrintClass 类的 printch()方法输出字符，把 printch()方法修饰为同步方法和非同步方法。

```
public class SyncThread extends Thread {
    private char cha;
    public SyncThread(char cha) {                        // 构造方法
        this.cha = cha;
    }
    public void run() {
        PrintClass.printch(cha);                        // 调用同步方法
        System.out.println();
    }
    public static void main(String[] args) {
        SyncThread t1 = new SyncThread('A');            // 创建线程A
        SyncThread t2 = new SyncThread('B');            // 创建线程B
        t1.start();                                     // 启动线程A
        t2.start();                                     // 启动线程B
    }
}
class PrintClass {
    public static synchronized void printch(char cha) { // 同步方法
        for (int i = 0; i < 5; i++) {
            try {
                Thread.sleep(1000);                     // 输出一个字符休息 1s
```

```
            } catch (InterruptedException e) {
                e.printStackTrace();
            }
            System.out.print(cha);
        }
    }
}
```

程序运行结果如图 13-6 所示。

如果去掉声明 printch()方法的关键字 synchronized，该方法就是一个非同步方法，那么运行结果如图 13-7 所示。

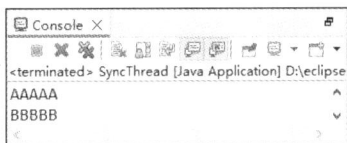

图 13-6　例 13-5 同步的程序运行结果

图 13-7　例 13-5 非同步的程序运行结果

2．同步代码块

Java 语言中同步的设定不只应用于同步方法，也可以设置程序的某个代码块为同步区域。其语法格式如下：

```
synchronized(someobject){
    ...//省略代码
}
```

其中，someobject 代表当前对象，同步的作用区域是 synchronized 关键字后大括号以内的部分。在程序执行到 synchronized 设定的同步代码块时，锁定当前对象，这样就没有其他线程可以执行这个被同步化的区域。

例如，线程 A 与线程 B 都希望同时访问同步化区域内的代码，此时线程 A 进入同步化区域执行，而线程 B 不能进入同步化区域，不得不等待。简单地说，只有拥有可以运行代码权限的线程才可以运行同步化区域内的代码。当线程 A 从同步化区域中退出时，线程 A 需要释放 someobject 对象，使等待的线程 B 获得该对象，然后执行同步化区域内的代码。

【例 13-6】 创建两个线程，同时调用 PrintClass 类的 printch()方法输出字符，把 printch()方法中的代码修饰为同步代码块和非同步代码块。

```
public class SyncThread extends Thread {
    private String cha;
    public SyncThread(String cha) {                 // 构造方法
        this.cha = cha;
    }
    public void run() {
        PrintClass.printch(cha);                    // 调用同步方法
    }
    public static void main(String[] args) {
        SyncThread t1 = new SyncThread("线程A");    // 创建线程 A
        SyncThread t2 = new SyncThread("线程B");    // 创建线程 B
        t1.start();                                 // 启动线程 A
        t2.start();                                 // 启动线程 B
    }
}
class PrintClass {
    static Object printer = new Object();           // 实例化 Object 对象
```

```
public static void printch(String cha) {          // 同步方法
    synchronized (printer) {                        // 同步代码块
        for (int i = 1; i < 5; i++) {
            System.out.println(cha + " ");
            try {
                Thread.sleep(1000);
            } catch (InterruptedException e) {
                e.printStackTrace();
            }
        }
    }
}
```

程序运行结果如图 13-8 所示。

将 synchronized 关键字声明的同步代码块修改为普通代码块，再次运行程序，运行结果如图 13-9 所示。

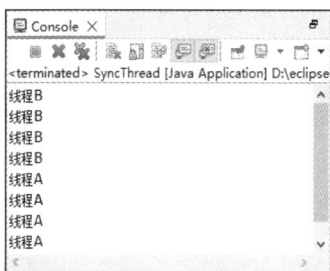

图 13-8　例 13-6 同步的程序运行结果

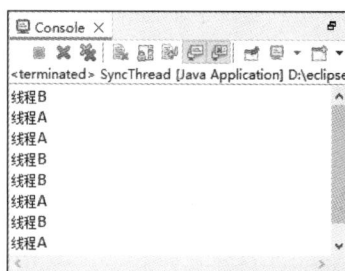

图 13-9　例 13-6 非同步的程序运行结果

13.6　线程的通信

在程序开发中，通常多个不相同的线程执行的任务是不相关的，但有时执行的任务可能有一定联系，这样就需要使这些线程进行交互。

例如有一个水塘，对水塘的操作包括"进水"和"排水"。这两个行为各自代表一个线程，当水塘中没有水时，"排水"行为不能再进行；当水塘水满时，"进水"行为不能再进行。

在 Java 语言中，用于线程间通信的方法是 wait() 与 notify() 方法。以水塘为例进行说明，线程 A 代表"进水"，线程 B 代表"排水"，这两个线程对水塘都具有访问权限。假设线程 B 试图"排水"，然而水塘中却没有水，这时线程 B 只好等待。线程 B 可以使用如下代码：

```
if(water.isEmpty()){                    // 如果水塘没有水
    water.wait();                       // 线程等待
}
```

在由线程 A 向水塘注水之前，线程 B 不能从该队列中释放，其不能再次运行。当线程 A 将水注入水塘后，线程 A 通知线程 B 水塘中已经被注入水，线程 B 才可以运行。此时，水塘对象将等待队列中第一个被阻塞的线程从队列中释放出来，并且重新加入程序运行。水塘对象可以使用如下代码：

```
water.notify();
```

将"进水"与"排水"抽象为线程 A 和线程 B，将水塘抽象为线程 A 与线程 B 共享对象 water，上述情况即可看作线程通信。

notify()方法最多只能释放等待队列中的第一个线程，如果有多个线程在等待，可以使用 notifyAll()方法，以释放所有线程。

另外，wait()方法除了可以被 notify()方法调用终止，还可以通过调用线程的 interrupt()方法来中断。通过调用线程的 interrupt()方法来终止时，wait()方法会抛出一个异常。因此，如同 sleep()方法，wait()方法需要放在 try…catch 语句中。

在实际应用中，wait()与 notify()方法必须在同步方法或同步代码块中调用。为了使线程对一个对象调用 wait()或 notify()方法，线程必须锁定那个特定的对象，这时就需要同步机制进行保护。

例如，当"排水"线程得到对水塘的控制权时，即拥有了 water 对象时，水塘中却没有水，此时 water.isEmpty()条件满足，water 对象被释放，所以"排水"线程等待。可以使用如下代码在同步机制保护下调用 wait()方法：

```
synchronized(water){
    ...//省略部分代码
    try{
        if(water.isEmpty()){
            water.wait();                    //线程调用wait()方法
        }
    }catch(InterruptException e){
        ...//省略异常处理代码
    }
}
```

当"进水"线程将水注入水塘后，再通知等待的"排水"线程，告诉它可以排水了，"排水"线程被唤醒后继续进行排水工作。

下面是在同步机制下调用 notify()方法的代码：

```
synchronized(water){
    water.notify();                          //线程调用notify()方法
}
```

【例 13-7】 创建线程 A 和线程 B，分别实现进水和排水，再创建 Water 类和水塘对象，顺序启动线程 B 进行排水，启动线程 A 进行进水。

（1）创建 ThreadA 类，其是线程 A，即进水线程。线程 A 可以在 5min 内将水塘注满水，并提示水塘水满。其代码如下：

```
public class ThreadA extends Thread {
    Water water;
    public ThreadA(Water waterArg) {
        water = waterArg;
    }
    public void run() {
        System.out.println("开始进水……");
        for (int i = 1; i <= 5; i++) {              // 循环5次
            try {
                Thread.sleep(1000);                 // 休眠1s，模拟1min的时间
                System.out.println(i + "分钟");
            } catch (InterruptedException e) {
                e.printStackTrace();
            }
        }
        water.setWater(true);                       // 设置水塘有水状态
        System.out.println("进水完毕，水塘水满。");
```

```
        synchronized (water) {
            water.notify();                        // 线程调用notify()方法
        }
    }
}
```

（2）创建 ThreadB 类，其是线程 B，即排水线程。该线程可以在 5min 内将水塘的水全部排出，并提示排水完毕。其代码如下：

```
public class ThreadB extends Thread {
    Water water;
    public ThreadB(Water waterArg) {
        water = waterArg;
    }
    public void run() {
        System.out.println("启动排水");
        if (water.isEmpty()) {                     // 如果水塘无水
            synchronized (water) {                 // 同步代码块
                try {
                    System.out.println("水塘无水，排水等待中……");
                    water.wait();                  // 使线程处于等待状态
                } catch (InterruptedException e) {
                    e.printStackTrace();
                }
            }
        }
        System.out.println("开始排水……");
        for (int i = 5; i >= 1; i--) {             // 循环5次
            try {
                Thread.sleep(1000);                // 休眠1s，模拟1min
                System.out.println(i + "分钟");
            } catch (InterruptedException e) {
                e.printStackTrace();
            }
        }
        water.setWater(false);                     // 设置水塘无水状态
        System.out.println("排水完毕。");
    }
}
```

（3）创建程序的主类 Water，即水塘类，在类中定义一个水塘状态的 boolean 类型变量，通过 isEmpty()方法判断水塘是否无水，通过 setWater()方法设置水塘状态。在 main()主方法中分别创建线程 A 和线程 B，先启动线程 B 排水，再启动线程 A 进水。

```
public class Water {
    boolean water = false;                         // 反映水塘状态的变量
    public boolean isEmpty() {                     // 判断水塘是否无水的方法
        return water ? false : true;
    }
    public void setWater(boolean haveWater) {      // 更改水塘状态的方法
        this.water = haveWater;
    }
    public static void main(String[] args) {
        Water water=new Water();                   // 创建水塘对象
        ThreadA threadA = new ThreadA(water);      // 创建进水线程
        ThreadB threadB = new ThreadB(water);      // 创建排水线程
        threadB.start();                           // 启动排水线程
        threadA.start();                           // 启动进水线程
```

```
            }
    }
```

程序运行结果如图 13-10 所示。

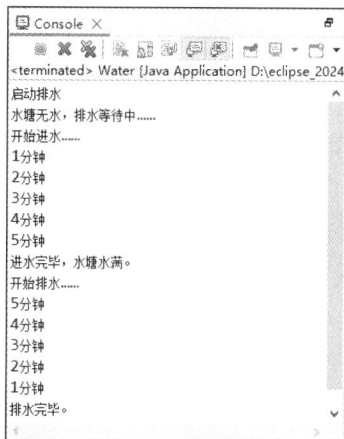

图 13-10　例 13-7 的运行结果

【例 13-8】　在企业进销存管理系统的进货-退货窗体中，启动退货时间线程。

```
private void initTimeField() {                    // 启动退货时间线程
    new Thread(new Runnable() {
        public void run() {
            try {
                while (true) {
                    thsjDate = new Date();  // 创建日期对象
                    // 设置"退货时间"文本框中的文本内容
                    thsj.setText(thsjDate.toLocaleString());
                    Thread.sleep(1000);     // 线程休眠 1s
                }
            } catch (InterruptedException e) {
                e.printStackTrace();
            }
        }
    }).start();// 启动线程
}
```

程序运行结果如图 13-11 所示。

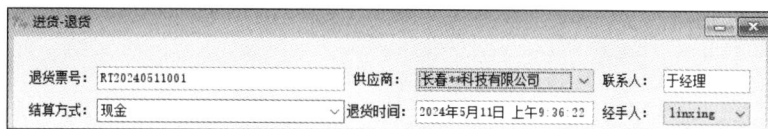

图 13-11　例 13-8 的运行结果

13.7 借助 AIGC 工具解决线程池的创建问题

Java 线程池是一种基于池化技术管理线程的工具。它可以有效地控制线程的数量，减少系统资源的消耗，提高系统的性能和稳定性。虽然本章没有介绍线程池的相关内容，但是读者可以借助 AIGC 工具学习相关内容，以下是与 AIGC 工具对话示例。

【问题】

Java 创建线程池。

【AIGC 工具建议】

在 Java 中，创建线程池主要通过 java.util.concurrent 包中的 Executors 类来实现。以下是几种常见的线程池类型。

FixedThreadPool：固定大小的线程池，适用于负载较稳定的并发任务。

CachedThreadPool：可缓存的线程池，根据需要创建新线程，但会以先前创建的线程来执行任务，适用于大量短期异步任务。

SingleThreadExecutor：单线程化的线程池，确保所有任务在同一线程中按顺序执行。

ScheduledThreadPool：支持定时及周期性任务执行的线程池。

WorkStealingPool：JDK8 引入的并行线程池，使用多个队列减少竞争，提高 CPU 密集型任务的吞吐量。

创建线程池的基本步骤如下：首先，确定任务的性质和需求，选择合适的线程池类型；然后，使用 Executors 类的静态方法创建线程池实例；接着，提交任务给线程池执行；最后，关闭线程池以释放资源。下面是一个简单的示例。

```java
import java.util.concurrent.ExecutorService;
import java.util.concurrent.Executors;
public class ThreadPoolExample {
    public static void main(String[] args) {
        // 创建一个固定大小的线程池
        ExecutorService fixedThreadPool = Executors.newFixedThreadPool(4);
        // 提交任务给线程池
        for (int i = 0; i < 10; i++) {
            final int index = i;
            fixedThreadPool.execute(() -> {
                System.out.println("Task " + index + " is running in thread: "
                        + Thread.currentThread().getName());
            });
        }
        // 关闭线程池
        fixedThreadPool.shutdown();
    }
}
```

【运行结果】

```
Task 1 is running in thread: pool-1-thread-2
Task 2 is running in thread: pool-1-thread-3
Task 4 is running in thread: pool-1-thread-2
Task 0 is running in thread: pool-1-thread-1
Task 6 is running in thread: pool-1-thread-2
Task 8 is running in thread: pool-1-thread-2
Task 9 is running in thread: pool-1-thread-2
Task 5 is running in thread: pool-1-thread-3
Task 7 is running in thread: pool-1-thread-1
Task 3 is running in thread: pool-1-thread-4
```

上述代码创建了一个固定大小为 4 的线程池，并提交了 10 个任务给它执行。每个任务简单地打印出它的索引和当前线程的名称。最后调用 shutdown()方法来优雅地关闭线程池。

小结

本章主要介绍了多线程的开发技术，包括线程概述、创建、启动、休眠、唤醒和挂起以及线程的生命周期、同步方法、技术。

多线程可以提高程序的工作效率并增强程序的技术可行性，能够开发出更加理想的应用程序。读者如果想提高所开发程序的性能，就必须学习多线程技术并广泛应用到程序开发过程中。

习题

13-1　说明进程和线程的区别。

13-2　说明线程的几种状态。

13-3　线程的创建有几种方法？

13-4　在多线程中为什么要使用同步机制？

13-5　当线程启动以后，调用 isAlive()方法的返回值是什么？

13-6　简述 notify()方法、notifyAll()方法和 wait()方法的用途及用法。

13-7　线程有几个优先等级？如何设置线程的优先级？

第14章 网络程序设计

网络程序设计就是开发为用户提供网络服务的实用程序，如网络通信、股票行情、新闻资讯等。另外，网络程序设计也是游戏开发的必修课。

本章要点：

- 了解协议的基础知识
- 掌握 IP 地址封装方法
- 掌握套接字技术

14.1 协议的基础知识

Java 的网络通信可以使用 TCP（transmission control protocol，传输控制协议）、IP、UDP（user datagram protocol，用户数据报协议）等协议。在学习 Java 网络程序设计之前，本章先简单介绍有关协议的基础知识。

本节微课

14.1.1 TCP

TCP 主要负责数据的分组和重组，其与 IP 组合使用，称为 TCP/IP。

TCP 适合于对可靠性要求比较高的运行环境。TCP 以固定连接为基础，计算机之间可以凭借连接交换数据，传送的数据能够正确抵达目标，传送到目标后的数据仍然保持数据送出时的顺序。

14.1.2 UDP

UDP 和 TCP 不同，UDP 是一种非持续连接的通信协议，其不保证数据能够正确抵达目标。

虽然 UDP 可能会因网络连接等各种原因无法保证数据的安全传送，并且多个数据包抵达目标的顺序可能和发送时的顺序不同，但是其比 TCP 更轻量。TCP 的认证会耗费额外的资源，可能导致传输速度下降。在正常的网络环境中，数据都可以安全抵达目标计算机，所以使用 UDP 会更加适合一些对可靠性要求不高的环境，如在线影视、聊天室等。

14.2 IP 地址封装

IP 地址是计算机在网络中的唯一标识，是 32 位或 128 位的无符号数字，使用四组数字表示一个固定的编号，如 192.168.128.255 就是局域网络中的编号。

本节微课

IP 地址是一种低级协议，UDP 和 TCP 都是在 IP 地址的基础上构建的。

Java 语言提供了 IP 地址的封装类 InetAddress。IntetAddress 类封装了 IP 地址，并提供相关的常用方法，如解析 IP 地址的主机名称，获取本机 IP 地址的封装，测试 IP 地址是否可达等。InetAddress 类的常用方法如表 14-1 所示。

表 14-1 InetAddress 类的常用方法

方法名称	方法说明	返回类型
getLocalHost()	返回本地主机的 InetAddress 对象	InetAddress
getByName(String host)	获取指定主机名称的 IP 地址	InetAddress
getHostName()	获取此主机名	String
getHostAddress()	获取主机 IP 地址	String
isReachable(int timeout)	在 timeout 指定的 ms 时间内，测试 IP 地址是否可达	Boolean

【例 14-1】 测试 IP 地址 192.168.1.100 ~ 192.168.1.150 的所有可访问的主机的名称（如果主机没有安装防火墙，并且网络连接正常，那么这些主机都可以访问）。可以根据网络连接情况适当调整 isReachable() 方法中的终止时间（以 ms 为单位）。

```java
import java.io.IOException;
import java.net.InetAddress;
import java.net.UnknownHostException;
public class IpToName {
    public static void main(String args[]) {
        String IP = null;
        InetAddress host;                               // 创建 InetAddress 对象
        try {
            // 实例化 InetAddress 对象，用来获取本机的 IP 地址相关信息
            host = InetAddress.getLocalHost();
            String localname = host.getHostName();      // 获取本机名
            String localip = host.getHostAddress();     // 获取本机 IP 地址
            // 将本机名和 IP 地址输出
            System.out.println("本机名：" + localname
                    + "  本机 IP 地址：" + localip);
        } catch (UnknownHostException e) {              // 捕获未知主机异常
            e.printStackTrace();
        }
        for (int i = 50; i <= 70; i++) {
            IP = "192.168.1." + i;                      // 生成 IP 字符串
            try {
                host = InetAddress.getByName(IP);       // 获取 IP 封装对象
                if (host.isReachable(2000)) {           // 用 2s 的时间测试 IP 是否可达
                    String hostName = host.getHostName(); // 获取指定 IP 地址的主机名
                    System.out.println("IP 地址 " + IP
                            + " 的主机名称是：" + hostName);
                }
            } catch (UnknownHostException e) {          // 捕获未知主机异常
                e.printStackTrace();
            } catch (IOException e) {                    // 捕获输入/输出异常
                e.printStackTrace();
            }
        }
        System.out.println("搜索完毕。");
    }
}
```

程序运行结果如图 14-1 所示。

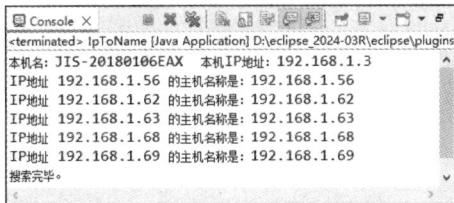

图 14-1　例 14-1 的运行结果

14.3　套接字

套接字（Socket）是代表计算机之间网络连接的对象，用于建立计算机之间的 TCP 连接。套接字提供了多种方法，使计算机之间可以建立连接并实现网络通信。

14.3.1　服务器端套接字

服务器端套接字是 ServerSocket 类的实例对象，用于实现服务器程序。ServerSocket 类监视指定端口，并建立客户端到服务器端套接字的连接，即客户负责呼叫任务。

本小节微课

1．创建服务器端套接字

创建服务器端套接字可以使用以下四种构造方法。

（1）ServerSocket()：默认构造方法，可以创建未绑定端口号的服务器套接字。服务器套接字的所有构造方法都需要处理 IOException 异常。其一般格式如下：

```
try {
    ServerSocket server=new ServerSocket();
} catch (IOException e) {
    e.printStackTrace();
}
```

（2）ServerSocket(int port)：创建绑定到 port 参数指定端口的服务器套接字对象，默认的最大连接队列长度为 50，即如果连接数量超出 50 个，将不会再接收新的连接请求。其一般格式如下：

```
try {
    ServerSocket server=new ServerSocket(9527);
} catch (IOException e) {
    e.printStackTrace();
}
```

（3）ServerSocket(int port, int backlog)：使用 port 参数指定的端口号和 backlog 参数指定的最大连接队列长度创建服务器端套接字对象。该构造方法可以指定超出 50 的连接数量，如 300。其一般格式如下：

```
try {
    ServerSocket server=new ServerSocket(9527, 300);
} catch (IOException e) {
    e.printStackTrace();
}
```

（4）public ServerSocket(int port, int backlog, InetAddress bindAddr)：使用 port 参数指定

的端口号和 backlog 参数指定的最大连接队列长度创建服务器端套接字对象。如果服务器有多个 IP 地址，可以使用 bindAddr 参数指定创建服务器套接字的 IP 地址；如果服务器只有一个 IP 地址，那么没有必要使用该构造方法。其一般格式如下：

```
try {
    InetAddress address= InetAddress.getByName("192.168.1.128");
    ServerSocket server=new ServerSocket(9527,300,address);
} catch (IOException e) {
    e.printStackTrace();
}
```

2．接收套接字连接

当服务器建立 ServerSocket 套接字对象以后，就可以使用该对象的 accept()方法接收客户端请求的套接字连接。其语法格式如下：

```
serverSocket.accept()
```

该方法被调用之后，将等待客户的连接请求。在接收到客户端的套接字连接请求以后，该方法将返回 Socket 对象，这个 Socket 对象是已经和客户端建立好连接的套接字，可以通过这个 Socket 对象获取客户端的输入/输出流来实现数据发送与接收。

该方法可能会产生 IOException 异常，所以在调用时必须捕获并处理该异常。其一般格式如下：

```
try {
    server.accept();
} catch (IOException e) {
    e.printStackTrace();
}
```

accept()方法将阻塞当前线程，该方法之后的任何代码都不会被执行，必须有客户端发送连接请求；accept()方法返回 Socket 对象以后，当前线程才会继续运行，accept()方法之后的程序代码才会被执行。

例如，下面这段代码中输出"已经建立连接"信息的代码，在 Server 对象接收到客户端的连接请求之前，永远都不会被执行，这样会导致程序的 main 主线程阻塞。

```
public static void main(String args[]) {
    try {
        ServerSocket server = new ServerSocket(9527);
        server.accept();
        System.out.println("已经建立连接");
    } catch (IOException e) {
        e.printStackTrace();
    }
}
```

解决这一问题的办法是创建一个新的线程，在新的线程中完成等待客户端连接请求并获取客户端 Socket 对象的任务。

```
public static void main(String args[]) {
    Runnable runnable = new Runnable() {            // 创建新线程，等待客户端连接请求
        public void run() {
            try {
                ServerSocket server = new ServerSocket(9527);
                server.accept();
            } catch (IOException e) {
                e.printStackTrace();
            }
```

```
    }
};
Thread thread=new Thread(runnable);                    // 实例化新线程对象
thread.start();                                         // 启动新线程
}
```

14.3.2 客户端套接字

Socket 类是实现客户端套接字的基础。Socket 类采用 TCP 建立计算机
之间的连接，并包含 Java 语言所有对 TCP 有关的操作方法，如建立连接、
传输数据、断开连接等。

本小节微课

1．创建客户端套接字

Socket 类定义了多个构造方法，它们可以根据 InetAddress 对象或者字符串指定的 IP
地址和端口号创建实例。下面介绍 Socket 类常用的四个构造方法。

（1）Socket(InetAddress address, int port)：使用 address 参数传递的 IP 封装对象和 port 参
数指定的端口号创建套接字实例对象。Socket 类的构造方法可能会产生 UnknownHostException
和 IOException 异常，在使用该构造方法创建 Socket 对象时必须捕获和处理这两个异常。
其一般格式如下：

```
try {
    InetAddress address=InetAddress.getByName("LZW");     // 创建 IP 封装类
    int port=33;                                          // 定义端口号
    Socket socket=new Socket(address,port);              // 创建套接字
} catch (UnknownHostException e) {
    e.printStackTrace();
} catch (IOException e) {
    e.printStackTrace();
}
```

（2）Socket(String host, int port)：使用 host 参数指定的 IP 地址字符串和 port 参数指定
的整数类型端口号创建套接字实例对象。其一般格式如下：

```
try {
    Socket socket=new Socket("192.168.1.1",33);
} catch (UnknownHostException e) {
    e.printStackTrace();
} catch (IOException e) {
    e.printStackTrace();
}
```

（3）Socket(InetAddress address, int port, InetAddress localAddr, int localPort)：创建一个
套接字并将其连接到指定远程地址上的指定远程端口。其一般格式如下：

```
try {
    InetAddress localHost = InetAddress.getLocalHost();
    InetAddress address = InetAddress.getByName("192.168.1.1");
    Socket socket=new Socket(address,33,localHost,44);
} catch (UnknownHostException e) {
    e.printStackTrace();
} catch (IOException e) {
    e.printStackTrace();
}
```

（4）Socket(String host, int port, InetAddress localAddr, int localPort)：创建一个套接字并

将其连接到指定远程主机上的指定远程端口。其一般格式如下：

```
try {
    InetAddress localHost = InetAddress.getLocalHost();
    Socket socket=new Socket("192.168.1.1",33,localHost,44);
} catch (UnknownHostException e) {
    e.printStackTrace();
} catch (IOException e) {
    e.printStackTrace();
}
```

2．发送和接收数据

Socket 对象创建成功以后，代表和对方的主机已经建立了连接，可以接收与发送数据。Socket 类提供了两个方法，分别获取套接字的输入流和输出流，可以将要发送的数据写入输出流，实现发送功能；或者从输入流读取对方发送的数据，实现接收功能。

（1）接收数据：Socket 对象从数据输入流中获取数据，该输入流中包含对方发送的数据，这些数据可能是文件、图片、音频或视频。在实现接收数据之前，必须使用 getInputStream() 方法获取输入流。其语法格式如下：

```
socket.getInputStream()
```

socket：套接字实例对象。

（2）发送数据：Socket 对象使用输出流向对方发送数据，在实现数据发送之前，必须使用 getOutputStream()方法获取套接字的输出流。其语法格式如下：

```
socket.getOutputStream()
```

socket：套接字实例对象。

【例 14-2】创建服务器 Server 程序和客户端 Client 程序，并实现简单的 Socket 类通信程序。

（1）创建 Server 服务器类，代码如下：

```
import java.io.BufferedReader;
import java.io.IOException;
import java.io.InputStream;
import java.io.InputStreamReader;
import java.net.ServerSocket;
import java.net.Socket;
public class Server {
    public static void main(String args[]) {
        try {
            ServerSocket server = new ServerSocket(9527);       // 创建服务器套接字
            System.out.println("服务器启动完毕");
            Socket socket = server.accept();                    // 等待客户端连接
            System.out.println("创建客户连接");
            InputStream input = socket.getInputStream();        // 获取Socket套接字输入
            InputStreamReader isreader = new InputStreamReader(input);
            BufferedReader reader = new BufferedReader(isreader);
            while (true) {
                String str = reader.readLine();
                if(str.equals("exit"))                          // 如果接收到exit
                    break;                                      // 则退出服务器
                System.out.println("接收内容: "+str);            // 输出接收内容
            }
            System.out.println("连接断开");
            reader.close();                                     // 按顺序关闭连接
            isreader.close();
```

```
                    input.close();
                    socket.close();
                    server.close();
            } catch (IOException e) {
                    e.printStackTrace();
            }
        }
}
```

（2）创建 Client 客户端程序，代码如下：

```
import java.io.IOException;
import java.io.OutputStream;
import java.net.Socket;
import java.net.UnknownHostException;
public class Client{
    public static void main(String[] args) {
        try {
            // 创建连接服务器的 Socket 套接字
            Socket socket=new Socket("localhost",9527);
            OutputStream out = socket.getOutputStream();        // 获取Socket套接字输出
            out.write("这是我第一次访问服务器\n".getBytes());       // 向服务器发送数据
            out.write("Hello\n".getBytes());
            out.write("exit\n".getBytes());                     // 发送退出信息
        } catch (UnknownHostException e) {
            e.printStackTrace();
        } catch (IOException e) {
            e.printStackTrace();
        }
    }
}
```

程序运行结果如图 14-2 所示。

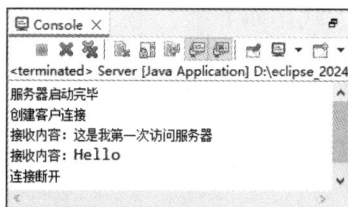

图 14-2 例 14-2 的运行结果

14.4 网络聊天程序开发

本节将介绍一个网络聊天程序的开发过程，该程序使用了 Swing 设置程序 UI 界面，并结合 Java 语言多线程技术使网络聊天程序更加符合实际需求（可以不间断地收发多条信息）。网络聊天程序运行界面如图 14-3 所示。

程序开发步骤如下。

（1）创建 ClientFrame 类，其继承了 JFrame，成为窗体类。该类包含多个成员变量，它们分别是信息发送文本框、显示用户名、下方面板、信息接收文本域、

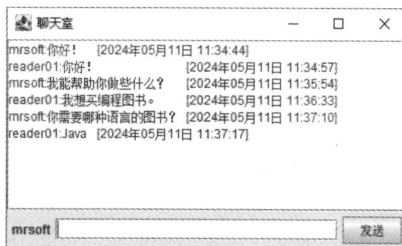

图 14-3 网络聊天程序运行界面

"发送"按钮、用户名称和客户端连接对象。

```java
public class ClientFrame extends JFrame {
    private JTextField field;        // 信息发送文本框
    private JLabel label;            // 显示用户名
    private JPanel panel;            // 下方面板
    private JTextArea area;          // 信息接收文本域
    private JButton button;          // "发送"按钮
    private String userName;         // 用户名称
    private ChatRoomClient client; // 客户端连接对象
```

（2）在 ClientFrame 类的构造方法中初始化窗体组件，并将组件布局到窗体中，添加"发送"按钮的事件监听器。

```java
public ClientFrame() {
    do {
        try {
            String host = JOptionPane.showInputDialog(this, "请输入服务器 IP 地址");
            if (host == null) {
                System.exit(0);                          // 如果 host 为空，则关闭程序
            }
            client = new ChatRoomClient(host, 4569); // 连接服务器的 4569 接口
        } catch (IOException e) {
            e.printStackTrace();
            JOptionPane.showMessageDialog(this, "网络无法连接，请重新设置参数");
        }
    } while (client == null);                            // 如果客户端没有关闭，则一直连接
    String str = JOptionPane.showInputDialog(this, "请输入用户名:");
    userName = str.trim();
    field = new JTextField(25);
    label = new JLabel(userName);
    area = new JTextArea(10, 10);
    area.setEditable(false);
    button = new JButton("发送");
    panel = new JPanel();
    inti();
    addEventHandler();
}
```

（3）编写 show()方法，用来展示窗体。

```java
public void showMe() {                                   // 展示窗口
    this.pack();                                         // 调整此窗口的大小，以适合子组件的首选大小和布局
    this.setVisible(true);                               // 窗口可显示
    this.setDefaultCloseOperation(JFrame.DO_NOTHING_ON_CLOSE);
                                                         // 单击窗口的"关闭"按钮，不做任何操作
    new ReadMessageThread().start();    // 开启线程
}
```

（4）编写 addEventHandler ()方法，该方法用于处理"发送"按钮的单击事件。

```java
public void addEventHandler() {                          // 添加监听方法
    button.addActionListener(new ActionListener() {      // 开启按钮监听
        public void actionPerformed(ActionEvent e) {
            client.sendMessage(userName + ":" + field.getText());
// 向服务器发送文本内容
            field.setText("");                           // 输入框为空
        }
    });
```

（5）编写本类的窗口监听 addWindowListener ()方法，该方法用来开启窗口监听，当窗体关闭时给出提示。

```java
this.addWindowListener(new WindowAdapter() {          // 开启窗口监听
    public void windowClosing(WindowEvent atg0) {     // 窗口关闭时
        int op = JOptionPane.showConfirmDialog(ClientFrame.this,
                "确定要退出聊天室吗? ", "确定", JOptionPane.YES_NO_OPTION);
                                // 弹出提示框
        if (op == JOptionPane.YES_OPTION) {           // 如果选择是
            client.sendMessage("%EXIT%:" + userName);  // 发送消息
            try {
                Thread.sleep(200);
            } catch (InterruptedException e) {
                e.printStackTrace();
            }
            client.close();                           // 关闭客户端连接
            System.exit(0);                           // 关闭程序
        }
    }
}
```

（6）编写 ChatRoomServer 类，用来创建聊天的服务器类。

```java
public class ChatRoomServer {
    private ServerSocket ss;                          //服务器套接字
    private HashSet<Socket> allSockets;               //客户端套接字集合
    public ChatRoomServer() {
        try {
            ss = new ServerSocket(4569);              //开启服务器 4569 接口
        } catch (IOException e) {
            e.printStackTrace();
        }
        allSockets = new HashSet<Socket>();           //实例化客户端套接字集合
    }
    public void startService() throws IOException {
        while (true) {
            Socket s = ss.accept();                   //获得一个客户端的连接
            System.out.println("用户已进入聊天室");
            allSockets.add(s);                        // 将客户端连接的套接字放到集合中
            new ServerThread(s).start();              //为此客户端单独创建一个事务处理线程
        }
    }
    private class ServerThread extends Thread {       //线程类
        Socket s;
        public ServerThread(Socket s) {               //通过构造方法获取客户端连接
            this.s = s;
        }
        public void run() {
            BufferedReader br = null;
            try {
                br = new BufferedReader(new InputStreamReader(
                        s.getInputStream()));          //将客户端套接字输入流转换为字节流读取
                while (true) {                         //无限循环
                    String str = br.readLine();        //读取到一行之后，则赋值给字符串
                    if (str.indexOf("%EXIT%") == 0) {  //如果文本内容中包括"%EXIT%"
                        allSockets.remove(s);          // 集合删除此客户端连接
                        sendMessageTOAllClient(str.split(":")[1]
                                + " 用户已退出聊天室");
```

```
                                                        //服务器向所有客户端接口发送退出通知
                        s.close();                      //关闭此客户端连接
                        return;                         //结束循环
                    }
                    sendMessageTOAllClient(str);        // 向所有客户端发送文本内容
                }
            } catch (IOException e) {
                e.printStackTrace();
            }
        }
        public void sendMessageTOAllClient(String message) throws IOException {
                                                        //向所有客户端发送文本内容
            Date date = new Date();                     //创建时间类
            SimpleDateFormat df = new SimpleDateFormat("yyyy年MM月dd日 HH:mm:ss");
                                                        //在文本后面添加时间
            System.out.println(message + "\t[" + df.format(date) + "]");
            for (Socket s : allSockets) {               //循环集合中所有的客户端连接
                PrintWriter pw = new PrintWriter(s.getOutputStream());//创建输出流
                pw.println(message + "\t[" + df.format(date) + "]");//输入文本内容
                pw.flush();                             //输出流刷新
            }
        }
    }
    public static void main(String[] args) {
        try {
            new ChatRoomServer().startService();
        } catch (IOException e) {
            e.printStackTrace();
        }
    }
}
```

（7）编写 ChatRoomClient 类，用来实现服务器的连接和收发消息。

```
public class ChatRoomClient {
    private Socket s;                                   // 客户端套接字
    private BufferedReader br;                           // 读取字节流
    private PrintWriter pw;                              // 写入字节流
    public ChatRoomClient(String host, int port) throws UnknownHostException,
        IOException {
        s = new Socket(host, port);                     // 连接服务器
        br = new BufferedReader(new InputStreamReader(s.getInputStream()));
// 字节流读取套接字输入流
        pw = new PrintWriter(s.getOutputStream());      // 字节流写入套接字输出流
    }
    public void sendMessage(String str) {               // 发送消息
        pw.println(str);
        pw.flush();
    }
    public String reciveMessage() {                     // 获取消息
        try {
            return br.readLine();
        } catch (IOException e) {
            e.printStackTrace();
        }
        return null;
    }
    public void close() {                               // 关闭套接字连接
        try {
```

```
                s.close();
        } catch (IOException e) {
            e.printStackTrace();
        }
    }
}
```

　　本程序可以在同一台计算机上运行，也可在多台计算机上运行。程序启动后，用户在"请输入服务器 IP 地址"文本框中输入服务器的 IP 地址，在"请输入用户名:"文本框中输入用户名，在信息发送文本框中输入想要发送的信息，并单击"发送"按钮。如果同一台计算机上再次运行本程序或在另一台计算机上也运行了本程序，就可以接收到发送的信息。

14.5　借助 AIGC 工具解决使用 UDP 实现广播的问题

　　Java 中的 UDP（用户数据报协议）适用于需要快速、实时数据传输的场景。虽然本章没有给出 UDP 的编码示例，但是读者可以借助 AIGC 工具学习相关内容，以下是与 AIGC 工具对话示例。

【问题】

Java 使用 UDP 实现广播。

【AIGC 工具建议】

　　在 Java 网络编程中，实现广播通常涉及使用 UDP。UDP 是一种无连接的协议，适用于需要快速传输且对可靠性要求不高的场景，如广播消息。下面是一个简单的示例。

广播发送端的代码如下：

```
import java.net.DatagramPacket;
import java.net.DatagramSocket;
import java.net.InetAddress;
public class BroadcastSender {
    public static void main(String[] args) {
        int port = 12345; // 广播端口号
        String message = "Hello, this is a broadcast message!";
        try (DatagramSocket socket = new DatagramSocket()) {
            InetAddress broadcastAddress = InetAddress.getByName("255.255.255.255");
            byte[] buffer = message.getBytes();
            DatagramPacket packet =
                new DatagramPacket(buffer, buffer.length, broadcastAddress, port);
            socket.send(packet);
            System.out.println("Broadcast message sent: " + message);
        } catch (Exception e) {
            e.printStackTrace();
        }
    }
}
```

广播接收端的代码如下：

```
import java.net.DatagramPacket;
import java.net.DatagramSocket;
public class BroadcastReceiver {
    public static void main(String[] args) {
        int port = 12345; // 监听的端口号
        try (DatagramSocket socket = new DatagramSocket(port)) {
            byte[] buffer = new byte[1024];
            DatagramPacket packet = new DatagramPacket(buffer, buffer.length);
            System.out.println("Waiting for broadcast message...");
```

```
                socket.receive(packet);
                String receivedMessage =
                    new String(packet.getData(), 0, packet.getLength());
                System.out.println("Broadcast message received: " + receivedMessage);
            } catch (Exception e) {
                e.printStackTrace();
            }
        }
    }
```

上述代码首先编译并运行 BroadcastReceiver 类，接收端将开始监听指定端口上的广播消息；然后编译并运行 BroadcastSender 类，发送端将发送一条广播消息到网络上的所有设备。

【广播发送端的运行结果】

```
Broadcast message sent: Hello, this is a broadcast message!
```

【广播接收端的运行结果】

```
Waiting for broadcast message...
Broadcast message received: Hello, this is a broadcast message!
```

这个简单的示例展示了如何使用 Java 进行基本的 UDP 广播。可以根据需要扩展功能，如添加多线程支持以处理多个并发的广播消息，使用更复杂的协议进行数据传输等。

【追加问题】

如何编码优化 UDP 广播的性能？

【AIGC 追加建议】

请读者扫描二维码，查看 AIGC 工具的追加建议。读者可自行编码查看编码效果。

AIGC 追加建议

小结

本章主要介绍了 Java 网络程序设计中的 TCP、UDP、IP 地址等基础知识和 Socket 套接字、UDP 等高级技术，并详细介绍了网络程序设计的综合应用案例——网络聊天程序的设计步骤及代码。

建议读者将网络程序设计的应用方法完全掌握，并结合 Java 输入/输出技术实现更高级的网络程序设计，如网络文件传送等。

习题

14-1　简单说明 TCP 与 UDP 的通信方式的不同。

14-2　尝试使用 InetAddress 类获取本机的 IP 地址。

14-3　编写一个 Socket 套接字实例，实现网络文件传送。

第15章 JDBC 数据库编程

JDBC（Java database connectivity，Java 数据库连接）技术是 Java 语言中被广泛使用的一种操作数据库的技术。数据库的操作包括向数据库中插入记录，修改或删除数据库中的现有记录，从数据库中查找符合指定条件的记录等。本章将重点介绍 JDBC 技术在数据库中的应用。

本章要点：

- 了解 JDBC 技术的常用类和接口
- 掌握连接数据库的主要步骤
- 掌握操作数据库的常用操作
- 掌握预处理语句的使用方法

15.1 JDBC 概述

本节微课

JDBC 是一套面向对象的 API，制定了统一的访问各种关系数据库的标准接口，为各个数据库厂商提供了标准接口的实现。通过使用 JDBC，程序设计人员可以用纯 Java 语言和标准的 SQL 语句编写完整的数据库应用程序，真正地实现了软件的跨平台性。JDBC 很快就成为 Java 访问数据库的标准，并且获得了绝大多数数据库厂商的支持。

JDBC 是一种底层 API，在访问数据库时需要在业务逻辑中直接嵌入 SQL 语句。由于 SQL 语句是面向关系的，依赖于关系模型，因此 JDBC 在与数据库结合时能够充分利用关系模型的优势，实现简单直接的数据库操作，特别是对于小型应用程序十分方便。需要注意的是，JDBC 不能直接访问数据库，必须依赖于数据库厂商提供的 JDBC 驱动程序完成以下三步工作。

（1）同数据库建立连接。

（2）向数据库发送 SQL 语句。

（3）处理从数据库返回的结果。

JDBC 具有以下优点。

（1）JDBC 与 ODBC（open database connectivity，开放数据库互联）十分相似，便于程序设计人员理解。

（2）JDBC 使程序设计人员从复杂的驱动程序编写工作中解脱出来，可以完全专注于业务逻辑的开发。

（3）JDBC 支持多种关系型数据库，大大增加了软件的可移植性。

（4）JDBC 是面向对象的，软件开发人员可以将常用的方法进行二次封装，从而提高代码的重用性。

尽管如此，JDBC 还是存在如下缺点。

（1）通过 JDBC 访问数据库时速度将受到一定影响。

（2）虽然 JDBC 是面向对象的，但通过 JDBC 访问数据库依然是面向关系的。

（3）JDBC 要依赖厂商提供的驱动程序。

15.2 JDBC 中的常用类和接口

JDBC 提供了众多的接口和类，通过这些接口和类，可以实现与数据库的通信。本节将详细介绍一些常用的 JDBC 接口和类。

15.2.1 Driver 类

每种数据库的驱动程序都应该提供一个实现 java.sql.Driver 接口的类（以下简称 Driver 类）。在加载某一驱动程序的 Driver 类时，其应该创建自己的实例并向 java.sql. DriverManager 类注册该实例。

本小节微课

通常情况下，通过 java.lang.Class 类的静态方法 forName(String className)方法，加载欲连接数据库的 Driver 类，该方法的入口参数为欲加载 Driver 类的完整路径。成功加载后，会将 Driver 类的实例注册到 DriverManager 类中；如果加载失败，将抛出 ClassNotFoundException 异常，即未找到指定 Driver 类的异常。

15.2.2 DriverManager 类

java.sql.DriverManager 类（以下简称 DriverManager 类）负责管理 JDBC 驱动程序的基本服务，是 JDBC 的管理层，作用于用户和驱动程序之间，负责跟踪可用的驱动程序，并在数据库和驱动程序之间建立连接；另外，

本小节微课

DriverManager 类也处理诸如驱动程序登录时间限制及登录和跟踪消息的显示等工作。成功加载 Driver 类并在 DriverManager 类中注册后，DriverManager 类即可用来建立数据库连接。

当调用 DriverManager 类的 getConnection()方法请求建立数据库连接时，DriverManager 类将试图定位一个适当的 Driver 类，并检查定位到的 Driver 类是否可以建立连接，如果可以则建立连接并返回，如果不可以则抛出 SQLException 异常。

DriverManager 类提供的常用静态方法如表 15-1 所示。

表 15-1　DriverManager 类提供的常用静态方法

方法名称	功能描述
getConnection(String url, String user, String password)	获得数据库连接，三个入口参数依次为要连接数据库的 URL、用户名和密码，返回值的类型为 java.sql.Connection
setLoginTimeout(int seconds)	设置每次等待建立数据库连接的最长时间
setLogWriter(java.io.PrintWriter out)	设置日志的输出对象
println(String message)	输出指定消息到当前的 JDBC 日志流

15.2.3 Connection 接口

java.sql.Connection 接口（以下简称 Connection 接口）在 JDBC 中代表与特定数据库的连接，在连接的上下文中可以执行 SQL 语句并返回结果，

本小节微课

还可以通过 getMetaData()方法获得由数据库提供的相关信息，如数据表、存储过程、连接功能等信息。

Connection 接口提供的常用方法如表 15-2 所示。

表 15-2　Connection 接口提供的常用方法

方法名称	功能描述
createStatement()	创建并返回一个 Statement 实例，通常在执行无参数的 SQL 语句时创建该实例
prepareStatement()	创建并返回一个 PreparedStatement 实例，通常在执行包含参数的 SQL 语句时创建该实例，并对 SQL 语句进行预编译处理
prepareCall()	创建并返回一个 CallableStatement 实例，通常在调用数据库存储过程时创建该实例
setAutoCommit()	设置当前 Connection 实例的自动提交模式。默认为 true，即自动将更改同步到数据库中；如果设为 false，需要通过执行 commit()方法或 rollback()方法手动将更改同步到数据库中
getAutoCommit()	查看当前的 Connection 实例是否处于自动提交模式，如果是则返回 true，否则返回 false
setSavepoint()	在当前事务中创建并返回一个 Savepoint 实例，前提条件是当前的 Connection 实例不能处于自动提交模式，否则将抛出异常
releaseSavepoint()	从当前事务中移除指定的 Savepoint 实例
setReadOnly()	设置当前 Connection 实例的读取模式，默认为非只读模式。不能在事务当中执行该操作，否则将抛出异常。有一个 boolean 型的入口参数，设为 true 表示开启只读模式，设为 false 表示关闭只读模式
isReadOnly()	查看当前的 Connection 实例是否为只读模式，如果是则返回 true，否则返回 false
isClosed()	查看当前的 Connection 实例是否被关闭，如果被关闭则返回 true，否则返回 false
commit()	将从上一次提交或回滚以来进行的所有更改同步到数据库，并释放 Connection 实例当前拥有的所有数据库锁定
rollback()	取消当前事务中的所有更改，并释放当前 Connection 实例拥有的所有数据库锁定。该方法只能在非自动提交模式下使用，如果在自动提交模式下执行该方法，将抛出异常。有一个参数为 Savepoint 实例的重载方法，用来取消 Savepoint 实例之后的所有更改，并释放对应的数据库锁定
close()	立即释放 Connection 实例占用的数据库和 JDBC 资源，即关闭数据库连接

15.2.4　Statement 接口

java.sql.Statement 接口（以下简称 Statement 接口）用来执行静态的 SQL 语句，并返回执行结果。例如，对于 INSERT、UPDATE 和 DELETE 语句，调用 executeUpdate(String sql)方法；对于 SELECT 语句，则调用 executeQuery(String sql)方法，并返回一个永远不能为 null 的 ResultSet 实例。

本小节微课

Statement 接口提供的常用方法如表 15-3 所示。

表 15-3　Statement 接口提供的常用方法

方法名称	功能描述
executeQuery(String sql)	执行指定的静态 SELECT 语句，并返回一个永远不能为 null 的 ResultSet 实例
executeUpdate(String sql)	执行指定的静态 INSERT、UPDATE 或 DELETE 语句，并返回一个 int 型数值，此数为同步更新记录的条数
clearBatch()	清除位于 Batch 中的所有 SQL 语句。如果驱动程序不支持批量处理，将抛出异常
addBatch(String sql)	将指定的 SQL 命令添加到 Batch 中。String 型入口参数通常为静态的 INSERT 或 UPDATE 语句。如果驱动程序不支持批量处理，将抛出异常

方法名称	功能描述
executeBatch()	执行 Batch 中的所有 SQL 语句，如果全部执行成功，则返回由更新计数组成的数组，数组元素的排序与 SQL 语句的添加顺序对应。数组元素有以下三种情况：①大于或等于零的数：说明 SQL 语句执行成功，此数为影响数据库中行数的更新计数；② -2：说明 SQL 语句执行成功，但未得到受影响的行数；③ -3：说明 SQL 语句执行失败，仅当执行失败后继续执行后面的 SQL 语句时出现。如果驱动程序不支持批量，或者未能成功执行 Batch 中的 SQL 语句之一，将抛出异常
close()	立即释放 Statement 实例占用的数据库和 JDBC 资源

15.2.5　PreparedStatement 接口

java.sql.PreparedStatement 接口（以下简称 PreparedStatement 接口）继承并扩展了 Statement 接口，用来执行动态的 SQL 语句，即包含参数的 SQL 语句。通过 PreparedStatement 实例执行的动态 SQL 语句将被预编译并保存到 PreparedStatement 实例中，从而可以反复并且高效地执行该 SQL 语句。

本小节微课

需要注意的是，在通过 set×××()方法为 SQL 语句中的参数赋值时，建议利用与参数类型匹配的方法，也可以利用 setObject()方法为各种类型的参数赋值。PreparedStatement 接口的使用方法如下：

```
PreparedStatement ps = connection
    .prepareStatement("select * from table_name where id>? and (name=? or name=?)");
ps.setInt(1, 6);
ps.setString(2, "马先生");
ps.setObject(3, "李先生");
ResultSet rs = ps.executeQuery();
```

PreparedStatement 接口提供的常用方法如表 15-4 所示。

表 15-4　PreparedStatement 接口提供的常用方法

方法名称	功能描述
executeQuery()	执行前面定义的动态 SELECT 语句，并返回一个永远不能为 null 的 ResultSet 实例
executeUpdate()	执行前面定义的动态 INSERT、UPDATE 或 DELETE 语句，并返回一个 int 型数值，为同步更新记录的条数
setInt(int i, int x)	为指定参数设置 int 型值，对应参数的 SQL 类型为 INTEGER
setLong(int i, long x)	为指定参数设置 long 型值，对应参数的 SQL 类型为 BIGINT
setFloat(int i, float x)	为指定参数设置 float 型值，对应参数的 SQL 类型为 FLOAT
setDouble(int i, double x)	为指定参数设置 double 型值，对应参数的 SQL 类型为 DOUBLE
setString(int i, String x)	为指定参数设置 String 型值，对应参数的 SQL 类型为 VARCHAR 或 LONGVARCHAR
setBoolean(int i, boolean x)	为指定参数设置 boolean 型值，对应参数的 SQL 类型为 BIT
setDate(int i, Date x)	为指定参数设置 java.sql.Date 型值，对应参数的 SQL 类型为 DATE
setObject(int i, Object x)	设置各种类型的参数，JDBC 规范定义了从 Object 类型到 SQL 类型的标准映射关系，在向数据库发送时将被转换为相应的 SQL 类型
setNull(int i, int sqlType)	将指定参数设置为 SQL 中的 NULL。该方法的第二个参数用来设置参数的 SQL 类型，具体值从 java.sql.Types 类中定义的静态常量中选择
clearParamctcrs()	清除当前所有参数的值

⚠ 注意：表 15-4 中所有 set×××()方法的第一个参数均为欲赋值参数的索引值，从 1 开始；第二个入口参数均为参数的值，类型因方法而定。

15.2.6 ResultSet 接口

java.sql.ResultSet 接口（以下简称 ResultSet 接口）类似于一个数据表，通过该接口的实例可以获得检索结果集，以及对应数据表的相关信息，如列名、类型等。ResultSet 实例通过执行查询数据库的语句生成。

本小节微课

ResultSet 实例具有指向当前数据行的指针。最初，指针指向第一行记录，通过 next() 方法可以将指针移动到下一行。如果存在下一行，则 next()方法返回 true，否则返回 false。所以，可以通过 while 循环来迭代 ResultSet 结果集。默认情况下，ResultSet 实例不可以更新，只能移动指针，所以只能迭代一次，并且只能按从前向后的顺序。根据用户需求，程序可以生成可滚动和可更新的 ResultSet 实例。

ResultSet 接口提供了从当前行检索不同类型列值的 get×××()方法，其有两个重载方法，分别根据列的索引编号和列的名称检索列值，其中以列的索引编号较为高效，编号从 1 开始。对于不同的 get×××()方法，JDBC 驱动程序尝试将基础数据转换为与 get×××() 方法相应的 Java 类型并返回。

在 JDBC 2.0 API 之后，ResultSet 接口添加了一组更新方法 update×××()方法，其有两个重载方法，分别根据列的索引编号和列的名称指定列。update×××()方法可以用来更新当前行的指定列，也可以用来初始化要插入行的指定列；但是，该方法并未将操作同步到数据库，需要执行 updateRow()方法或 insertRow()方法完成同步操作。

ResultSet 接口提供的常用方法如表 15-5 所示。

表 15-5　ResultSet 接口提供的常用方法

方法名称	功能描述
first()	移动指针到第一行。如果结果集为空则返回 false，否则返回 true。如果结果集类型为 TYPE_FORWARD_ONLY，将抛出异常
last()	移动指针到最后一行。如果结果集为空则返回 false，否则返回 true。如果结果集类型为 TYPE_FORWARD_ONLY，将抛出异常
previous()	移动指针到上一行。如果存在上一行则返回 true，否则返回 false。如果结果集类型为 TYPE_FORWARD_ONLY，将抛出异常
next()	移动指针到下一行。指针最初位于第一行之前，第一次调用该方法将移动到第一行。如果存在下一行则返回 true，否则返回 false
beforeFirst()	移动指针到 ResultSet 实例的开头，即第一行之前。如果结果集类型为 TYPE_FORWARD_ONLY，将抛出异常
afterLast()	移动指针到 ResultSet 实例的末尾，即最后一行之后。如果结果集类型为 TYPE_FORWARD_ONLY，将抛出异常
absolute()	移动指针到指定行。有一个 int 型参数，正数表示从前向后编号，负数表示从后向前编号，编号均从 1 开始。如果存在指定行则返回 true，否则返回 false。如果结果集类型为 TYPE_FORWARD_ONLY，将抛出异常
relative()	移动指针到相对于当前行的指定行。有一个 int 型入口参数，正数表示向后移动，负数表示向前移动，视当前行为 0。如果存在指定行则返回 true，否则返回 false。如果结果集类型为 TYPE_FORWARD_ONLY，将抛出异常
getRow()	查看当前行的索引编号。索引编号从 1 开始，如果位于有效记录行则返回一个 int 型索引编号，否则返回 0

方法名称	功能描述
findColumn()	查看指定列名的索引编号。该方法有一个 String 型参数，为要查看列的名称，如果包含指定列，则返回 int 型索引编号，否则将抛出异常
isBeforeFirst()	查看指针是否位于 ResultSet 实例的开头，即第一行之前。如果是则返回 true，否则返回 false
isAfterLast()	查看指针是否位于 ResultSet 实例的末尾，即最后一行之后。如果是则返回 true，否则返回 false
isFirst()	查看指针是否位于 ResultSet 实例的第一行。如果是则返回 true，否则返回 false
isLast()	查看指针是否位于 ResultSet 实例的最后一行。如果是则返回 true，否则返回 false
close()	立即释放 ResultSet 实例占用的数据库和 JDBC 资源，当关闭所属的 Statement 实例时也将执行此操作
getInt()	以 int 型获取指定列对应 SQL 类型的值。如果列值为 NULL，则返回 0
getLong()	以 long 型获取指定列对应 SQL 类型的值。如果列值为 NULL，则返回 0
getFloat()	以 float 型获取指定列对应 SQL 类型的值。如果列值为 NULL，则返回 0
getDouble()	以 double 型获取指定列对应 SQL 类型的值。如果列值为 NULL，则返回 0
getString()	以 String 型获取指定列对应 SQL 类型的值。如果列值为 NULL，则返回 null
getBoolean()	以 boolean 型获取指定列对应 SQL 类型的值。如果列值为 NULL，则返回 false
getDate()	以 java.sql.Date 型获取指定列对应 SQL 类型的值。如果列值为 NULL，则返回 null
getObject()	以 Object 型获取指定列对应 SQL 类型的值。如果列值为 NULL，则返回 null
getMetaData()	获取 ResultSet 实例的相关信息，并返回 ResultSetMetaData 类型的实例
updateNull()	将指定列更改为 NULL。用于更新和插入，但并不会同步到数据库，需要执行 updateRow() 方法或 insertRow() 方法完成同步
updateInt()	更改 SQL 类型对应 int 型的指定列。用于更新和插入，但并不会同步到数据库，需要执行 updateRow() 方法或 insertRow() 方法完成同步
updateLong()	更改 SQL 类型对应 long 型的指定列。用于更新和插入，但并不会同步到数据库，需要执行 updateRow() 方法或 insertRow() 方法完成同步
updateFloat()	更改 SQL 类型对应 float 型的指定列。用于更新和插入，但并不会同步到数据库，需要执行 updateRow() 方法或 insertRow() 方法完成同步
updateDouble()	更改 SQL 类型对应 double 型的指定列。用于更新和插入，但并不会同步到数据库，需要执行 updateRow() 方法或 insertRow() 方法完成同步
updateString()	更改 SQL 类型对应 String 型的指定列。用于更新和插入，但并不会同步到数据库，需要执行 updateRow() 方法或 insertRow() 方法完成同步
updateBoolean()	更改 SQL 类型对应 boolean 型的指定列。用于插入和更新，但并不会同步到数据库，需要执行 updateRow() 或 insertRow() 方法完成同步
updateDate()	更改 SQL 类型对应 java.sql.Date 型的指定列。用于更新和插入，但并不会同步到数据库，需要执行 updateRow() 方法或 insertRow() 方法完成同步
updateObject()	可更改所有 SQL 类型的指定列。用于更新和插入，但并不会同步到数据库，需要执行 updateRow() 方法或 insertRow() 方法完成同步
moveToInsertRow()	移动指针到插入行，并记住当前行的位置。插入行实际上是一个缓冲区，在插入行可以插入记录。此时，仅能调用更新方法和 insertRow() 方法，通过更新方法为指定列赋值，通过 insertRow() 方法同步到数据库。在调用 insertRow() 方法之前，必须为不允许为空的列赋值
moveToCurrentRow()	移动指针到记住的位置，即调用 moveToInsertRow() 方法之前所在的行
insertRow()	将插入行的内容同步到数据库。如果指针不在插入行上，或者有不允许为空的列的值为空，将抛出异常
updateRow()	将当前行的更新内容同步到数据库。更新当前行的列值后，必须调用该方法，否则不会将更新内容同步到数据库
deleteRow()	删除当前行。执行该方法后，并不会立即同步到数据库，而是在执行 close() 方法后才同步到数据库

15.3 连接数据库

在访问数据库时，首先要加载数据库的 JDBC 驱动程序，不过只需在第一次访问数据库时加载一次；然后在每次访问数据库时创建一个 Connection 实例；紧接着执行操作数据库的 SQL 语句，并处理返回结果；最后在完成此次操作时销毁前面创建的 Connection 实例，释放与数据库的连接。

15.3.1 加载 JDBC 驱动程序

本小节微课

在与数据库建立连接之前，必须先加载欲连接数据库的 JDBC 驱动程序到 Java 虚拟机中，加载方法为使用 java.lang.Class 类的静态方法 forName(String className)。成功加载后，会将加载的驱动类注册给 DriverManager 类；如果加载失败，将抛出 ClassNotFoundException 异常，即未找到指定的驱动类，所以需要在加载数据库驱动类时捕捉可能抛出的异常。

通常情况下将负责加载数据库驱动的代码放在 static 块中。static 块的特点是只在其所在类第一次被加载时执行，即第一次访问数据库时执行，这样就可以避免反复加载数据库驱动，减少对资源的浪费，同时提高了访问数据库的速度。

【例 15-1】 加载 MySQL 8.0 数据库驱动程序到 Java 虚拟机中。

```java
public class JDBC {
    static {
        try {
            Class.forName("com.mysql.cj.jdbc.Driver");
        } catch (ClassNotFoundException e) {
            e.printStackTrace();          // 输出捕获到的异常信息
        }
    }
    public static void main(String[] args) {
        // 省略部分代码
    }
}
```

【例 15-2】 在企业进销存管理系统中，加载 MySQL 8.0 数据库驱动程序。

```java
// MySQL 8.0 数据库驱动程序的名称
protected static String dbClassName = "com.mysql.cj.jdbc.Driver";
static {// 静态初始化 Dao 类
    try {
        Class.forName(dbClassName).newInstance();// 实例化 MySQL 数据库的驱动
    } catch (ClassNotFoundException e) {
        e.printStackTrace();
    }
}
```

15.3.2 创建数据库连接

本小节微课

通过 DriverManager 类的静态方法 getConnection(String url, String user, String password) 可以建立数据库连接，3 个参数依次为欲连接数据库的路径、用户名和密码，该方法的返回值类型为 java.sql.Connection。

【例 15-3】 与 MySQL 8.0 数据库建立连接的典型代码。

```java
public class Conn {                              // 创建类 Conn
    Connection con;                              // 声明 Connection 对象
    public Connection getConnection() {          // 建立返回值为 Connection 的方法
        try {                                    // 加载数据库驱动类
            Class.forName("com.mysql.cj.jdbc.Driver");
            System.out.println("数据库驱动加载成功");
        } catch (ClassNotFoundException e) {
            e.printStackTrace();
        }
        try {                                    // 通过访问数据库的 URL 获取数据库连接对象
            con = DriverManager.getConnection("jdbc:mysql://127.0.0.1:3306/"
                    + "test?useUnicode=true&characterEncoding=UTF-8"
                    + "&useSSL=false&serverTimezone=Asia/Shanghai"
                    + "&zeroDateTimeBehavior=CONVERT_TO_NULL"
                    + "&allowPublicKeyRetrieval=true", "root", "root");
            System.out.println("数据库连接成功");
        } catch (SQLException e) {
            e.printStackTrace();
        }
        return con;                              // 按方法要求返回一个 Connection 对象
    }
    public static void main(String[] args) { // 主方法
        Conn c = new Conn();                     // 创建本类对象
        c.getConnection();                       // 调用连接数据库的方法
    }
}
```

代码说明如下。

（1）数据库类型：MySQL 8.0 数据库。

（2）数据库路径：jdbc:mysql://127.0.0.1:3306/test?useUnicode=true&characterEncoding=UTF-8&useSSL=false&serverTimezone=Asia/Shanghai&zeroDateTimeBehavior=CONVERT_TO_NULL&allowPublicKeyRetrieval=true。

（3）数据库名称：test。

（4）用户名称：root。

（5）用户密码：root。

【例 15-4】 在企业进销存管理系统的登录窗体中输入用户名和密码后，单击"登录"按钮，即可与 MySQL 8.0 数据库建立连接。

```java
// MySQL 数据库驱动程序的名称
protected static String dbClassName = "com.mysql.cj.jdbc.Driver";
// 访问 MySQL 数据库的路径
protected static String dbUrl = "jdbc:mysql://127.0.0.1:3306/db_jxcms?"
        + "useUnicode=true&characterEncoding=UTF-8&useSSL=false"
        + "&serverTimezone=Asia/Shanghai&zeroDateTimeBehavior=CONVERT_TO_NULL"
            + "&allowPublicKeyRetrieval=true";
protected static String dbUser = "root";    // 访问 MySQL 数据库的用户名
protected static String dbPwd = "root";     // 访问 MySQL 数据库的密码
protected static String dbName = "db_jxcms"; // 访问 MySQL 数据库中的实例
protected static String second = null;
public static Connection conn = null;        // MySQL 数据库的连接对象

static {                                     // 静态初始化 Dao 类
```

```
try {
    if (conn == null) {
        Class.forName(dbClassName).newInstance();// 实例化 MySQL 数据库的驱动
        // 连接 MySQL 数据库
        conn = DriverManager.getConnection(dbUrl, dbUser, dbPwd);
    }
} catch (ClassNotFoundException e) {
    e.printStackTrace();
    // 捕获异常后，弹出提示框
    JOptionPane.showMessageDialog
        (null, "请将 MySQL 的 JDBC 驱动包复制到 lib 文件夹中。");
    System.exit(-1);// 系统停止运行
} catch (Exception e) {
    e.printStackTrace();
}
}
```

程序运行结果如图 15-1 所示。

图 15-1　例 15-4 的运行结果

15.3.3　执行 SQL 语句

本小节微课

建立数据库连接的目的是与数据库进行通信，实现方法为执行 SQL 语句。但是，通过 Connection 实例并不能执行 SQL 语句，还需要通过 Connection 实例创建 Statement 实例。Statement 实例又分为以下三种类型。

（1）Statement 实例：该类型的实例只能用来执行静态的 SQL 语句。

（2）PreparedStatement 实例：该类型的实例增加了执行动态 SQL 语句的功能。

（3）CallableStatement 实例：该类型的实例增加了执行数据库存储过程的功能。

上面给出了三种不同类型的 Statement，其中 Statement 实例是最基础的；PreparedStatement 实例继承了 Statement 实例，并进行了相应的扩展；而 CallableStatement 实例继承了 PreparedStatement 实例，又进行了相应的扩展。

在 15.4 节将详细介绍各种类型实例的使用方法。

【例 15-5】　在企业进销存管理系统的库存盘点窗体中查询库存信息。

```
// 获得库存信息
public static List getKucunInfos() {
    List list = findForList("select id,spname,dj,kcsl from tb_kucun");
    return list;
}

// 条件查询
public static List findForList(String sql) {
    List<List> list = new ArrayList<List>();
    ResultSet rs = findForResultSet(sql);
    try {
        ResultSetMetaData metaData = rs.getMetaData();
        int colCount = metaData.getColumnCount();
        while (rs.next()) {
```

```
        List<String> row = new ArrayList<String>();
        for (int i = 1; i <= colCount; i++) {
            String str = rs.getString(i);
            if (str != null && !str.isEmpty())
                str = str.trim();
            row.add(str);
        }
        list.add(row);
    }
} catch (Exception e) {
    e.printStackTrace();
}
return list;
}
```

程序运行结果如图 15-2 所示。

图 15-2　例 15-5 的运行结果

15.3.4　获得查询结果

通过 Statement 接口的 executeUpdate()方法或 executeQuery()方法，可以执行 SQL 语句，同时返回执行结果。如果执行的是 executeUpdate()方法，将返回一个 int 型数值，代表影响数据库记录的条数，即插入、修改或删除记录的条数；如果执行的是 executeQuery()方法，将返回一个 ResultSet 型的结果集，其中不仅包含所有满足查询条件的记录，而且包含相应数据表的相关信息，如每一列的名称、类型和列的数量等。执行 executeQuery()方法的示例如下：

```
ResultSet res = stmt.executeQuery("select * from tb_stu");
```

15.3.5　关闭连接

在建立 Connection、Statement 和 ResultSet 实例时，均需占用一定的数据库和 JDBC 资源，所以每次访问数据库结束后，都应该及时销毁这些实例，释放它们占用的所有资源。通过各个实例的 close()方法，可以释放实例占用的资源。执行 close()方法时建议按照如下顺序：

```
resultSet.close();
statement.close();
connection.close();
```

建议按上面的顺序关闭连接的原因在于 Connection 是一个接口，close()方法的实现方式可能多种多样。如果通过 DriverManager 类的 getConnection()方法得到 Connection 实例，在调用 close()方法关闭 Connection 实例时会同时关闭 Statement 实例和 ResultSet 实例。但是，通常情况下需要采用数据库连接池，在调用通过连接池得到的 Connection 实例的 close()方法时，Connection 实例可能并没有被释放，而是被放回到了连接池中，又被其他连接调用。在这种情况下，如果不手动关闭 Statement 实例和 ResultSet 实例，它们在 Connection 实例中可能会越来越多。虽然 Java 虚拟机的垃圾回收机制会定时清理缓存，但是如果清理得不及时，当数据库连接达到一定数量时，将严重影响数据库和计算机的运行速度，甚至导致软件或系统瘫痪。

15.4 操作数据库

访问数据库的目的是操作数据库，如向数据库中插入记录、删除数据库中的记录、从数据库中查询符合一定条件的记录等。这些操作既可以通过静态的 SQL 语句实现，又可以通过动态的 SQL 语句实现，还可以通过存储过程实现，具体采用的实现方式要根据实际情况而定。

在增、删、改数据库中的记录时，分为单条操作和批量操作。其中，单条操作又分为一次只操作一条记录和一次只执行一条 SQL 语句，批量操作又分为通过一条 SQL 语句（只能是 UPDATE 和 DELETE 语句）操作多条记录和一次执行多条 SQL 语句。

本小节微课

15.4.1 顺序查询

在 MySQL 8.0 数据库中创建一个名为 test 的数据库，在 test 数据库中创建一个名为 tb_stu 的数据表。在 tb_stu 数据表中有四个字段，其中 id 表示学生的编号，name 表示学生的姓名，sex 表示学生的性别，birthday 表示学生的出生日期。上述 4 个字段的类型和值如图 15-3 所示。

Table: tb_stu		id	name	sex	birthday
Columns:		1	张三	男	1998-02-06
id	int	2	李四	女	1995-06-28
name	varchar(15)	3	王五	女	1999-11-23
sex	char(2)	4	赵六	男	2000-05-30
birthday	date				

图 15-3　tb_stu 数据表中 4 个字段的类型和值

【例 15-6】　查询数据库中 tb_stu 表中的所有数据。

```java
public class JDBCDemo {
    public static void main(String[] args) {
        try {
            Class.forName("com.mysql.cj.jdbc.Driver");    //加载数据库驱动类
        } catch (ClassNotFoundException e) {
            e.printStackTrace();
        }
        try {
            //通过访问数据库的 URL，获取数据库连接对象
            Connection con = DriverManager.getConnection(
"jdbc:mysql://127.0.0.1:3306/test?useUnicode=true&characterEncoding=UTF-8&useSSL=
false&serverTimezone=Asia/Shanghai&zeroDateTimeBehavior=CONVERT_TO_NULL&allow
PublicKeyRetrieval=true","root", "root");
            Statement stmt = con.createStatement();
            ResultSet res = stmt.executeQuery("select * from tb_stu");
            while (res.next()) {        //如果当前语句不是最后一条，则进入循环
                String id = res.getString("id");        //获取列名是 id 的字段值
                String name = res.getString("name");        //获取列名是 name 的字段值
                String sex = res.getString("sex");        //获取列名是 sex 的字段值
                //获取列名是 birthday 的字段值
                String birthday = res.getString("birthday");
```

```
                System.out.print("编号: " + id);                    //将列值输出
                System.out.print(" 姓名:" + name);
                System.out.print(" 性别:" + sex);
                System.out.println(" 生日: " + birthday);
            }
            con.close();                                            //关闭数据库连接
        } catch (SQLException e) {
            e.printStackTrace();
        }
    }
}
```

程序运行结果如图 15-4 所示。

图 15-4　例 15-6 的运行结果

15.4.2　模糊查询

SQL 语句中的 LIKE 操作符用于模糊查询，可使用 "%" 代替 0 个或多个字符，使用下画线 "_" 代替一个字符。例如，在查询姓张的学生的信息时，可使用以下 SQL 语句：

```
select * from tb_stu where name like '张%'
```

【例 15-7】　找出所有姓张的学生。

```
public class JDBCDemo2 {
    public static void main(String[] args) {
        try {
            // 加载数据库驱动类
            Class.forName("com.mysql.cj.jdbc.Driver");
        } catch (ClassNotFoundException e) {
            e.printStackTrace();
        }
        try {
            // 通过访问数据库的 URL，获取数据库连接对象
            Connection con = DriverManager.getConnection
                    ("jdbc:mysql://127.0.0.1:3306/test?"
                    + "useUnicode=true&characterEncoding=UTF-8"
                    + "&useSSL=false&serverTimezone=Asia/Shanghai"
                    + "&zeroDateTimeBehavior=CONVERT_TO_NULL"
                    + "&allowPublicKeyRetrieval=true",
                    "root", "root");
            Statement stmt = con.createStatement();
            ResultSet res = stmt.executeQuery
                    ("select * from tb_stu where name like '张%'");
            while (res.next()) {                    // 如果当前语句不是最后一条，则进入循环
                String id = res.getString("id"); // 获取列名是 id 的字段值
                // 获取列名是 name 的字段值
                String name = res.getString("name");
                // 获取列名是 sex 的字段值
                String sex = res.getString("sex");
                // 获取列名是 birthday 的字段值
```

```
        String birthday = res.getString("birthday");
        System.out.print("编号: " + id); // 将列值输出
        System.out.print(" 姓名:" + name);
        System.out.print(" 性别:" + sex);
        System.out.println(" 生日:" + birthday);
    }
    con.close(); // 关闭数据库连接
} catch (SQLException e) {
    e.printStackTrace();
}
    }
}
```

程序运行结果如图 15-5 所示。

图 15-5　例 15-7 的运行结果

15.4.3　预处理语句

向数据库发送一个 SQL 语句，数据库中的 SQL 解释器负责把 SQL 语句生成底层的内部命令，执行该命令，完成相关的数据操作。如果不断地向数据库提交 SQL 语句，肯定会增加数据库中 SQL 解释器的负担，影响执行速度。

本小节微课

对于 JDBC，可以通过 Connection 对象的 preparedStatement(String sql)方法对 SQL 语句进行预处理，生成数据库底层的内部命令，并将该命令封装在 PreparedStatement 对象中。通过调用该对象的相应方法，可执行底层数据库命令。也就是说，应用程序能针对连接的数据库，将 SQL 语句解释为数据库底层的内部命令，并让数据库执行该命令。这样，可以减轻数据库的负担，提高访问数据库的速度。

对 SQL 进行预处理时，可以使用通配符"?"代替任何字段值。例如：

```
sql = con.prepareStatement("select * from tb_stu where id = ?");
```

在执行预处理语句前，必须用相应方法设置通配符所表示的值。例如：

```
sql.setInt(1,16);
```

上述语句中的 1 表示从左向右的第 1 个通配符，16 表示设置的通配符的值。将通配符的值设置为 16 后，功能等同于：

```
sql = con.prepareStatement("select * from tb_stu where id = 16");
```

书写两条语句看似麻烦，但使用预处理语句可使应用程序动态地改变 SQL 语句中关于字段值条件的设定。

⚠️ 注意：通过 set×××()方法为 SQL 语句中的参数赋值时，建议使用与参数匹配的方法，也可以使用 setObject()方法为各种类型的参数赋值。例如：

```
sql.setObject(2,'李丽');
```

【例 15-8】　找出编号为 3 的学生。

```
public class JDBCDemo3 {
    public static void main(String[] args) {
```

```
try {
    // 加载数据库驱动类
    Class.forName("com.mysql.cj.jdbc.Driver");
} catch (ClassNotFoundException e) {
    e.printStackTrace();
}
try {
    // 通过访问数据库的 URL，获取数据库连接对象
    Connection con = DriverManager.getConnection
            ("jdbc:mysql://127.0.0.1:3306/test?"
            + "useUnicode=true&characterEncoding=UTF-8"
            + "&useSSL=false&serverTimezone=Asia/Shanghai"
            + "&zeroDateTimeBehavior=CONVERT_TO_NULL"
            + "&allowPublicKeyRetrieval=true",
            "root", "root");
    PreparedStatement ps = con.prepareStatement
            ("select * from tb_stu where id = ?");
    ps.setInt(1, 3);                              // 设置参数
    ResultSet rs = ps.executeQuery();            // 执行预处理语句
    // 如果当前记录不是结果集中的最后一行，则进入循环体
    while (rs.next()) {
        String id = rs.getString(1);             // 获取结果集中第一列的值
        String name = rs.getString("name");      // 获取 name 列的列值
        String sex = rs.getString("sex");        // 获取 sex 列的列值
        // 获取 birthday 列的列值
        String birthday = rs.getString("birthday");
        System.out.print("编号: " + id);          // 输出信息
        System.out.print(" 姓名: " + name);
        System.out.print(" 性别:" + sex);
        System.out.println(" 生日: " + birthday);
    }
    con.close(); // 关闭数据库连接
} catch (SQLException e) {
    e.printStackTrace();
}
    }
}
```

程序运行结果如图 15-6 所示。

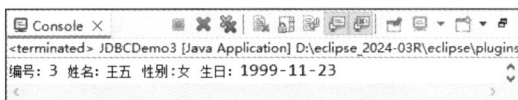

图 15-6　例 15-8 的运行结果

15.4.4　添加、修改和删除记录

通过 SQL 语句可以对数据执行添加、修改和删除操作。可通过
PreparedStatement 类的指定参数动态地对数据表中原有数据进行修改操作，
并通过 executeUpdate()方法执行更新语句操作。

本小节微课

【**例 15-9**】　添加新学生：姓名王富贵，男，生日 1990-12-30，编号为 5；将编号为 2
的学生姓名改为"李美丽"；删除编号为 3 的学生。

```
public class JDBCDemo4 {
    Connection con;// 声明数据库连接对象
    // 初始化数据库连接
```

```java
public void initConnection() {
    try {
        // 加载数据库驱动类
        Class.forName("com.mysql.cj.jdbc.Driver");
    } catch (ClassNotFoundException e) {
        e.printStackTrace();
    }
    try {
        // 通过访问数据库的 URL，获取数据库连接对象
        con = DriverManager.getConnection
                ("jdbc:mysql://127.0.0.1:3306/test?"
                + "useUnicode=true&characterEncoding=UTF-8"
                + "&useSSL=false&serverTimezone=Asia/Shanghai"
                + "&zeroDateTimeBehavior=CONVERT_TO_NULL"
                + "&allowPublicKeyRetrieval=true",
                "root", "root");
    } catch (SQLException e) {
        e.printStackTrace();
    }
}
// 关闭数据库连接
public void closeConnection() {
    if (con != null) {
        try {
            con.close();
        } catch (SQLException e) {
            e.printStackTrace();
        }
    }
}

// 显示所有学生数据
public void showAllData() {
    try {
        Statement stmt = con.createStatement();
        ResultSet rs = stmt.executeQuery("select * from tb_stu");
        while (rs.next()) { // 如果当前语句不是最后一条，则进入循环
            // 将列值输出
            System.out.print("编号: " + rs.getString("id"));
            System.out.print(" 姓名:" + rs.getString("name"));
            System.out.print(" 性别:" + rs.getString("sex"));
            System.out.println(" 生日: " + rs.getString("birthday"));
        }
    } catch (SQLException e) {
        e.printStackTrace();
    }
}
// 添加新学生
public void add(int id, String name, String sex, String birthday) {
    try {
        String sql = "insert into tb_stu values(?,?,?,?) ";
        PreparedStatement ps = con.prepareStatement(sql);
        ps.setInt(1, id);            // 设置编号
        ps.setString(2, name);       // 设置名字
        ps.setString(3, sex);        // 设置性别
        ps.setString(4, birthday);   // 设置出生日期
        ps.executeUpdate();
    } catch (SQLException e) {
        e.printStackTrace();
    }
```

```
    }
    // 删除指定ID的学生
    public void delete(int id) {
        try {
            Statement stmt = con.createStatement();
            stmt.executeUpdate("delete from tb_stu where id =" + id);
        } catch (SQLException e) {
            e.printStackTrace();
        }
    }
    // 修改指定ID的学生姓名
    public void update(int id, String newName) {
        try {
            String sql = "update tb_stu set name = ? where id = ? ";
            PreparedStatement ps = con.prepareStatement(sql);
            ps.setString(1, newName);   // 设置名字
            ps.setInt(2, id);           // 设置编号
            ps.executeUpdate();
        } catch (SQLException e) {
            e.printStackTrace();
        }
    }

    public static void main(String[] args) {
        JDBCDemo4 demo = new JDBCDemo4();
        demo.initConnection();
        demo.showAllData();
        System.out.println("---添加新同学---");
        demo.add(5, "王富贵","男","1990-12-30");
        demo.showAllData();
        System.out.println("---修改编号为2的学生姓名---");
        demo.update(2, "李美丽");
        demo.showAllData();
        System.out.println("---删除编号为3的学生---");
        demo.delete(3);
        demo.showAllData();
        demo.closeConnection();
    }
}
```

程序运行结果如图15-7所示。

```
Console ×
<terminated> JDBCDemo4 [Java Application] D:\eclipse_2024-03R\eclipse
编号: 1 姓名:张三 性别:男 生日: 1998-02-06
编号: 2 姓名:李四 性别:女 生日: 1995-06-28
编号: 3 姓名:王五 性别:女 生日: 1999-11-23
编号: 4 姓名:赵六 性别:男 生日: 2000-05-30
---添加新同学---
编号: 1 姓名:张三 性别:男 生日: 1998-02-06
编号: 2 姓名:李四 性别:女 生日: 1995-06-28
编号: 3 姓名:王五 性别:女 生日: 1999-11-23
编号: 4 姓名:赵六 性别:男 生日: 2000-05-30
编号: 5 姓名:王富贵 性别:男 生日: 1990-12-30
---修改编号为2的学生姓名---
编号: 1 姓名:张三 性别:男 生日: 1998-02-06
编号: 2 姓名:李美丽 性别:女 生日: 1995-06-28
编号: 3 姓名:王五 性别:女 生日: 1999-11-23
编号: 4 姓名:赵六 性别:男 生日: 2000-05-30
编号: 5 姓名:王富贵 性别:男 生日: 1990-12-30
---删除编号为3的学生---
编号: 1 姓名:张三 性别:男 生日: 1998-02-06
编号: 2 姓名:李美丽 性别:女 生日: 1995-06-28
编号: 4 姓名:赵六 性别:男 生日: 2000-05-30
编号: 5 姓名:王富贵 性别:男 生日: 1990-12-30
```

图 15-7　例 15-9 的运行结果

【例 15-10】 在企业进销存管理系统的客户信息管理窗体中删除指定的客户信息。

```
// "删除"按钮的动作事件的监听
delButton.addActionListener(new ActionListener() {
    public void actionPerformed(ActionEvent e) {
            // 获得数据表公共类对象
            Item item = (Item) kehu.getSelectedItem();
            // 数据表公共类对象为空或数据表公共类对象不是数据表公共类的实例
            if (item == null || !(item instanceof Item))
                return;                                  // 退出程序
            // 弹出"确认删除客户信息吗？"提示框
            int confirm = JOptionPane.showConfirmDialog
                    (KeHuXiuGaiPanel.this, "确认删除客户信息吗？");
            if (confirm == JOptionPane.YES_OPTION) { // 单击"确认"按钮
                // 获得删除客户信息的数量
                int rs = Dao.delete
                        ("delete from tb_khinfo where id='" + item.getId() + "'");
                if (rs > 0) {                    // 删除客户信息的数量大于 0
                    // 弹出提示框
                    JOptionPane.showMessageDialog
                    (KeHuXiuGaiPanel.this, "客户: " + item.getName() + "。删除成功");
                    kehu.removeItem(item); // 移除"选择客户"下拉列表中相匹配的数据表公共类对象
                }
            }
        }
});
```

程序运行结果如图 15-8 所示。

图 15-8　例 15-10 的运行结果

15.5　向 AIGC 工具上传错误图片找到解决方案

连接数据库时，如果出现错误，可以先将错误保存为图片，再借助 AIGC 工具更快地找到问题所在。例如，在通义千问大模型工具中上传连接数据库的错误图片，通义千问会自动提供解决方案，如图 15-9 所示。

图 15-9　通过上传错误图片找到解决方案

以下是一个比较具体的实例。

【问题】

如何优化 JDBC 代码?

【AIGC 建议】

请读者扫描二维码, 查看 AIGC 工具的建议。读者可自行编码查看效果。　　AIGC 建议

小结

本章主要介绍了以下内容: ①JDBC 技术的常用接口, 主要介绍了 Connection、Statement、PreparedStatement 和 ResultSet 接口。②利用 JDBC 技术访问数据库的主要步骤。③操作数据库的方法, 即添加、修改、删除和查询记录, 并分别介绍了如何利用 Connection、Statement 和 PreparedStatement 接口实现。本章针对每个知识点给出了典型的实例, 供读者学习和参考。

习题

15-1　JDBC 驱动有哪些类型?

15-2　PreparedStatement 接口与 Statement 接口相比, 有哪些优势?

15-3　连接数据库分为哪几步?

进货、销售和库存这 3 个环节既是促进企业发展的重要组成部分，又是企业经营管理中的核心环节，还是企业能否取得效益的关键。如果能够做到合理采购、及时销售、库存量最小、减少积压，那么企业就能取得最佳的经济效益。在信息化时代，中小型企业采用信息化管理进货、库存、销售等环节已成为必然趋势。本章将介绍的企业进销存管理系统，主要包括进货管理、销售管理、库存管理等功能。

本章要点：

- ■ 掌握数据库设计
- ■ 掌握公共类设计
- ■ 掌握各模块设计
- ■ 掌握主窗体设计
- ■ 掌握数据库的备份和恢复

16.1 开发背景

企业进销存管理系统的主要工作是对企业的进货、销售和库存以信息化的方式进行管理，最大限度地减少各个环节中可能出现的错误，有效减少盲目采购，降低采购成本，合理控制库存，减少资金占用并提高市场灵敏度，使企业能够合理安排进、销、存的每个关键步骤，提升企业市场竞争力。企业进销存管理系统开发细节如图 16-1 所示。

图 16-1　企业进销存管理系统开发细节

16.2 系统功能设计

1．系统功能结构

企业进销存管理系统功能结构如图 16-2 所示。

2．系统业务流程

企业进销存管理系统的业务流程如图 16-3 所示。

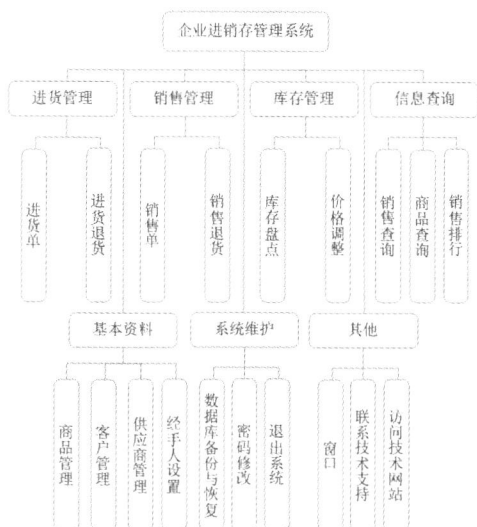

图 16-2　企业进销存管理系统功能结构

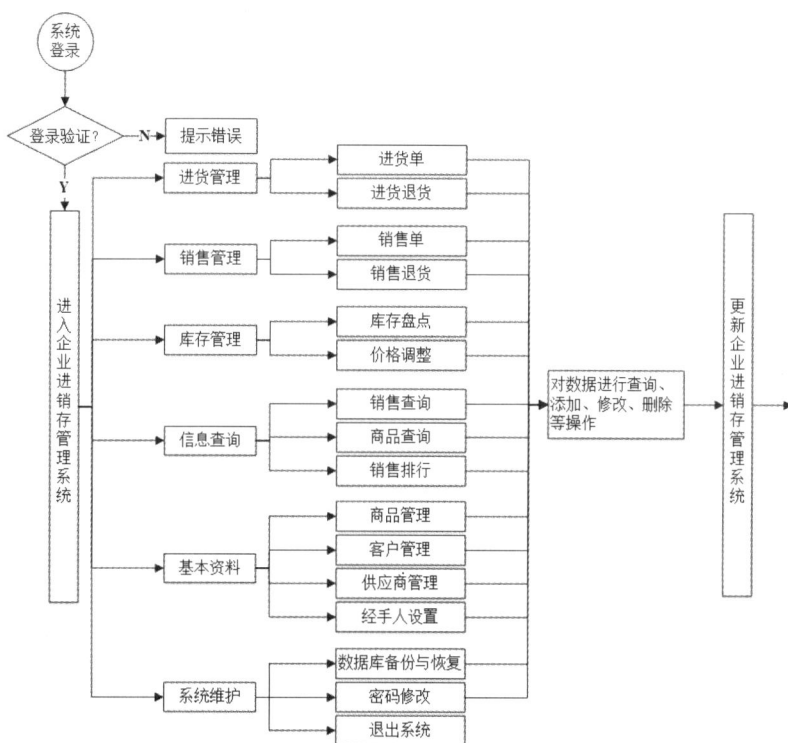

图 16-3　企业进销存管理系统的业务流程

16.3 数据库设计

16.3.1 数据库概述

由图 16-4 可知，在数据库 db_jxcms 中，既有数据表，又有视图，其中包含了许多重

复的字段。为了方便读者高效、快速地熟悉数据库 db_jxcms，下面对主要数据表中的字段予以介绍。

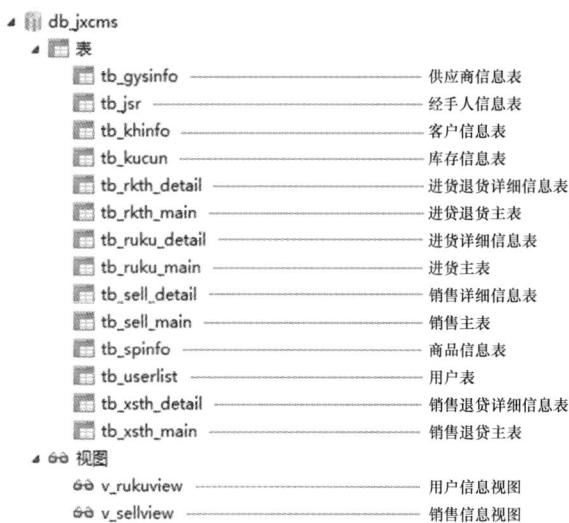

图 16-4　数据库 db_jxcms 的结构

16.3.2　设计数据表

1．供应商信息表

供应商信息表（tb_gysinfo）主要用于存储供应商的详细信息，供应商信息表字段设计如表 16-1 所示。

表 16-1　供应商信息表字段设计

字段	类型	说明
id	varchar	供应商编号
name	varchar	供应商名称
jc	varchar	供应商简称
address	varchar	供应商地址
bianma	varchar	邮政编码
tel	varchar	电话
fax	varchar	传真
lian	varchar	联系人
ltel	varchar	联系电话
yh	varchar	开户银行
mail	varchar	电子信箱

2．客户信息表

客户信息表（tb_khinfo）主要用于存储客户的详细信息，客户信息表字段设计如表 16-2 所示。

表 16-2　客户信息表字段设计

字段	类型	说明
id	varchar	客户编号
khname	varchar	客户名称
jian	varchar	客户简称
address	varchar	客户地址
bianma	varchar	邮编
tel	varchar	电话
fax	varchar	传真
lian	varchar	联系人
ltel	varchar	联系电话
mail	varchar	电子邮箱
xinhang	varchar	开户银行
hao	varchar	银行账号

3．商品信息表

商品信息表（tb_spinfo）主要用于存储商品的详细信息，商品信息表字段设计如表 16-3 所示。

表 16-3　商品信息表字段设计

字段	类型	说明
id	varchar	商品编号
spname	varchar	商品名称
jc	varchar	商品简称
cd	varchar	产地
dw	varchar	商品计量单位
gg	varchar	商品规格
bz	varchar	包装
ph	varchar	批号
pzwh	varchar	批准文号
memo	varchar	备注
gysname	varchar	供应商名称

4．库存信息表

库存信息表（tb_kucun）主要用于存储库存的详细信息，库存信息表字段设计如表 16-4 所示。

表 16-4　库存信息表字段设计

字段	类型	说明
id	varchar	商品编号
spname	varchar	商品名称
jc	varchar	商品简称

字段	类型	说明
cd	varchar	产地
gg	varchar	商品规格
bz	varchar	包装
dw	varchar	商品计量单位
dj	varchar	单价
kcsl	int	库存数量

5. 进货主表

进货主表（tb_ruku_main）主要用于存储进货的单据信息，进货主表字段设计如表 16-5 所示。

表 16-5　进货主表字段设计

字段	类型	说明
rkID	varchar	入库编号
pzs	int	品种数量
je	decimal	总计金额
ysjl	varchar	验收结论
gysname	varchar	供应商名称
rkdate	datetime	入库时间
czy	varchar	操作员
jsr	varchar	经手人
jsfs	varchar	结算方式

6. 进货详细信息表

进货详细信息表（tb_ruku_detail）主要用于存储进货的详细信息，进货详细信息表字段设计如表 16-6 所示。

表 16-6　进货详细信息表字段设计

字段	类型	说明
rkID	varchar	入库编号
spid	varchar	商品编号
dj	decimal	进货单价
sl	int	进货数量

7. 销售主表

销售主表（tb_sell_main）主要用于存储销售的单据信息，销售主表字段设计如表 16-7 所示。

表 16-7　销售主表字段设计

字段	类型	说明
sellID	varchar	销售编号
pzs	int	销售品种数
je	decimal	总计金额
ysjl	varchar	验收结论
khname	varchar	客户名称
xsdate	datetime	销售日期
czy	varchar	操作员
jsr	varchar	经手人
jsfs	varchar	结算方式

8. 销售详细信息表

销售详细信息表（tb_sell_detail）主要用于存储销售详细信息，销售详细信息表字段设计如表 16-8 所示。

表 16-8　销售详细信息表字段设计

字段	类型	说明
sellID	varchar	销售编号
spid	varchar	商品编号
dj	decimal	销售单价
sl	float	销售数量

16.4 项目组织结构

为了让读者熟悉企业进销存管理系统的整体架构，现给出企业进销存管理系统的组织结构，如图 16-5 所示。

本节微课

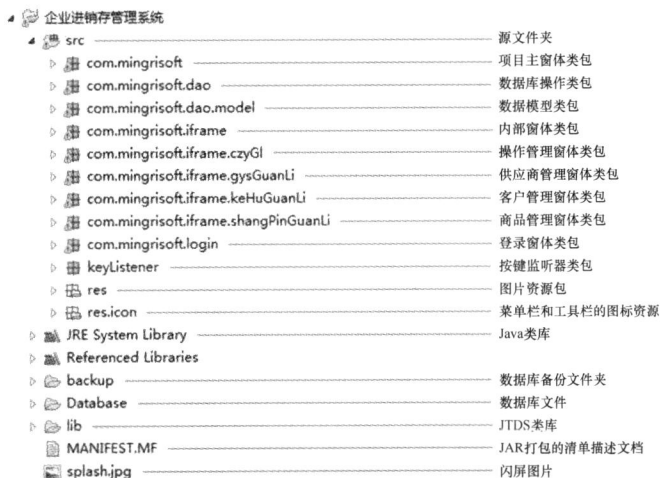

图 16-5　企业进销存管理系统的组织结构

16.5 公共类设计

16.5.1 创建 Item 公共类

Item 公共类是对数据表最常用的 id 和 name 属性的封装，用于 Swing 列表、表格、下拉列表框等组件的赋值。Item 公共类重写了 toString()方法，在该方法中只输出 name 属性，所以 Item 公共类在 Swing 组件显示文本时只包含名称信息，不包含 id 属性。但是，在获取组件内容时，获取的是 Item 类的对象，从该对象中可以很容易地获取 id 属性，通过该属性访问数据库并从数据库中获取唯一的数据。Item 公共类的代码如下：

```java
package com.mingrisoft;
public class Item {                              // 数据表公共类
    private String id;                           // 编号属性
    private String name;                         // 名称信息
    public Item() {                              // 默认构造函数
    }
    public Item(String id, String name) {        // 完整构造函数
        this.id = id;
        this.name = name;
    }
    // 使用 Getters 和 Setters 方法将数据表公共类的私有属性封装起来
    public String getId() {
        return id;
    }
    public void setId(String id) {
        this.id = id;
    }
    public String getName() {
        return name;
    }
    public void setName(String name) {
        this.name = name;
    }
    // 重写 toString()方法，只输出名称信息
    public String toString() {
        return getName();
    }
}
```

16.5.2 创建数据模型公共类

com.mingrisoft.dao.model 包中存放的是数据模型公共类，它们对应着数据库中不同的数据表，这些模型将被访问数据库的 Dao 类和程序中各个模块甚至各个组件使用。和 Item 公共类的使用方法类似，数据模型也是对数据表中所有字段（属性）的封装，但是数据模型是纯粹的模型类，其不但需要重写父类的 toString()方法，还要重写 hashCode()方法和 equals()方法（这两个方法分别用于生成模型对象的哈希代码和判断模型对象是否相同）。模型类主要用于存储数据，并通过相应的 get×××()方法和 set×××()方法实现不同属性的访问方式。商品数据表对应的模型类的关键代码如下：

```java
package com.mingrisoft.dao.model;
public class TbSpinfo implements java.io.Serializable { // 商品信息（实现序列化接口）
```

```java
    private String id;                                    // 商品编号
    private String spname;                                // 商品名称
    private String jc;                                    // 商品简称
    private String cd;                                    // 产地
    private String dw;                                    // 商品计量单位
    private String gg;                                    // 商品规格
    private String bz;                                    // 包装
    private String ph;                                    // 批号
    private String pzwh;                                  // 批准文号
    private String memo;                                  // 备注
    private String gysname;                               // 供应商名称
    public TbSpinfo() {                                   // 默认构造方法
    }
```
...// 此处省略了使用 Getters and Setters 方法将商品信息类的私有属性封装起来
```java
    @Override
    public String toString() {                            // 重写 toString()方法
        return getSpname();
    }
    @Override
    public int hashCode() {                               // 重写 hashCode()方法
        final int PRIME = 31;
        int result = 1;
        result = PRIME * result + ((bz == null) ? 0 : bz.hashCode());
        result = PRIME * result + ((cd == null) ? 0 : cd.hashCode());
        result = PRIME * result + ((dw == null) ? 0 : dw.hashCode());
        result = PRIME * result + ((gg == null) ? 0 : gg.hashCode());
        result = PRIME * result + ((gysname == null) ? 0 : gysname.hashCode());
        result = PRIME * result + ((id == null) ? 0 : id.hashCode());
        result = PRIME * result + ((jc == null) ? 0 : jc.hashCode());
        result = PRIME * result + ((memo == null) ? 0 : memo.hashCode());
        result = PRIME * result + ((ph == null) ? 0 : ph.hashCode());
        result = PRIME * result + ((pzwh == null) ? 0 : pzwh.hashCode());
        result = PRIME * result + ((spname == null) ? 0 : spname.hashCode());
        return result;
    }
    @Override
    public boolean equals(Object obj) {                   // 重写 equals()方法
        if (this == obj)
            return true;
        if (obj == null)
            return false;
        if (getClass() != obj.getClass())
            return false;
        final TbSpinfo other = (TbSpinfo) obj;
        if (bz == null) {
            if (other.bz != null)
                return false;
        } else if (!bz.equals(other.bz))
            return false;
        if (cd == null) {
            if (other.cd != null)
                return false;
        } else if (!cd.equals(other.cd))
            return false;
        if (dw == null) {
            if (other.dw != null)
                return false;
        } else if (!dw.equals(other.dw))
            return false;
```

```
            if (gg == null) {
                if (other.gg != null)
                    return false;
            } else if (!gg.equals(other.gg))
                return false;
            if (gysname == null) {
                if (other.gysname != null)
                    return false;
            } else if (!gysname.equals(other.gysname))
                return false;
            if (id == null) {
                if (other.id != null)
                    return false;
            } else if (!id.equals(other.id))
                return false;
            if (jc == null) {
                if (other.jc != null)
                    return false;
            } else if (!jc.equals(other.jc))
                return false;
            if (memo == null) {
                if (other.memo != null)
                    return false;
            } else if (!memo.equals(other.memo))
                return false;
            if (ph == null) {
                if (other.ph != null)
                    return false;
            } else if (!ph.equals(other.ph))
                return false;
            if (pzwh == null) {
                if (other.pzwh != null)
                    return false;
            } else if (!pzwh.equals(other.pzwh))
                return false;
            if (spname == null) {
                if (other.spname != null)
                    return false;
            } else if (!spname.equals(other.spname))
                return false;
            return true;
    }
}
```

说明：当一个类实现序列化接口（Serializable）时，需要重写 toString()方法、hashCode()方法以及 equals()方法。

其他模型类的定义与商品模型类的定义方法类似，其属性内容就是数据表中相应的字段。com.mingrisoft.dao.model 包中包含的数据模型类如表 16-9 所示。

表 16-9　com.mingrisoft.dao.model 包中包含的数据模型类

类名	说明
TbGysinfo	供应商数据表模型类
TbJsr	经手人数据表模型类
TbKhinfo	客户数据表模型类
TbKucun	库存数据表模型类
TbRkthDetail	进货退货详细数据表模型类

类名	说明
TbRkthMain	进货退货主数据表模型类
TbRukuDetail	进货详细信息数据表模型类
TbRukuMain	进货主表模型类
TbSellDetail	销售详细信息数据表模型类
TbSellMain	销售主表模型类
TbSpinfo	商品信息数据表模型类
TbXsthDetail	销售退货详细信息数据表模型类
TbXsthMain	销售退货主表模型类

16.5.3 创建 Dao 公共类

在企业进销存管理系统中，Dao 公共类作为数据库访问类，用来实现数据库的驱动、连接、关闭和操作数据表的方法。在具体操作数据表之前，需要先连接数据库，关键代码如下：

```
public class Dao {
    // MySQL 数据库驱动程序的名称
    protected static String dbClassName = "com.mysql.cj.jdbc.Driver";
    // 访问 MySQL 数据库的路径
    protected static String dbUrl = "jdbc:mysql://127.0.0.1:3306/db_jxcms?"
        + "useUnicode=true&characterEncoding=UTF-8&useSSL=false"
        + "&serverTimezone=Asia/Shanghai&zeroDateTimeBehavior=CONVERT_TO_NULL"
        + "&allowPublicKeyRetrieval=true";
    protected static String dbUser = "root";      // 访问 MySQL 数据库的用户名
    protected static String dbPwd = "root";        // 访问 MySQL 数据库的密码
    protected static String dbName = "db_jxcms"; // 访问 MySQL 数据库中的实例
    protected static String second = null;         //
    public static Connection conn = null;          // MySQL 数据库的连接对象
    static {                                        // 静态初始化 Dao 类
        try {
            if (conn == null) {
                Class.forName(dbClassName).newInstance();// 实例化 MySQL 数据库的驱动
                // 连接 MySQL 数据库
                conn = DriverManager.getConnection(dbUrl, dbUser, dbPwd);
            }
        } catch (ClassNotFoundException e) {
            e.printStackTrace();
            // 捕获异常后，弹出提示框
            JOptionPane.showMessageDialog
                (null, "请将 MySQL 的 JDBC 驱动包复制到 lib 文件夹中。");
            System.exit(-1);// 系统停止运行
        } catch (Exception e) {
            e.printStackTrace();
        }
    }
    private Dao() {                                 //封闭构造方法，禁止创建 Dao 类的实例对象
    }
}
```

对于 Dao 类中操作数据表的方法，都使用 static 关键字定义为静态方法，所以 Dao 类

不需要创建对象，可以直接调用类中的所有数据库操作方法。

1. getKhInfo(Item item)方法

getKhInfo(Item item)方法通过创建 TbKhinfo 类的对象，使用 set×××()方法获取客户信息。该方法的返回值是 TbKhinfo 类的对象，即客户信息的数据模型。其关键代码如下：

```java
// 读取客户信息
public static TbKhinfo getKhInfo(Item item) {
    String where = "khname='" + item.getName() + "'";
    if (item.getId() != null)
        where = "id='" + item.getId() + "'";        // 获取 item 对象的 id 属性
    TbKhinfo info = new TbKhinfo();                  // 创建客户信息数据模型
    ResultSet set = findForResultSet("select * from tb_khinfo where "
            + where);                                //查询数据
    try {
        if (set.next()) {                            // 封装数据到数据模型中
            info.setId(set.getString("id").trim());
            info.setKhname(set.getString("khname").trim());
            info.setJian(set.getString("jian").trim());
            info.setAddress(set.getString("address").trim());
            info.setBianma(set.getString("bianma").trim());
            info.setFax(set.getString("fax").trim());
            info.setHao(set.getString("hao").trim());
            info.setLian(set.getString("lian").trim());
            info.setLtel(set.getString("ltel").trim());
            info.setMail(set.getString("mail").trim());
            info.setTel(set.getString("tel").trim());
            info.setXinhang(set.getString("xinhang").trim());
        }
    } catch (SQLException e) {
        e.printStackTrace();
    }
    return info;                                     // 将数据模型作为返回值
}
```

2. getGysInfo(Item item)方法

getGysInfo(Item item)方法通过创建 TbGysinfo 类的对象，使用 set×××()方法获取供应商信息。该方法的返回值是 TbGysinfo 类的对象，即供应商数据表的模型对象。其关键代码如下：

```java
// 读取指定供应商信息
public static TbGysinfo getGysInfo(Item item) {
    // 获取 item 对象的 name 属性
    String where = "name='" + item.getName() + "'";
    if (item.getId() != null)
        where = "id='" + item.getId() + "'";        // 获取 item 对象的 id 属性
    TbGysinfo info = new TbGysinfo();                // 创建供应商数据模型
    ResultSet set = findForResultSet("select * from tb_gysinfo where "
            + where);                                // 查询数据
    try {
        if (set.next()) {                            // 封装数据到数据模型中
            info.setId(set.getString("id").trim());
            info.setAddress(set.getString("address").trim());
            info.setBianma(set.getString("bianma").trim());
            info.setFax(set.getString("fax").trim());
            info.setJc(set.getString("jc").trim());
            info.setLian(set.getString("lian").trim());
            info.setLtel(set.getString("ltel").trim());
            info.setMail(set.getString("mail").trim());
```

```
                info.setName(set.getString("name").trim());
                info.setTel(set.getString("tel").trim());
                info.setYh(set.getString("yh").trim());
            }
        } catch (SQLException e) {
            e.printStackTrace();
        }
        return info;                                    // 将供应商数据模型返回给调用者
    }
```

3. getSpInfo(Item item)方法

getSpInfo(Item item)方法通过创建 TbSpinfo 类的对象，使用 set×××()方法获取商品信息。该方法的返回值是 TbSpinfo 类的对象，即商品数据表的模型对象。其关键代码如下：

```
// 读取商品信息
public static TbSpinfo getSpInfo(Item item) {
    String where = "spname='" + item.getName() + "'"; // 获取商品名称
    if (item.getId() != null)
        where = "id='" + item.getId() + "'";           // 获取商品编号
    ResultSet rs = findForResultSet("select * from tb_spinfo where "
            + where);                                   // 查询数据
    TbSpinfo spInfo = new TbSpinfo();                   // 创建商品数据模型对象
    try {
        if (rs.next()) {                                // 将商品信息封装到数据模型中
            spInfo.setId(rs.getString("id").trim());
            spInfo.setBz(rs.getString("bz").trim());
            spInfo.setCd(rs.getString("cd").trim());
            spInfo.setDw(rs.getString("dw").trim());
            spInfo.setGg(rs.getString("gg").trim());
            spInfo.setGysname(rs.getString("gysname").trim());
            spInfo.setJc(rs.getString("jc").trim());
            spInfo.setMemo(rs.getString("memo").trim());
            spInfo.setPh(rs.getString("ph").trim());
            spInfo.setPzwh(rs.getString("pzwh").trim());
            spInfo.setSpname(rs.getString("spname").trim());
        }
    } catch (SQLException e) {
        e.printStackTrace();
    }
    return spInfo;                                      // 返回商品数据模型对象
}
```

4. checkLogin(String userStr, String passStr)方法

checkLogin(String userStr, String passStr)方法用于判断登录用户的用户名与密码是否正确，方法的返回值是 boolean 类型。该方法接收的参数有 userStr 和 passStr，它们分别是用户名与密码信息。其关键代码如下：

```
// 验证登录
public static boolean checkLogin(String userStr, String passStr)
        throws SQLException {
    // 获取登录时的用户名和密码(自定义方法)
    ResultSet rs = findForResultSet("select * from tb_userlist where name='"
        + userStr + "' and pass='" + passStr + "'");
    if (rs == null)
        return false;
    return rs.next();
}
```

5. insertSellInfo(TbSellMain sellMain)方法

insertSellInfo(TbSellMain sellMain)方法用于添加销售信息到数据库中，其将在事务中完成对销售主表、销售明细表和库存表的添加与保存操作。基于事务的安全原则，如果对任何一个数据表的操作失败，将导致整个事务回滚，恢复到之前的数据状态。因此，该方法执行前后可以保证数据库的完整性不被破坏，同时完成对销售信息的添加。在 JDBC 中使用事务的关键是调用 Connection 类的 setAutoCommit()方法，设置自动提交模式为 false，完成业务之后，再调用 commit()方法手动提交事务。其关键代码如下：

```java
// 在事务中添加销售信息
public static boolean insertSellInfo(TbSellMain sellMain) {
    try {
        boolean autoCommit = conn.getAutoCommit();
        conn.setAutoCommit(false);
        // 添加销售主表记录
        insert("insert into tb_sell_main values('" + sellMain.getSellId()
                + "','" + sellMain.getPzs() + "'," + sellMain.getJe()
                + ",'" + sellMain.getYsjl() + "','" + sellMain.getKhname()
                + "','" + sellMain.getXsdate() + "','" + sellMain.getCzy()
                + "','" + sellMain.getJsr() + "','" + sellMain.getJsfs()
                + "')");
        Set<TbSellDetail> rkDetails = sellMain.getTbSellDetails();
        for (Iterator<TbSellDetail> iter = rkDetails.iterator(); iter
                .hasNext();) {
            TbSellDetail details = iter.next();
            // 添加销售详细表记录
            insert("insert into tb_sell_detail values('"
                    + sellMain.getSellId() + "','" + details.getSpid()
                    + "'," + details.getDj() + "," + details.getSl() + ")");
            // 修改库存表记录
            Item item = new Item();
            item.setId(details.getSpid());
            TbSpinfo spInfo = getSpInfo(item);
            if (spInfo.getId() != null && !spInfo.getId().isEmpty()) {
                TbKucun kucun = getKucun(item);
                if (kucun.getId() != null && !kucun.getId().isEmpty()) {
                    int sl = kucun.getKcsl() - details.getSl();
                    update("update tb_kucun set kcsl=" + sl + " where id='"
                            + kucun.getId() + "'");
                }
            }
        }
        conn.commit();
        conn.setAutoCommit(autoCommit);
    } catch (SQLException e) {
        e.printStackTrace();
        return false;
    }
    return true;
}
```

6. backup()方法

backup()方法用于实现备份数据库的操作。该方法先把数据表对象、数据表中的列等信息保存在 ArrayList 集合中，再使用 IO 流中的输出流将数据表中的数据写入指定路径下的 SQL 文件。需要说明的是，该方法的返回值是 SQL 文件的路径。其关键代码如下：

```java
public static String backup() throws SQLException {
    LinkedList<String> sqls = new LinkedList<String>(); // 备份文件中的所有 SQL 语句
```

```java
// 涉及的相关表名数组
String tables[] = { "tb_gysinfo", "tb_jsr", "tb_khinfo", "tb_kucun",
        "tb_rkth_detail", "tb_rkth_main", "tb_ruku_detail",
        "tb_ruku_main", "tb_sell_detail", "tb_sell_main", "tb_spinfo",
        "tb_userlist", "tb_xsth_detail", "tb_xsth_main" };
ArrayList<Tables> tableList = new ArrayList<Tables>(); // 创建保存所有表对象的集合
for (int i = 0; i < tables.length; i++) {                // 遍历表名数组
    Statement stmt = conn.createStatement();
    ResultSet rs = stmt.executeQuery("desc " + tables[i]); // 查询表结构
    ArrayList<Columns> columns = new ArrayList<Columns>(); // 列集合
    while (rs.next()) {
        Columns c = new Columns();                          // 创建列对象
        c.setName(rs.getString("Field"));                   // 读取列名
        c.setType(rs.getString("Type"));                    // 读取列类型
        String isnull = rs.getString("Null");               // 读取为空类型
        if ("YES".equals(isnull)) {                         // 如果列可以为空
            c.setNull(true);                                // 列可以为空
        }
        String key = rs.getString("Key");                   // 读取主键类型
        if ("PRI".equals(key)) {                            // 如果是主键
            c.setKey(true);                                 // 列为主键
            String increment = rs.getString("Extra");       // 读取特殊属性
            if ("auto_increment".equals(increment)) {       // 表主键是否自增
                c.setIncrement(true);                       // 主键自增
            }
        }
        columns.add(c);                                     // 列集合添加此列
    }
    // 创建表示此表名和拥有对应列对象的表对象
    Tables table = new Tables(tables[i], columns);
    tableList.add(table);                                   // 表集合保存此表对象
    rs.close();                                             // 关闭结果集
    stmt.close();                                           // 关闭 SQL 语句接口
}
for (int i = 0; i < tableList.size(); i++) {               // 遍历表对象集合
    Tables table = tableList.get(i);                        // 获取表格对象
    // 用于删除表的 SQL 语句
    String dropsql = "DROP TABLE IF EXISTS " + table.getName() + " ;";
    sqls.add(dropsql);                                      // 添加删除表 SQL
    StringBuilder createsql = new StringBuilder();          // 创建表 SQL
    createsql.append("CREATE TABLE " + table.getName() + "( ");// 创建语句句头
    ArrayList<Columns> columns = table.getColumns();        // 获取表中所有列对象
    for (int k = 0; k < columns.size(); k++) {              // 遍历列集合
        Columns c = columns.get(k);                         // 获取列对象
        // 添加列名和类型声明语句
        createsql.append(c.getName() + " " + c.getType());
        if (!c.isNull()) {                                  // 如果列可以为空
            createsql.append(" not null ");                 // 添加可以为空语句
        }
        if (c.isKey()) {                                    // 如果是主键
            createsql.append(" primary key ");              // 添加主键语句
            if (c.isIncrement()) {                          // 如果是主键自增
                createsql.append(" AUTO_INCREMENT ");       // 添加自增语句
            }
```

```
                }
            if (k < columns.size() - 1) {                      // 如果不是最后一列
                createsql.append(",");                         // 添加逗号
            } else {                                           // 如果是最后一列
                createsql.append(");");                        // 创建语句结尾
            }
        }
        sqls.add(createsql.toString());                        // 添加创建表 SQL
        Statement stmt = conn.createStatement();               // 执行 SQL 接口
        ResultSet rs = stmt
                .executeQuery("select * from " + table.getName());
        while (rs.next()) {
            StringBuilder insertsql = new StringBuilder();     // 插入值 SQL
            insertsql.append("INSERT INTO " + table.getName() + " VALUES(");
            for (int j = 0; j < columns.size(); j++) {         // 遍历表中所有列
                Columns c = columns.get(j);                    // 获取列对象
                String type = c.getType();                     // 获取列字段修饰符
                // 如果数据类型开头用 varchar、char、datetime 任意一种修饰
                if (type.startsWith("varchar") || type.startsWith("char")
                        || type.startsWith("datetime")) {
                    // 获取本列数据，两端加逗号
                    insertsql.append("'" + rs.getString(c.getName()) + "'");
                } else {
                    // 获取本列数据，两端不加逗号
                    insertsql.append(rs.getString(c.getName()));
                }
                if (j < columns.size() - 1) {                  // 如果不是最后一列
                    insertsql.append(",");                     // 添加逗号
                } else {                                       // 如果是最后一列
                    insertsql.append(");");                    // 添加句尾
                }
            }
            sqls.add(insertsql.toString());                    // 添加插入数据 SQL
        }
        rs.close();                                            // 关闭结果集
        stmt.close();                                          // 关闭 SQL 语句接口
}
sqls.add("DROP VIEW IF EXISTS v_rukuView;");                   // 插入删除视图语句
// 插入创建视图语句
sqls.add
("CREATE VIEW v_rukuView AS SELECT tb_ruku_main.rkID, tb_ruku_detail.spid, "
    + "tb_spinfo.spname, tb_spinfo.gg, tb_ruku_detail.dj, tb_ruku_detail.sl, "
    + "tb_ruku_detail.dj * tb_ruku_detail.sl AS je, tb_spinfo.gysname, "
    + "tb_ruku_main.rkdate, tb_ruku_main.czy, tb_ruku_main.jsr, "
    + "tb_ruku_main.jsfs FROM tb_ruku_detail INNER JOIN tb_ruku_main ON "
    + "tb_ruku_detail.rkID = tb_ruku_main.rkID INNER JOIN tb_spinfo ON "
    + "tb_ruku_detail.spid = tb_spinfo.id;");
sqls.add("DROP VIEW IF EXISTS v_sellView;");                   // 插入删除视图语句
// 插入创建视图语句
sqls.add
("CREATE VIEW v_sellView AS SELECT tb_sell_main.sellID, tb_spinfo.spname, "
+ "tb_sell_detail.spid, tb_spinfo.gg, tb_sell_detail.dj, tb_sell_detail.sl, "
+ "tb_sell_detail.sl * tb_sell_detail.dj AS je, tb_sell_main.khname, "
+ "tb_sell_main.xsdate, tb_sell_main.czy, tb_sell_main.jsr, "
+ "tb_sell_main.jsfs FROM tb_sell_detail INNER JOIN tb_sell_main ON "
+ "tb_sell_detail.sellID = tb_sell_main.sellID INNER JOIN tb_spinfo ON "
```

```
                   + "tb_sell_detail.spid = tb_spinfo.id;");
        java.util.Date date = new java.util.Date();              // 通过Date对象获得当前时间
        // 设置当前时间的输出格式
        SimpleDateFormat sdf = new SimpleDateFormat("yyyyMMdd_HHmmss");
        String backupTime = sdf.format(date);                    // 格式化 Date 对象
        // 通过拼接字符串获得备份文件的存放路径
        String filePath = "backup\\" + backupTime + ".sql";
        File sqlFile = new File(filePath);                       // 创建备份文件对象
        FileOutputStream fos = null;                             // 文件字节输出流
        OutputStreamWriter osw = null;                           // 字节流转为字符流
        BufferedWriter rw = null;                                // 缓冲字符流
        try {
            fos = new FileOutputStream(sqlFile);
            osw = new OutputStreamWriter(fos);
            rw = new BufferedWriter(osw);
            for (String tmp : sqls) {                            // 遍历所有备份 SQL
                rw.write(tmp);                                   // 向文件中写入 SQL
                rw.newLine();                                    // 文件换行
                rw.flush();                                      // 字符流刷新
            }
        } catch (FileNotFoundException e) {
            e.printStackTrace();
        } catch (IOException e) {
            e.printStackTrace();
        } finally {
            // 倒序依次关闭所有 IO 流
            if (rw != null) {
                try {
                    rw.close();
                } catch (IOException e) {
                    e.printStackTrace();
                }
            }
            if (osw != null) {
                try {
                    osw.close();
                } catch (IOException e) {
                    e.printStackTrace();
                }
            }
            if (fos != null) {
                try {
                    fos.close();
                } catch (IOException e) {
                    e.printStackTrace();
                }
            }
        }
        return filePath;
}
```

7．restore(String filePath)方法

restore(String filePath)方法通过获取 SQL 备份文件的存放路径，使用 IO 流中的输入流读取指定 SQL 备份文件中的数据表相关信息，进而实现恢复数据库的操作。其关键代码如下：

```
public static void restore(String filePath) {
    File sqlFile = new File(filePath);                    // 创建备份文件对象
```

```java
        Statement stmt = null;                          // SQL 语句直接接口
        FileInputStream fis = null;                      // 文件输入字节流
        InputStreamReader isr = null;                    // 字节流转为字符流
        BufferedReader br = null;                         // 缓存输入字符流
        try {
            fis = new FileInputStream(sqlFile);
            isr = new InputStreamReader(fis);
            br = new BufferedReader(isr);
            String readStr = null;                       // 缓冲字符串，保存备份文件中一行的内容
            while ((readStr = br.readLine()) != null) {  // 逐行读取备份文件中的内容
                if (!"".equals(readStr.trim())) {        // 如果读取的内容不为空
                    stmt = conn.createStatement();       // 创建 SQL 语句直接接口
                    int count = stmt.executeUpdate(readStr); // 执行 SQL 语句
                    stmt.close();                        // 关闭接口
                }
            }
        } catch (SQLException e) {
            e.printStackTrace();
        } catch (FileNotFoundException e) {
            e.printStackTrace();
        } catch (IOException e) {
            e.printStackTrace();
        } finally {
            // 倒序依次关闭所有 IO 流
            if (br != null) {
                try {
                    br.close();
                } catch (IOException e) {
                    e.printStackTrace();
                }
            }
            if (isr != null) {
                try {
                    isr.close();
                } catch (IOException e) {
                    e.printStackTrace();
                }
            }
            if (fis != null) {
                try {
                    fis.close();
                } catch (IOException e) {
                    e.printStackTrace();
                }
            }
        }
    }
```

16.6 系统主窗体概述

本节微课

主窗体是用来实现人机交互的主体，用户通过主窗体中提供的各种菜单、表格、文本框、内部窗体等组件进行管理操作。本系统主界面采用的是 MDI（multiple document interface，多文档界面），类似于 Word 应用程序，可以同时打开多个内部窗体进行操作；还可以对打开的功能窗体进行各种操作，如窗口平铺、全部还原、全部关闭；并在菜单中列出当前打开内部窗体的名称，如图 16-6 所示。

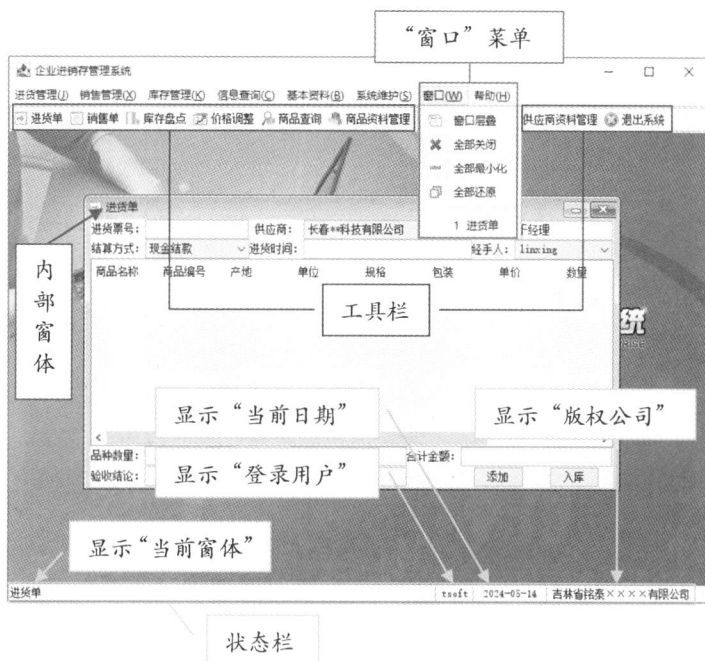

图 16-6　企业进销存管理系统主窗体

1．设计菜单栏

企业进销存管理系统的菜单栏由 MenuBar 类实现，该类是一个自定义菜单栏类，其继承 JMenuBar 类后，成为 Swing 的菜单栏组件。读者可参照源代码中 com.mingrisoft 包下的 MenuBar.java 文件学习"企业进销存管理系统的菜单栏"的实现过程。

2．设计工具栏

工具栏用于放置常用命令按钮，如进货单、销售单、库存盘点等。向企业进销存管理系统中添加工具栏的方法与向本系统中添加菜单栏的方法类似，也需要继承 Swing 的 JTool 组件，编写自定义的工具栏。读者可参照源代码中 com.mingrisoft 包下的 ToolBar.java 文件学习"企业进销存管理系统的工具栏"的实现过程。

3．设计状态栏

企业进销存管理系统的状态栏显示了当前选择的功能窗体、登录用户名、当前日期和版权所有者等信息。该状态栏由 JPanel 面板、JLabel 标签和 JSeparator 分割条组件组成。读者可参照源代码中 com.mingrisoft 包下 MainFrame.java 文件中的 getStateLabel()方法（该方法被用于初始化当前窗体的状态标签）学习"企业进销存管理系统的状态栏"的实现过程。

16.7 进货单模块设计

进货单模块负责添加企业的进货信息，其根据进货人员提供的单据，将采购商品的名称、编号、产地、规格、单价和数量等信息记录到数据库的库存表中。进货单窗体如图 16-7 所示。

本节微课

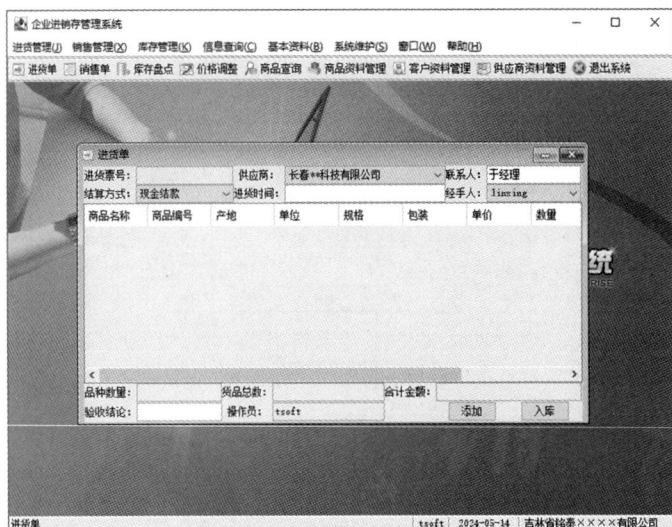

图 16-7　进货单窗体

在进货单窗体界面中，可以单击"添加"按钮向进货单的表格中添加进货商品。表格的第一列，即"商品名称"字段，是下拉列表框组件，其内容根据"供应商"下拉列表框而定，可以通过该组件选择商品名称，其他表格字段（商品信息）会自动添加。

📖 说明：**"进货管理"菜单中包含"进货单"和"进货退货"两个菜单项，由于实现方式基本相同，因此这里以进货单模块为例进行讲解。**

16.7.1　添加进货商品的空模板

在进货单窗体单击"添加"按钮，会在表格中添加一个空行，可以在该空行的第一个字段选择商品名称，其他字段信息会根据选择的商品自动填充。这就需要为"添加"按钮编写 ActionListener 动作监听器，在该监听器中实现相应的操作。"添加"按钮的初始化由getTjButton()方法完成，该方法在初始化"添加"按钮时，为按钮添加了动作事件监听器。其关键代码如下：

```java
private JButton getTjButton() {
    if (tjButton == null) {                              // 如果"添加"按钮不存在
        tjButton = new JButton();                        // 创建"添加"按钮
        tjButton.setText("添加");                         // 设置"添加"按钮中的文本内容
        // 为"添加"按钮添加动作事件的监听
        tjButton.addActionListener(new ActionListener() {
            public void actionPerformed(ActionEvent e) {
                // 创建日期对象
                java.sql.Date date = new java.sql.Date(jhsjDate.getTime());
                // 设置"进货时间"文本框中的文本内容
                jhsjField.setText(date.toString());
                String maxId = Dao.getRuKuMainMaxId(date);    // 获取最大的"进货票号"
                idField.setText(maxId);          // 设置"进货票号"文本框中的文本内容
                // 结束表格中没有编写的单元
                stopTableCellEditing();
                // 如果表格中不包含空行，则添加新行
```

```
                for (int i = 0; i <= table.getRowCount() - 1; i++) {
                    if (table.getValueAt(i, 0) == null)
                        return;
                }
                // 创建表格对象
                DefaultTableModel model = (DefaultTableModel) table.getModel();
                model.addRow(new Vector());        // 向表格添加空行
            }
        });
    }
    return tjButton;
}
```

16.7.2　获取商品名称列表

自定义一个 getSpComboBox()方法，使得双击进货商品空模板中的第一个单元格后，弹出用来显示指定供应商主营商品的下拉列表。getSpComboBox()方法的具体代码如下：

```
private JComboBox getSpComboBox() {
    if (spComboBox == null) {                       // 如果"商品名称"下拉列表不存在
        spComboBox = new JComboBox();               // 创建"商品名称"下拉列表
        spComboBox.addItem(new TbSpinfo());         // 向"商品名称"下拉列表中添加商品信息
        // 为"商品名称"下拉列表添加动作事件的监听
        spComboBox.addActionListener(new ActionListener() {
            public void actionPerformed(ActionEvent e) {
                ResultSet set = Dao.query("select * from tb_spinfo where gysName='"
                    + getGysComboBox().getSelectedItem() + "'"); // 获得供应商信息的集合
                updateSpComboBox(set);              // 更新"商品名称"下拉列表
            }
        });
        // 为"商品名称"下拉列表添加选项事件的监听
        spComboBox.addItemListener(new java.awt.event.ItemListener() {
            public void itemStateChanged(java.awt.event.ItemEvent e) {
                // 获得"商品名称"下拉列表中被选中的商品信息
                TbSpinfo info = (TbSpinfo) spComboBox.getSelectedItem();
                // 如果选择有效，则更新表格
                if (info != null && info.getId() != null) {
                    updateTable();                  // 更新表格当前行的内容
                }
            }
        });
    }
    return spComboBox;
}
```

16.7.3　更新商品详细信息

在进货商品的空模板中选中某商品后，需要将该商品的详细信息显示到当前行中。为了实现该功能，首先调用 updateSpComboBox(ResultSet set)方法，该方法是自定义方法，用来获取被选中商品的详细信息。updateSpComboBox(ResultSet set)方法的代码如下：

```
private void updateSpComboBox(ResultSet set) {
    try {
        while (set.next()) {                        // 移动后的记录指针指向一条有效的记录
```

```
            TbSpinfo spinfo = new TbSpinfo();                          // 商品信息
            spinfo.setId(set.getString("id").trim());                  // 商品编号
            spinfo.setSpname(set.getString("spname").trim());          // 商品名称
            spinfo.setCd(set.getString("cd").trim());                  // 产地
            spinfo.setJc(set.getString("jc").trim());                  // 商品简称
            spinfo.setDw(set.getString("dw").trim());                  // 商品计量单位
            spinfo.setGg(set.getString("gg").trim());                  // 商品规格
            spinfo.setBz(set.getString("bz").trim());                  // 包装
            spinfo.setPh(set.getString("ph").trim());                  // 批号
            spinfo.setPzwh(set.getString("pzwh").trim());              // 批准文号
            spinfo.setMemo(set.getString("memo").trim());              // 备注
            spinfo.setGysname(set.getString("gysname").trim());        // 供应商名称
            // "商品名称"下拉列表的默认模型
            DefaultComboBoxModel model =
                    (DefaultComboBoxModel) spComboBox.getModel();
                if (model.getIndexOf(spinfo) < 0) // "商品名称"下拉列表不包含该商品
                    spComboBox.addItem(spinfo); // 则添加选项
            }
    } catch (SQLException e1) {
        e1.printStackTrace();
    }
}
```

　　然后调用 updateTable()方法将被选中商品的详细信息显示在进货单内部窗体空模板的
当前行。updateTable()方法的具体代码如下：

```
private synchronized void updateTable() {
    // 获得"商品名称"下拉列表中被选中的选项
    TbSpinfo spinfo = (TbSpinfo) spComboBox.getSelectedItem();
    int row = table.getSelectedRow();                          // 获得表格模型中被选中的行
    // 表格模型中被选中的行大于或等于 0 且"商品名称"下拉列表中被选中的选项不为空
    if (row >= 0 && spinfo != null) {
        // 设置表模型中单元格的值
        table.setValueAt(spinfo.getId(), row, 1);              // 商品编号
        table.setValueAt(spinfo.getCd(), row, 2);              // 产地
        table.setValueAt(spinfo.getDw(), row, 3);              // 商品计量单位
        table.setValueAt(spinfo.getGg(), row, 4);              // 商品规格
        table.setValueAt(spinfo.getBz(), row, 5);              // 包装
        table.setValueAt("0", row, 6);                         // 单价
        table.setValueAt("0", row, 7);                         // 数量
        table.setValueAt(spinfo.getPh(), row, 8);              // 批号
        table.setValueAt(spinfo.getPzwh(), row, 9);            // 批准文号
        table.editCellAt(row, 6);                              // 单价（此单元格可编辑）
    }
}
```

16.7.4　统计进货商品信息

　　在 bottomPanel 面板中布置了多个文本框，用于统计品种数量、货品总数、合计金额等
商品信息。添加进货商品之后，要实现商品信息的自动统计，就要在 table 表格的
PropertyChangeListener 事件监听器中编写统计代码。这里将统计代码编写为 ComputeInfo()

方法，并在事件监听器中调用。为表格添加事件监听器的关键代码如下：

```
//添加匿名的事件监听器
table.addPropertyChangeListener(new PropertyChangeListener() {
    // 为表格添加更改属性的监听事件
    public void propertyChange(java.beans.PropertyChangeEvent e) {
        if ((e.getPropertyName().equals("tableCellEditor"))) {
            // 事件处理器，该处理器用于计算货品总数、合计金额等信息
            new computeInfo();
        }
    }
});
```

当 table 表格发生属性改变事件时，事件监听器首先会检测发生的事件类型，即判断发生了哪种更改属性的事件。如果事件类型是 tableCellEditor，则说明属于表格编辑事件，这时应该针对表格的修改事件调用 ComputeInfo()方法，执行商品进货的统计业务，并将结果显示在相应的组件上。ComputeInfo()方法的关键代码如下：

```
private final class computeInfo implements ContainerListener {
    @Override
    public void componentRemoved(ContainerEvent e) {
        // 清除空行
        clearEmptyRow();
        int rows = table.getRowCount();              // 获得表格模型中的行数
        int count = 0;                               // "货品总数"
        double money = 0.0;                          // "合计金额"
        TbSpinfo column = null;                      // 商品信息的实例
        if (rows > 0)                                // 表格模型中的行数大于0
            // 为商品信息的实例赋值
            column = (TbSpinfo) table.getValueAt(rows - 1, 0);
        // 表格模型中的行数大于0且商品信息的实例不存在或商品编号为空
        if (rows > 0 && (column == null || column.getId().isEmpty()))
            rows--;                                  // 表格模型中的行数减1
        // 计算货品总数和合计金额
        for (int i = 0; i < rows; i++) {
            String column7 = (String) table.getValueAt(i, 7); // 获得表格中的"数量"
            String column6 = (String) table.getValueAt(i, 6); // 获得表格中的"单价"
            // 将String类型的"数量"转换为int型
            int c7 =
            (column7 == null || column7.isEmpty()) ? 0 : Integer.parseInt(column7);
            // 将String类型的"单价"转换为float型
            float c6 =
            (column6 == null || column6.isEmpty()) ? 0 : Float.parseFloat(column6);
            count += c7;                             // 计算货品总数
            money += c6 * c7;                        // 计算合计金额
        }
        pzslField.setText(rows + "");                // 设置"品种数量"文本框中的文本内容
        hpzsField.setText(count + "");              // 设置"货品总数"文本框中的文本内容
        hjjeField.setText(money + "");              // 设置"合计金额"文本框中的文本内容
    }
    @Override
    public void componentAdded(ContainerEvent e) {
    }
}
```

16.7.5　商品入库功能的实现

添加进货单中的所有商品后，单击"入库"按钮，可以将这些商品添加到数据库中。这需要在"入库"按钮的初始化方法中为按钮添加 ActionListener 动作监听器，在监听器中实现商品入库的业务逻辑。getRukuButton()方法是"入库"按钮的初始化方法，该方法将判断"入库"按钮对象是否初始化，如果已经初始化，就直接将按钮对象返回给方法的调用者；否则先对按钮进行初始化，然后返回该按钮对象。初始化"入库"按钮的过程中为按钮添加了动作事件监听器，在该事件监听器中将首先调用 stopTableCellEditing()方法，停止正在编辑的表格单元；然后获取进货单的品种数量、结算方式、合计金额、经手人、操作员、进货票号、验收结论等信息，并对关键信息进行判断，防止用户忘记填写这些关键信息；最后，创建进货主表的模型对象、进货详细表的模型对象和库存表的模型对象，使用进货单窗体中的信息初始化这些模型对象，并把它们通过 Dao 公共类的 insertRukuInfo()方法保存到数据库中。程序关键代码如下：

```java
private JButton getRukuButton() {
    if (rukuButton == null) {                               // 如果"入库"按钮不存在
        rukuButton = new JButton();                         // 创建"入库"按钮
        rukuButton.setText("入库");                          // 设置"入库"按钮中的文本内容
        // 为"入库"按钮添加动作事件的监听
        rukuButton.addActionListener(new java.awt.event.ActionListener() {
            public void actionPerformed(java.awt.event.ActionEvent e) {
                // 停止表格单元的编辑
                stopTableCellEditing();
                // 清除空行
                clearEmptyRow();
                String pzsStr = pzslField.getText();  // 品种数
                String jeStr = hjjeField.getText(); // 合计金额
                // 结算方式
                String jsfsStr = jsfsComboBox.getSelectedItem().toString();
                String jsrStr = jsrComboBox.getSelectedItem() + "";   // 经手人
                String czyStr = jsrComboBox.getSelectedItem() + "";   // 操作员
                String rkDate = jhsjField.getText();                  // 入库时间
                String ysjlStr = ysjlField.getText().trim();          // 验收结论
                String id = idField.getText();                        // 票号
                String gysName = gysComboBox.getSelectedItem() + ""; // 供应商名字
                // 如果"经手人"下拉列表不存在或"经手人"下拉列表为空
                if (jsrStr == null || jsrStr.isEmpty()) {
                JOptionPane.showMessageDialog
                    (JinHuoDan_IFrame.this, "请填写经手人");
                    return;
                }
                // 如果"验收结论"文本框不存在或"验收结论"文本框为空
                if (ysjlStr == null || ysjlStr.isEmpty()) {
                    JOptionPane.showMessageDialog
                      (JinHuoDan_IFrame.this, "填写验收结论");
                    return;
                }
                if (table.getRowCount() <= 0) {         // 如果表格模型的行数小于或等于 0
                    JOptionPane.showMessageDialog
```

```
                    (JinHuoDan_IFrame.this, "填加入库商品");
                return;
            }
            TbRukuMain ruMain =
                new TbRukuMain(id, pzsStr, jeStr, ysjlStr, gysName,
                    rkDate, czyStr, jsrStr, jsfsStr);        // 入库主表
            Set<TbRukuDetail> set = ruMain.getTabRukuDetails();   // 入库明细
            int rows = table.getRowCount();        // 获得表格模型中的行数
            for (int i = 0; i < rows; i++) {
                TbSpinfo spinfo = (TbSpinfo) table.getValueAt(i, 0); // 商品信息
                // 商品信息不存在、商品编号不存在或商品编号为空
                if (spinfo == null ||
                    spinfo.getId() == null ||
                    spinfo.getId().isEmpty())
                    continue;                       // 跳过本次循环，执行下一次循环
                String djStr = (String) table.getValueAt(i, 6);  // 单价
                String slStr = (String) table.getValueAt(i, 7);  // 数量
                // 将 String 类型的"单价"转换为 int 型
                Double dj = Double.valueOf(djStr);
                // 将 String 类型的"数量"转换为 int 型
                Integer sl = Integer.valueOf(slStr);
                TbRukuDetail detail = new TbRukuDetail();  // 入库明细
                detail.setTabSpinfo(spinfo.getId());       // 商品信息
                detail.setTabRukuMain(ruMain.getRkId()); // 入库主表(入库编号)
                detail.setDj(dj);                          // 单价
                detail.setSl(sl);                          // 数量
                set.add(detail);                           // 添加入库明细
            }
            boolean rs = Dao.insertRukuInfo(ruMain);    // 是否成功添加入库信息
            if (rs) {                                   // 成功添加入库信息
                // 弹出提示框
                JOptionPane.showMessageDialog
                  (JinHuoDan_IFrame.this, "入库完成");
                // 创建表格默认模型对象
                DefaultTableModel dftm = new DefaultTableModel();
                table.setModel(dftm);        // 将表格的数据模型设置为 dftm
                pzslField.setText("0");      // 设置"品种数量"文本框中的内容为 0
                hpzsField.setText("0");      // 设置"货品总数"文本框中的内容为 0
                hjjeField.setText("0");      // 设置"合计金额"文本框中的内容为 0
            }
        }
    });
}
return rukuButton;
}
```

16.8 销售单模块设计

商品销售是进销存管理中的重要环节之一，进货商品在入库之后即可开始
销售。销售单模块主要负责根据经手人提供的销售单据，操作进销存管理系统
的库存商品和记录销售信息，方便以后查询和统计。销售单窗体的运行效果如图 16-8 所示。

本节微课

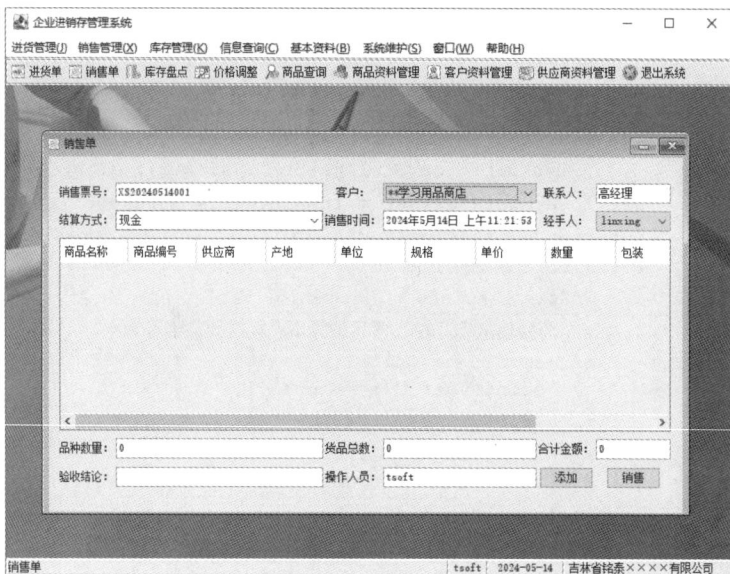

图 16-8　销售单窗体

16.8.1　初始化销售票号

定义一个 initPiaoHao()方法，用来初始化销售票号，该票号就是销售单在数据库中的 ID 编号。initPiaoHao()方法首先创建 java.sql 包中 Date 类的对象，该对象包含当前日期；然后调用 Dao 类的 getSellMainMaxId()方法，获取数据库销售主表中的最大 ID 编号；最后，将该 ID 编号更新到"销售票号"文本框中。

```java
private void initPiaoHao() {
    // 使用系统时间值构造一个日期对象
    java.sql.Date date = new java.sql.Date(System.currentTimeMillis());
    String maxId = Dao.getSellMainMaxId(date);    // 获取销售票号最大 ID
    piaoHao.setText(maxId);                        // 设置"销售票号"文本框中的文本内容
}
```

16.8.2　添加销售商品信息

在销售单窗体中单击"添加"按钮，将向 table 表格中添加新的空行，操作员可以在空行的第一列字段的商品下拉列表框中选择销售的商品，该下拉列表框和进货单窗体的不同，其不是根据供应商字段确定选择框内容，而是包含了数据库中所有可以销售的商品。要实现添加销售商品功能，需要为"添加"按钮添加动作监听器，在监听器中实现相应的业务逻辑。其关键代码如下：

```java
JButton tjButton = new JButton("添加");
// 为 "添加"按钮添加动作事件的监听
tjButton.addActionListener(new ActionListener() {
    public void actionPerformed(ActionEvent e) {
        // 初始化票号
        initPiaoHao();
        // 停止表格单元的编辑
        stopTableCellEditing();
        // 如果表格中还包含空行，就不再添加新行
```

```
        for (int i = 0; i < table.getRowCount(); i++) {
            TbSpinfo info = (TbSpinfo) table.getValueAt(i, 0);
            if (table.getValueAt(i, 0) == null)
                return;
        }
        // 创建默认的表格模型对象
        DefaultTableModel model = (DefaultTableModel) table.getModel();
        model.addRow(new Vector());                    // 向默认的表格模型对象添加空行
    }
});
```

16.8.3　统计销售商品信息

与进货单的统计功能类似，销售单也需要统计功能，统计内容包括货品数量、品种数量、合计金额等信息，实现方式也是通过 table 表格的事件监听器来处理相应的统计业务。但是，销售单窗体使用的不是 PropertyChangeListener 属性改变事件监听器，而是 ContainerListener 容器监听器。其关键代码如下：

```
table = new JTable();                              // 表格模型对象
// 不自动调整列的宽度，使用滚动条
table.setAutoResizeMode(JTable.AUTO_RESIZE_OFF);
initTable();                                       // 初始化表格
// 添加事件，完成品种数量、货品总数、合计金额的计算
table.addContainerListener(new computeInfo());
```

computeInfo 类是销售单窗体的内部类，该类实现了 ContainerListener 接口，成为容器监听器。该监听器将 table 表格视为容器，当表格添加新行和删除行时，将触发 ContainerEvent 容器事件，监听器将对该事件进行相应的业务处理，完成本次销售信息的统计。其关键代码如下：

```
private final class computeInfo implements ContainerListener {
    public void componentRemoved(ContainerEvent e) {
        // 清除空行
        clearEmptyRow();
        int rows = table.getRowCount();            // 获得表格模型中的行数
        int count = 0;                             // "货品总数"
        double money = 0.0;                        // "合计金额"
        TbSpinfo column = null;                    // 商品信息的实例
        if (rows > 0)                              // 表格模型中的行数大于 0
            // 为商品信息的实例赋值
            column = (TbSpinfo) table.getValueAt(rows - 1, 0);
        // 表格模型中的行数大于 0 且商品信息的实例不存在或商品编号为空
        if (rows > 0 && (column == null || column.getId().isEmpty()))
            rows--;                                // 表格模型中的行数减 1
        // 计算货品总数和金额
        for (int i = 0; i < rows; i++) {
            String column7 = (String) table.getValueAt(i, 7);  // 获得表格中"数量"
            String column6 = (String) table.getValueAt(i, 6);  // 获得表格中"单价"
            // 将 String 类型的"数量"转换为 int 型
            int c7 =
            (column7 == null || column7.isEmpty()) ? 0 : Integer.valueOf(column7);
            // 将 String 类型的"单价"转换为 Double 型
            Double c6 =
            (column6 == null || column6.isEmpty()) ? 0 : Double.valueOf(column6);
            count += c7;                           // 计算货品总数
```

```
            money += c6 * c7;                          // 计算合计金额
        }
        pzs.setText(rows + "");                        // 设置"品种数量"文本框中的文本内容
        hpzs.setText(count + "");                      // 设置"货品总数"文本框中的文本内容
        hjje.setText(money + "");                      // 设置"合计金额"文本框中的文本内容
    }
    public void componentAdded(ContainerEvent e) {
    }
}
```

16.8.4　商品销售功能的实现

在销售单窗体中添加销售商品之后，单击"销售"按钮，将完成本次销售单的销售业务。系统会记录本次销售信息，并从库存表中扣除销售的商品数量。这些业务处理都是在"销售"按钮的动作监听器中完成的，该监听器需要获取销售单窗体中的所有销售信息和商品信息，将所有商品信息封装为销售明细表的模型对象，并将这些模型对象放到一个集合中，调用 Dao 公共类的 insertSellInfo()方法将该集合与销售主表的模型对象保存到数据库中。其关键代码如下：

```
JButton sellButton = new JButton("销售");// "销售"按钮
// 为"销售"按钮添加动作事件的监听
sellButton.addActionListener(new ActionListener() {
    public void actionPerformed(ActionEvent e) {
        stopTableCellEditing();                        // 结束表格中没有编写的单元
        clearEmptyRow();                               // 清除空行
        String hpzsStr = hpzs.getText();              // 货品总数
        String pzsStr = pzs.getText();                // 品种数
        String jeStr = hjje.getText();                // 合计金额
        String jsfsStr = jsfs.getSelectedItem().toString(); // 结算方式
        String jsrStr = jsr.getSelectedItem() + "";   // 经手人
        String czyStr = czy.getText();                // 操作员
        String rkDate = xssjDate.toLocaleString();    // 销售时间
        String ysjlStr = ysjl.getText().trim();       // 验收结论
        String id = piaoHao.getText();                // 票号
        String kehuName = kehu.getSelectedItem().toString(); // 供应商名字
        if (jsrStr == null || jsrStr.isEmpty()) {      // "经手人"为空
            JOptionPane.showMessageDialog(XiaoShouDan.this, "请填写经手人");
            return;
        }
        if (ysjlStr == null || ysjlStr.isEmpty()) {    // "验收结论"为空
            JOptionPane.showMessageDialog(XiaoShouDan.this, "填写验收结论");
            return;
        }
        if (table.getRowCount() <= 0) {                // 表格模型的行数小于或等于0
            JOptionPane.showMessageDialog(XiaoShouDan.this, "填加销售商品");
            return;
        }
        TbSellMain sellMain = new TbSellMain(id, pzsStr, jeStr, ysjlStr, kehuName,
            rkDate, czyStr, jsrStr, jsfsStr);          // 销售主表
        Set<TbSellDetail> set = sellMain.getTbSellDetails(); // 获得销售明细的集合
        int rows = table.getRowCount();                // 获得表格模型中的行数
        for (int i = 0; i < rows; i++) {
            TbSpinfo spinfo = (TbSpinfo) table.getValueAt(i, 0);// 商品信息
```

```
        String djStr = (String) table.getValueAt(i, 6);    // 单价
        String slStr = (String) table.getValueAt(i, 7);    // 库存数量
        Double dj = Double.valueOf(djStr);         // 将 String 型的单价转换为 Double 型
        // 将 String 型的库存数量转换为 Integer 型
        Integer sl = Integer.valueOf(slStr);
        TbSellDetail detail = new TbSellDetail();          // 销售明细
        detail.setSpid(spinfo.getId());                     // 流水号
        detail.setTbSellMain(sellMain.getSellId());         // 销售主表
        detail.setDj(dj);                                   // 销售单价
        detail.setSl(sl);                                   // 销售数量
        set.add(detail);                            // 把销售明细添加到销售明细的集合中
    }
    boolean rs = Dao.insertSellInfo(sellMain);     // 是否成功添加销售信息
    if (rs) {
        JOptionPane.showMessageDialog
          (XiaoShouDan.this, "销售完成");              // 弹出提示框
        // 创建默认的表格模型对象
        DefaultTableModel dftm = new DefaultTableModel();
        table.setModel(dftm);                       // 将表格的数据模型设置为 dftm
        initTable();                                // 初始化表格
        pzs.setText("0");                           // 设置"品种数量"文本框中的内容为 0
        hpzs.setText("0");                          // 设置"货品总数"文本框中的内容为 0
        hjje.setText("0");                          // 设置"合计金额"文本框中的内容为 0
    }
  }
});
```

16.9 库存盘点模块设计

库存盘点模块主要负责计算库存管理人员的商品盘点数量和库存数量的
损益。程序界面将提示当前日期和库存商品的品种数量，并在表格中显示所
有库存商品。在表格的"盘点数量"一列中输入相应商品的盘点数量，"损益数量"字段会自
动计算该商品的剩余数量，如果该数量为正数，说明库存数量多于盘点数量，如图 16-9 所示。

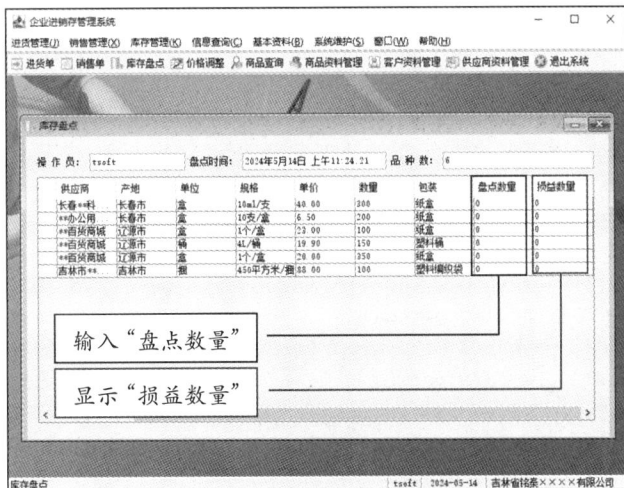

图 16-9　库存盘点窗体

16.9.1 获取所有库存商品

本模块窗体的商品表格table组件用于显示库存中的所有商品信息,这需要在initTable()方法中初始化表格字段名,并调用 Dao 类的 getKucunInfos()方法读取库存数据中的所有商品列表,添加到 table 商品表格组件中。其关键代码如下:

```java
private void initTable() {                                              // 初始化表格
    String[] columnNames = { "商品名称", "商品编号", "供应商", "产地",
        "单位", "规格", "单价", "数量", "包装", "盘点数量", "损益数量" }; // 表头
    // 获得表格默认模型
    DefaultTableModel tableModel = (DefaultTableModel) table.getModel();
    tableModel.setColumnIdentifiers(columnNames);                      // 替换模型中的表头
// 在"盘点数量"下方的单元格中,创建"盘点"文本框
final JTextField pdField = new JTextField(0);
pdField.setEditable(false);
// 为"盘点"文本框添加按键监听器
pdField.addKeyListener(new PanDianKeyAdapter(pdField));
// 在"损益数量"下方的单元格中,创建"只读"文本框
JTextField readOnlyField = new JTextField(0);
readOnlyField.setEditable(false);
// 以"盘点"文本框为参数,创建盘点编辑器
DefaultCellEditor pdEditor = new DefaultCellEditor(pdField);
// 以"只读"文本框为参数,创建只读编辑器
DefaultCellEditor readOnlyEditor = new DefaultCellEditor(readOnlyField);
    for (int i = 0; i < columnNames.length; i++) {
        // 获得表格中的每一列
        TableColumn column = table.getColumnModel().getColumn(i);
        column.setCellEditor(readOnlyEditor);                          // 设置表格单元为只读格式
    }
    TableColumn pdColumn = table.getColumnModel().getColumn(9);  // "盘点数量"
    TableColumn syColumn = table.getColumnModel().getColumn(10); // "损益数量"
    pdColumn.setCellEditor(pdEditor);                                  // 为"盘点数量"设置盘点编辑器
    syColumn.setCellEditor(readOnlyEditor);                            // 为"损益数量"设置只读编辑器
    // 初始化表格内容
    List kcInfos = Dao.getKucunInfos();                               // 获得库存信息的集合
    for (int i = 0; i < kcInfos.size(); i++) {                        // 遍历库存信息的集合
        List info = (List) kcInfos.get(i);                            // 获得库存信息集合中的元素
        Item item = new Item();                                       // 数据表公共类
        item.setId((String) info.get(0));                             // 经手人编号
        item.setName((String) info.get(1));                           // 经手人姓名
        TbSpinfo spinfo = Dao.getSpInfo(item);                        // 读取商品信息
        Object[] row = new Object[columnNames.length];  // 创建长度为表头数组长度的数组
        // 如果商品编号不为空
        if (spinfo.getId() != null && !spinfo.getId().isEmpty()) {
            row[0] = spinfo.getSpname();                              // 添加行数据之"商品名称"
            row[1] = spinfo.getId();                                  // 添加行数据之"商品编号"
            row[2] = spinfo.getGysname();                             // 添加行数据之"供应商"
            row[3] = spinfo.getCd();                                  // 添加行数据之"产地"
            row[4] = spinfo.getDw();                                  // 添加行数据之"单位"
            row[5] = spinfo.getGg();                                  // 添加行数据之"规格"
            row[6] = info.get(2).toString();                         // 添加行数据之"单价"
            row[7] = info.get(3).toString();                         // 添加行数据之"数量"
```

```
        row[8] = spinfo.getBz();                           // 添加行数据之"包装"
        row[9] = 0;                                          // 添加行数据之"盘点数量"
        row[10] = 0;                                         // 添加行数据之"损益数量"
        tableModel.addRow(row);                             // 向表格默认模型中添加行数据
        String pzsStr = pzs.getText();                      // 获得"品种数"文本框中的文本内容
        // 将 String 型的"品种数"转换为 int 型
        int pzsInt = Integer.parseInt(pzsStr);
        pzsInt++;                                           // "品种数"加 1
        pzs.setText(pzsInt + "");                           // 设置"品种数"文本框中的文本内容
    }
  }
}
```

16.9.2 统计商品的损益数量

商品表格组件需要在用户输入盘点数量时，自动计算并更新损益单元格的内容，即用库存商品实际数量减去用户输入的盘点数量。实现自动计算功能最好的方式，就是为表格组件的"盘点数量"编辑器的编辑组件添加按键监听器。使用该按键监听器可以限制用户只能输入数字信息，同时还可以在按键事件发生时进行损益统计。该监听器的关键代码如下：

```
// 盘点字段的按键监听器
private class PanDianKeyAdapter extends KeyAdapter {
    private final JTextField field;                        // "盘点"文本框
    // 区分同名变量，并为同名变量赋值
    private PanDianKeyAdapter(JTextField field) {
        this.field = field;
    }
    public void keyTyped(KeyEvent e) {                     // 按下某个键时
        // 限制盘点数量只能输入数字字符
        if (("0123456789" + (char) 8).indexOf(e.getKeyChar() + "") < 0) {
            e.consume();                                   // 销毁当前没有在 key 列表里的按键
        }
        field.setEditable(true);                           // 设置"盘点"文本框可编辑
    }
    public void keyReleased(KeyEvent e) {                  // 释放某个键时
        String pdStr = field.getText();                    // 获取盘点数量
        String kcStr = "0";                               // 声明 String 型的"库存数量"
        int row = table.getSelectedRow();                 // 获得被选中的行
        if (row >= 0) {                                    // 如果表格模型中存在被选中的行
            kcStr = (String) table.getValueAt(row, 7);    // 获得库存数量
        }
        try {
            // 将 String 型的"盘点数量"转换为 int 型
            int pdNum = Integer.parseInt(pdStr);
            // 将 String 型的"库存数量"转换为 int 型
            int kcNum = Integer.parseInt(kcStr);
            if (row >= 0) {                                // 如果表格模型中存在被选中的行
                table.setValueAt(kcNum - pdNum, row, 10);// 为表格中的"损益数量"赋值
            }
            if (e.getKeyChar() != 8)                       // 当前按下的按键没有在 0~9 的范围里
                field.setEditable(false);                  // "盘点"文本框不可编辑
        } catch (NumberFormatException e1) {
            field.setText("0");                            // 设置"盘点"文本框中的文本内容为 0
        }
```

```
        }
    }
```

16.10 数据库备份与恢复模块设计

数据库备份与恢复模块可以增强系统安全性。及时备份系统数据，如果发生意外，可以恢复最近时间段的数据库内容，将损失降低到最低程度。进销存管理系统数据库备份与恢复模块窗体如图 16-10 所示。

本节微课

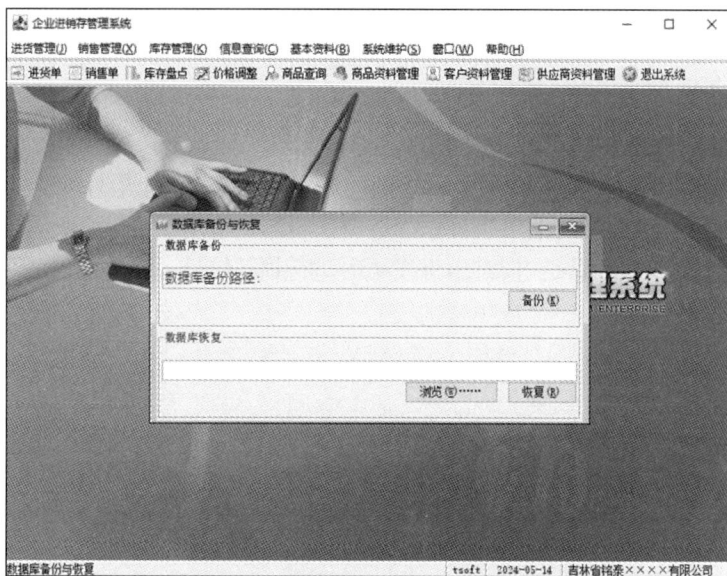

图 16-10　数据库备份与恢复模块窗体

16.10.1 获取数据库备份文件

数据库的恢复功能需要使用"浏览"按钮选择指定路径下已备份好的数据库文件。"浏览"按钮的 ActionListener 动作监听器通过 JFileChooser 文件选择器组件打开文件选择对话框，选择数据库备份文件的位置。"浏览"按钮的 ActionListener 动作监听器的关键代码如下：

```
private JButton getBrowseButton2() {                            // 获得"浏览"按钮
    if (browseButton2 == null) {                               // "浏览"按钮不存在
        browseButton2 = new JButton();                         // 创建"浏览"按钮
        browseButton2.setText("浏览(W)……");                    // 设置"浏览"按钮中的文本内容
        browseButton2.setMnemonic(KeyEvent.VK_W);              // 设置"浏览"按钮的键盘助记符为W
        // 为"浏览"按钮添加动作事件的监听
        browseButton2.addActionListener(new java.awt.event.ActionListener() {
            public void actionPerformed(java.awt.event.ActionEvent e) {
                // 把"./backup/"作为路径创建文件选择器
                JFileChooser dirChooser = new JFileChooser("./backup/");
                // 获得"打开""取消"的返回值
                int option = dirChooser.showOpenDialog(BackupAndRestore.this);
                // 单击"打开"按钮
                if(option == JFileChooser.APPROVE_OPTION){
```

```
                // 获得文件选择器中的文件
                File selFile = dirChooser.getSelectedFile();
                // 设置"数据库恢复"文本框中的文本内容
                restoreTextField.setText(selFile.getAbsolutePath());
            }
        }
    });
    }
    return browseButton2;                        // 返回"浏览"按钮
}
```

16.10.2　备份数据库

单击"备份"按钮后，系统会将当前数据库内容备份到指定路径下的以当前时间命名的文件中，且通过"备份"按钮可多次为数据库进行备份。"备份"按钮的动作监听器通过 Dao 类的 backup()方法执行备份数据库的操作，如果在此期间程序抛出异常，将以对话框的方式提示用户错误信息，否则提示"备份成功"。"备份"按钮的关键代码如下：

```
private JButton getBackupButton() {                     // 获得"备份"按钮
    if (backupButton == null) {                         // "备份"按钮不存在
        backupButton = new JButton();                   // 创建"备份"按钮
        backupButton.setText("备份(K)");                 // 设置"备份"按钮中的字体内容
        backupButton.setMnemonic(KeyEvent.VK_K);        // 设置"备份"按钮的键盘助记符为 K
        // "备份"按钮添加动作事件的监听
        backupButton.addActionListener(new java.awt.event.ActionListener() {
            public void actionPerformed(ActionEvent e) {
                try {
                    String filePath = Dao.backup(); // 获得备份 SQL 文件的路径
                    // 设置"数据库备份路径"文本框中的文本内容
                    backupTextField.setText("数据库备份路径: " + filePath);
                } catch (Exception e1) {
                    e1.printStackTrace();           // 输出异常信息
                    String message = e1.getMessage(); // 获得全部异常信息
                    // 获得"]"在异常信息中最后一次出现处的索引
                    int index = message.lastIndexOf(']');
                    // 截串获得最后一次出现']'后的异常信息
                    message = message.substring(index+1);
                    // 弹出异常信息提示框
                    JOptionPane.showMessageDialog
                        (BackupAndRestore.this, message);
                    return;                         // 退出应用程序
                }
                // 弹出"备份成功"提示框
                JOptionPane.showMessageDialog(BackupAndRestore.this, "备份成功");
            }
        });
    }
    return backupButton;                            // 返回"备份"按钮
}
```

16.10.3　恢复数据库

如果由于不可避免的原因导致系统程序无法运行，或者数据库系统损坏，可以在另一台计算机上安装进销存管理系统和数据库系统，在本模块的数据库恢复功能界面，通过"浏览"按钮选择备份在硬盘或其他移动设备上的数据库备份文件，单击"恢复"按钮，就可以使程序恢复正常。"恢复"按钮的动作事件监听器将调用 Dao 类的 restore(String filePath) 方法执行还原数据库的操作，如果在此期间程序抛出异常，将以对话框的方式提示用户错误信息，否则提示"恢复成功"。初始化"恢复"按钮的关键代码如下：

```java
private JButton getRestoreButton() {                          // 获得"恢复"按钮
    if (restoreButton == null) {                              // "恢复"按钮不存在
        restoreButton = new JButton();                        // 创建"恢复"按钮
        restoreButton.setText("恢复(R)");                      // 设置"恢复"按钮中的文本内容
        // 设置"恢复"按钮的键盘助记符为 R
        restoreButton.setMnemonic(KeyEvent.VK_R);
        // 为"恢复"按钮添加动作事件的监听
        restoreButton.addActionListener(new java.awt.event.ActionListener() {
            public void actionPerformed(java.awt.event.ActionEvent e) {
                // 获得"数据库恢复"文本框中的路径
                String path = restoreTextField.getText();
                if(path == null || path.isEmpty())  // 路径不存在或路径下没有文件
                    return;// 退出应用程序
                File restoreFile = new File(path);   // 根据路径创建文件对象
                restoreFile.getAbsolutePath();        // 获得文件对象的绝对路径
                try {
                    Dao.restore(restoreFile.getAbsolutePath());// 数据库恢复
                } catch (Exception e1) {
                    e1.printStackTrace();             // 输出异常信息
                    String message = e1.getMessage(); // 获得全部异常信息
                    // 获得"]"在异常信息中最后一次出现处的索引
                    int index = message.lastIndexOf(']');
                    // 截串获得最后一次出现']'后的异常信息
                    message = message.substring(index+1);
                    // 弹出异常信息提示框
                    JOptionPane.showMessageDialog
                        (BackupAndRestore.this, message);
                    return;                            // 退出应用程序
                }
                // 弹出"恢复成功"提示框
                JOptionPane.showMessageDialog(BackupAndRestore.this, "恢复成功");
            }
        });
    }
    return restoreButton;                             // 返回"恢复"按钮
}
```

16.11 借助 AIGC 工具提高开发效率

如果是第一次开发项目，可以借助 AIGC 工具设计项目的主要功能。例如，在腾讯混元大模型工具中输入项目的名称，其会自动列出该项目的主要功能供用户参考，如图 16-11 所示，这样可以提高项目的开发效率。

图 16-11　借助 AIGC 工具提高开发效率

【追加问题 1】

使用 Java Swing 和 AWT 设计企业进销存系统的思路。

【AIGC 追加建议 1】

请读者扫描二维码，查看 AIGC 工具对追加问题 1 的建议。

【追加问题 2】

如何优化下列（用于实现备份数据库功能的）代码?

AIGC 追加建议 1

```
private JButton getBackupButton() {                         // 获得"备份"按钮
if (backupButton == null) {                                  // "备份"按钮不存在
    backupButton = new JButton();                            // 创建"备份"按钮
        backupButton.setText("备份(K)");                     // 设置"备份"按钮中的字体内容
        backupButton.setMnemonic(KeyEvent.VK_K);             // 设置"备份"按钮的键盘助记符为 K
        // "备份"按钮添加动作事件的监听
    backupButton.addActionListener(new java.awt.event.ActionListener() {
        public void actionPerformed(ActionEvent e) {
            try {
                String filePath = Dao.backup();  // 获得备份 sql 文件的路径
                // 设置"数据库备份"文本框中的文本内容
                backupTextField.setText("数据库备份路径: " + filePath);
            } catch (Exception e1) {
                e1.printStackTrace();                        // 打印异常信息
```

```
                String message = e1.getMessage();      // 获得全部异常信息
                // 获得"]"在异常信息中最后一次出现处的索引
                int index = message.lastIndexOf(']');
                // 截串获得最后一次出现']'后的异常信息
                message = message.substring(index+1);
                // 弹出异常信息提示框
                JOptionPane.showMessageDialog
                    (BackupAndRestore.this, message);
                return;                                 // 退出应用程序
            }
            // 弹出"备份成功"的提示框
            JOptionPane.showMessageDialog(BackupAndRestore.this, "备份成功");
        }
    });
}
return backupButton;                                    // 返回"备份"按钮
}
```

【AIGC 追加建议 2】

请读者扫描二维码，查看 AIGC 工具对追加问题 2 的建议。读者可自行编码查看编码效果。

小结

在设计和开发企业进销存管理系统的过程中会应用到很多关键技术与开发项目技巧，下面简略地介绍这些关键技术在实际中的用处，希望对读者的二次开发能有所提示。

（1）合理安排项目的包资源结构。例如，本项目中将所有操作数据库的类都放在以 dao 命名的文件夹下，这样方便查找与后期维护。

（2）合理地设计窗体的布局。设计良好的布局十分关键，这样可以给用户提供良好的使用体验。

（3）灵活使用面板。本系统的商品管理窗体、客户信息管理窗体、供应商管理、经手人管理窗体等都包含了两块不同功能的面板，可以根据不同需求进行切换。

（4）在表格中添加内容。表格的默认内容是纯本文形式，如果要添加特殊的内容，要通过渲染器来实现，如在表格中添加下拉列表（选择框）。

（5）合理地使用数据对象。数据对象在开发中非常重要，如视图可以隐藏底层数据表的复杂性，简化访问数据的操作。

附录 上机实验

实验 1 Java 基础

实验目的

（1）熟悉编写 Java 程序的开发工具——Eclipse。
（2）掌握 Java 的基础语法。

实验内容

1. 使用 Eclipse 开发 Java 程序

（1）启动 Eclipse 开发工具，如果是第一次启动，则关闭欢迎界面。
（2）在 Eclipse 中新建 Java 项目"example1"。
（3）在项目中新建包"com.hello"。
（4）在新建的包中创建类"HelloWorld"。
（5）在"com.hello"包上右击，创建"HelloWorld"类，Eclipse 开发工具会自动填写包和类的定义代码，关键代码如下：

```
package com.hello;                          // 包定义
public class HelloWorld {                   // 类定义
                                            // 类体部分

}
```

（6）利用 Eclipse 的代码辅助功能实现程序代码快速输入，在类体部分输入"main"，按 Alt+/组合键，在弹出的代码辅助菜单中选择"main 方法"，将自动补全 main()方法的定义。其关键代码如下：

```
public static void main(String[] args) {    // 方法定义
                                            // 方法体

}
```

（7）main()方法准备使用 System.out.println()方法输出问候信息，使用代码辅助功能可以快速输入该方法，在 main()方法的方法体输入"syso"，按 Alt+/组合键，代码辅助功能将自动补全方法内容，并在 System.out.println()方法的参数中输入"你好，Java"。程序的完整代码如下：

```
package com.hello;
public class HelloWorld {
    public static void main(String[] args) {
        System.out.println("你好, Java");
    }
}
```

（8）在编辑器的任意位置或者在包资源管理器中的 HelloWorld 类文件上右击，在弹出的快捷菜单中选择"运行方式"/"Java 应用程序"命令。运行本实例。另外，还可以按 Alt+Shift+X 组合键调出运行方式菜单，按 J 键执行"Java 应用程序"。

2．输出字符变量

创建 CharPrint 类，输入以下代码，分析运行结果，并对比程序运行结果。

```
package com.charprint;
public class CharPrint {
    public static void main(String[] args) {
        char c1,c2;
        char c3;
        char c4;
        c1='A';
        c2=' ';
        c3=66;
        c4='#';
        System.out.println(c1);
        System.out.println(c2);
        System.out.println(c3);
        System.out.println(c4);
    }
}
```

如果没有创建"com.charprint"包，Eclipse 编辑器会在包名下面显示红线，提示"声明的包与期望的包不匹配"，这时按 Ctrl+1 组合键，启用代码修正功能，在弹出的菜单中选择"将 CharPrint 类移至 com.charprint 包中"。

3．截取字符串

创建 SubStr 类，在该类中输入以下代码，分析运算结果，并对比程序运行结果。

```
package com.string;
public class SubStr {
    public static void main(String[] args) {
        String str="abc123def";
        System.out.println(str.substring(3, 7));
        System.out.println(str.substring(7));
        System.out.println(str.charAt(0));
        System.out.println(str.charAt(9));
    }
}
```

该程序包含一个错误，试在运行程序之前分析并指出该错误。

4．数组排序

编程：创建一个整数类型的数组并初始化为任意内容，输出数组的长度和每个数组元素的值，并指出数组的最大下标。

要求：数组长度不小于 5。

实验 2　程序流程控制

实验目的

（1）掌握条件执行语句。
（2）掌握循环执行语句。

实验内容

1. 条件执行

创建 Else 类，在 main()方法中输入以下程序代码，判断运行结果并与实际程序运行结果进行对比。

```java
public class Else {
    public static void main(String[] args) {
        int a=0;
        if(a++==1)
            System.out.println("a==1");
        else
            System.out.println("a!=1");
        if(++a==2)
            System.out.println("a==2");
        else if(a*a>5)
            System.out.println("a>5");
        else
            System.out.println("a<5");
        if(a<5){
            if(++a>=3){
                System.out.println("a>=3");
            }
            if(++a-3==0){
                System.out.println("a==0");
            }
        }
    }
}
```

2. 循环执行

创建 ForDemo 类，输入以下程序代码，判断循环的执行结果。

```java
public class ForDemo {
    public static void main(String[] args) {
        int len=10;
        String str="";
        for(int i=len;i>=0;i-=2){
            str=str+" ";
            for(int j=0;j<=i;j++){
                System.out.print('*');
            }
            System.out.println();
            System.out.print(str);
        }
    }
}
```

实验 3　类的继承

实验目的

（1）熟悉类的创建。
（2）熟悉成员变量与成员方法。
（3）熟悉类的继承。

实验内容

1. 创建 Student 类

定义满足以下条件的 Student 类，并创建对象对其进行测试。

Student 类的属性：姓名、年龄、班级、学校、期末考试总分数、考试科目数量。

Student 类的方法：自我介绍、输出考试平均分。

2. 继承父类

现在有一个 Father 类，程序代码如下：

```java
public class Father {
    String xing="张";              // 姓氏
    String name="某";              // 名字
    String minzu="汉";             // 民族
    int age=40;                    // 年龄
    String sex="男";               // 性别
    public void intr(){
        System.out.println("名字: "+xing+name);
        System.out.println("民族: "+minzu);
        System.out.println("年龄: "+age);
        System.out.println("性别: "+sex);
    }
}
//子类Child继承了父类并重写了属于自己的属性
class Child extends Father{
    String name="三";
    int age=20;
    String sex="女";
    public void intr1(){
        super.intr();
    }
    public void intr2(){
        System.out.println("名字: "+xing+name);
        System.out.println("民族: "+minzu);
        System.out.println("年龄: "+age);
        System.out.println("性别: "+sex);
    }
    public static void main(String[] args) {
        Child child=new Child();
        child.intr1();
        child.intr2();
    }
}
```

试分析程序运行结果，并核对上机运行结果。

实验4 使用集合类

实验目的

（1）掌握集合类的使用方法。
（2）掌握各个集合类的特点。
（3）掌握各个集合类之间的区别。
（4）掌握各个集合类适用的情况。

实验内容

1．测试分别向由 ArrayList 和 LinkedList 实现的 List 集合插入记录的效率

首先根据所学知识阅读下面的代码，并判断向由 ArrayList 和 LinkedList 实现的 List 集合插入记录的效率；然后在计算机上运行该类，查看具体的效率。

```java
public class ListTest {
    public static void main(String[] args) {
        long start, end;
        List<String> arrayList = new ArrayList<String>();
        List<String> linkedList = new LinkedList<String>();
        start = System.currentTimeMillis();
        for (int i = 0; i < 9999; i++) {
            arrayList.add(1, "AI" + i);
        }
        end = System.currentTimeMillis();
        System.out.println("向 ArrayList 集合插入 999 个对象用时: " + (end - start));
        start = System.currentTimeMillis();
        for (int i = 0; i < 9999; i++) {
            linkedList.add(1, "LI" + i);
        }
        end = System.currentTimeMillis();
        System.out.println("向 LinkedList 集合插入 999 个对象用时: " + (end - start));
    }
}
```

2．遍历集合

编程：编写一段用来遍历 List 集合的代码。
要求：用两种方法实现。

实验5 数据流

实验目的

（1）掌握字节输入/输出流。
（2）掌握字符输入/输出流。

实验内容

1. 文件复制

创建 FileCopy 类，在类中输入如下代码，实现文件复制。在程序运行之前，将程序代码中的 JDK 安装路径修改为自己计算机上的安装路径，注意文件分隔符 "\" 要使用 "\\"。

```java
import java.io.File;
import java.io.FileInputStream;
import java.io.FileNotFoundException;
import java.io.FileOutputStream;
import java.io.IOException;
public class FileCopy {
    public static void main(String[] args) {
        File sFile=new File("D:\\Java\\jdk1.6.0_03\\bin\\javaws.exe");
        if(!sFile.exists()){
            System.out.println("源文件不存在，请确认文件路径。");
            return;
        }
        try {
            byte[] data=new byte[1024];
            int len=0;
            FileInputStream fis=new FileInputStream(sFile);
            FileOutputStream fout=new FileOutputStream("c:\\javaws.exe");
            while((len=fis.read(data))>0){
                fout.write(data, 0, len);
            }
            fout.close();
            fis.close();
        } catch (FileNotFoundException e) {
            e.printStackTrace();
        } catch (IOException e) {
            e.printStackTrace();
        }
    }
}
```

程序运行后，将在 C 盘创建相同的 "javaws.exe" 文件，可以根据自己的思路重新编写文件复制的程序，并测试复制后的文件是否能运行，运行结果如附图 1 所示。

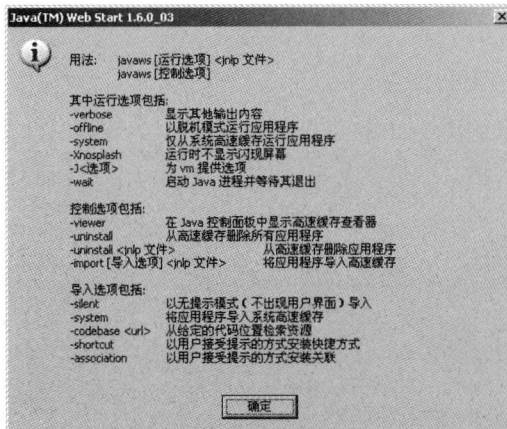

附图 1　运行结果

2．读取文本文件

在 C 盘编写一个文本文件"MyText.txt"。

编程：实现文本文件的读取，并输出到控制台中。

要求：

（1）使用字符输入流。

（2）必须保证读取文件中所有字符，并且没有多余内容。

实验 6 线程控制

实验目的

（1）掌握线程的创建和启动。

（2）掌握线程的休眠和停止。

实验内容

1．线程休眠与唤醒

创建 SleepAndInterrupt 类，输入如下代码，判断程序运行结果。

```java
class SleepAndInterrupt extends Thread {
    public void run() {
        try {
            System.out.println("正在运行的线程将休眠 30s");
            Thread.sleep(30000);
            System.out.println("线程 30s 后自动唤醒");
        } catch (Exception e) {
            System.out.println("线程休眠被中断，并唤醒");
            return;
        }
        System.out.println("线程执行完毕");
    }
    public static void main(String s[]) {
        SleepAndInterrupt thread = new SleepAndInterrupt();
        thread.start();
        try {
            Thread.sleep(3000);
        } catch (Exception e) {
            e.printStackTrace();
        }
        System.out.println("在主方法内中断 thread 线程");
        thread.interrupt();
        System.out.println("程序执行完毕");
    }
}
```

2．创建线程

编写 MyThread 线程类，在该类中实现九九乘法表的动态输出，每隔 1s（1 000ms）输出乘法表中的一个运算结果。

程序运行到 4×7 时，运行结果如附图 2 所示。

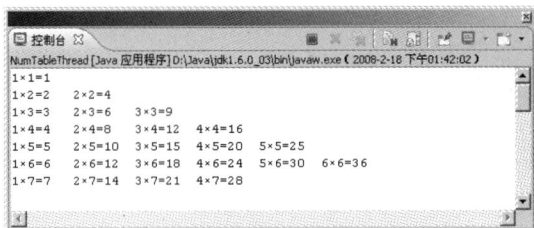

附图 2　MyThread 线程类的运行结果

实验 7　异常处理

实验目的

（1）掌握异常分析。
（2）掌握异常处理。

实验内容

1．分析异常

创建 TestException 类，输入如下代码，分析程序运行时将出现什么异常，并写出运行结果。

```java
public class TestExeption extends Thread {
    public static void main(String[] args) {
        String names[] = new String[5];
        names[1] = "李 1";
        names[2] = "李 2";
        names[3] = "李 3";
        names[4] = "李 4";
        names[5] = "李 5";
        System.out.println("names 数组的长度是: " + names.length);
        System.out.println("数组内容: ");
        for (int i = 0; i < names.length; i++) {
            System.out.println(names[i]);
        }
    }
}
```

2．捕获异常

捕获 TestException 类可能出现的异常，使程序能够继续执行，运行结果如附图 3 所示。

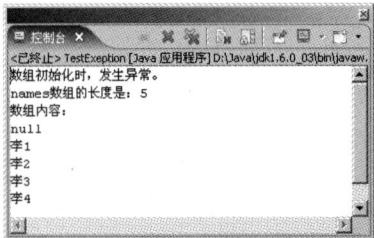

附图 3　TestException 类的运行结果

实验 8 Swing 程序设计

实验目的

（1）掌握 Swing 程序界面的绘制方法。
（2）掌握 Swing 程序事件的处理方法。
（3）掌握 Swing 程序的开发思路。

实验内容

1. 控制"身份证号"文本框的输入内容

（1）创建 ControlInputTest 类，该类继承 JFrame 类，并分别编写一个 main()方法和无参数的构造方法，具体代码如下：

```java
public class ControlInputTest extends JFrame {
    public static void main(String args[]) {
        try {
            ControlInputTest frame = new ControlInputTest();
            frame.setVisible(true);
        } catch (Exception e) {
            e.printStackTrace();
        }
    }
    public ControlInputTest() {
        super();
        setTitle("验证数据合法性");
        setBounds(100, 100, 500, 375);
        setDefaultCloseOperation(JFrame.EXIT_ON_CLOSE);
    }
}
```

（2）在 ControlInputTest 类的无参构造方法中添加如下代码，即依次向窗体中添加一个标签、文本框和按钮，并将文本框对象声明为类属性，以及为文本框添加提示文本、焦点事件监听器和键盘事件监听器。

```java
final JPanel panel = new JPanel();                          // 添加一个面板
getContentPane().add(panel, BorderLayout.CENTER);
final JLabel label = new JLabel();                          // 添加一个标签
label.setText("身份证号：");
panel.add(label);
textField = new JTextField();                               // 添加一个文本框
textField.setColumns(20);
textField.setText("请输入身份证号！");
textField.setToolTipText("身份证号只能是15位或18位的数字！");    // 设置提示文本
textField.addFocusListener(new MyFocus());                  // 添加焦点事件监听器
textField.addKeyListener(new MyKey());                      // 添加键盘事件监听器
panel.add(textField);
final JButton button = new JButton();                       // 添加一个按钮
button.setText("确定");
panel.add(button);
```

（3）MyFocus 类是 ControlInputTest 类的内部类，负责处理文本框的焦点事件。当文本框获得焦点时设置文本框为空；当文本框失去焦点时，如果文本框的内容为空，则为文本框设置显示的文本。MyFocus 类的具体代码如下：

```java
private class MyFocus implements FocusListener {
    public void focusGained(FocusEvent e) {        // 获得焦点时被触发
        textField.setText("");                      // 设置文本框为空
    }
    public void focusLost(FocusEvent e) {           // 失去焦点时被触发
        String idCard = textField.getText().trim(); // 获得文本框的内容
        if (idCard.length() == 0)                    // 当文本框的内容为空时
            textField.setText("请输入身份证号! ");    // 设置文本的显示文本
    }
}
```

（4）MyKey 类也是 ControlInputTest 类的内部类，负责处理文本框的键盘事件。当用户输入的是从 0～9 的数字时，则响应用户的输入，前提条件是输入内容的长度不能大于 18。MyKey 类的具体代码如下：

```java
private class MyKey implements KeyListener {
    int length = 0;
    int keyCode = 0;
    private final int VK_0 = KeyEvent.VK_0;                    // 常量值为48
    private final int VK_9 = KeyEvent.VK_9;                    // 常量值为57
    private final int VK_NUMPAD0 = KeyEvent.VK_NUMPAD0;        // 常量值为96
    private final int VK_NUMPAD9 = KeyEvent.VK_NUMPAD9;        // 常量值为105
    public void keyPressed(KeyEvent e) {
        keyCode = e.getKeyCode();
    }
    public void keyTyped(KeyEvent e) {
        if (length < 18) {
            if (keyCode < VK_0)
                e.consume();
            if (keyCode > VK_9 && keyCode < VK_NUMPAD0)
                e.consume();
            if (keyCode > VK_NUMPAD9)
                e.consume();
        } else {
            e.consume();
        }
    }
    public void keyReleased(KeyEvent e) {
        length = textField.getText().trim().length();
    }
}
```

（5）运行该例，当文本框获得焦点时，文本框将不显示任何文本信息；当光标移动到文本框上方并停留一段时间时，将弹出提示文本，如附图 4 所示。单击"确定"按钮，文本框将失去焦点，如果此时在文本框中未输入任何内容，将显示一段默认文本，如附图 5 所示。

附图 4　获得焦点并弹出提示文本

附图 5　失去焦点并显示默认文本

2．控制内容的对齐方式

编写一个附图 6 所示的窗体，实现通过单选按钮控制内容对齐方式的程序。

实验提示：可以通过为单选按钮添加事件监听器，捕获单选按钮被选中的事件，修改内容所在组件的水平对齐方式。

附图 6　控制内容的对齐方式

实验 9　网络程序设计

实验目的

（1）掌握 TCP 网络 Socket 套接字。
（2）掌握 UDP 数据报通信。

实验内容

1．文件传送

编程：编写网络文件传送程序。
要求：实现可执行文件的网络传送，必须保证客户端接收到的可执行文件能够正常运行。

2．网络通信

编程：实现网络控制程序，在程序窗体中定义一个 JLabel 标签组件，组件文字默认为居中对齐。当接收到 "left" 信息时，使组件文字左对齐；接收到 "right" 信息时，使组件文字右对齐；接收到 "center" 信息时，恢复组件居中对齐效果。
要求：使用 UDP 数据报实现。

实验 10　通过 JDBC 方式操作数据库

实验目的

（1）掌握通过 JDBC 方式操作数据库的基本步骤。
（2）掌握增、删、改记录的方法。
（3）掌握查询记录以及遍历查询结果的方法。

实验内容

1．编写一个通用的数据库连接类

在一个软件系统中，通常将不同类型的数据库操作封装到不同的类中。但是，不能每个类都负责加载数据库驱动和创建数据库连接，这就要求编写一个专门负责这项工作的类，具体代码如下：

```
public class JDBC {
    private static final String DRIVER =
        "com.microsoft.sqlserver.jdbc.SQLServerDriver";
```

```java
        private static final String URL =
            "jdbc:sqlserver://mrwxk\\mrwxk:1433;DatabaseName=db_database11";
        private static final String USERNAME = "sa";
        private static final String PASSWORD = "";
        private static Connection conn = null;
        private static ThreadLocal<Connection> threadLocal =
            new ThreadLocal<Connection>();              // 负责保存已经创建的数据库连接
        static {                                         // 负责加载数据库驱动
            try {
                System.out.println("加载数据库驱动程序! ");
                Class.forName(DRIVER);
            } catch (ClassNotFoundException e) {
                System.out.println("在加载数据库驱动程序时抛出异常, 内容如下: ");
                e.printStackTrace();
            }
        }
        public static Connection getConn() {             // 负责创建并返回数据库连接
            conn = threadLocal.get();                    // 获得可能保存的数据库连接
            if (conn == null) {                          // 数据库连接不存在
                try {
                    System.out.println("创建数据库连接! ");
                    conn = DriverManager.getConnection(URL, USERNAME, PASSWORD);
                } catch (SQLException e) {
                    System.out.println("在创建数据库连接时抛出异常, 内容如下: ");
                    e.printStackTrace();
                }
                threadLocal.set(conn);                   // 保存已经创建的数据库连接
            }
            return conn;
        }
        public static void closeConn() {                 // 负责关闭数据库连接
            conn = threadLocal.get();                    // 获得可能保存的数据库连接
            threadLocal.remove();                        // 移除保存的数据库连接
            if (conn != null) {                          // 数据库连接存在
                try {
                    System.out.println("关闭数据库连接! ");
                    conn.close();
                } catch (SQLException e) {
                    System.out.println("在关闭数据库连接时抛出异常, 内容如下: ");
                    e.printStackTrace();
                }
            }
        }
    }
```

2．测试上面编写的数据库连接类

编写一段测试上面数据库连接类的代码, 具体代码如下, 共访问数据库三次, 其中第二次未关闭数据库连接。首先仔细阅读代码, 想象可能在控制台输出的信息; 然后运行该测试代码, 查看具体的输出信息。

```java
public static void main(String[] args) {
    Connection conn = JDBC.getConn();                 // 第一次
    try {
        Statement stat = conn.createStatement();
        ResultSet rs = stat.executeQuery("select * from tb_experiment where id<2");
        while (rs.next()) {
            System.out.println(rs.getInt(1) + rs.getString(2));
```

```
        }
    } catch (SQLException e) {
        e.printStackTrace();
    }
    JDBC.closeConn();                                  // 关闭数据库连接
    Connection conn2 = JDBC.getConn();                 // 第二次
    try {
        Statement stat = conn2.createStatement();
        ResultSet rs = stat.executeQuery("select * from tb_experiment where id=2");
        while (rs.next()) {
            System.out.println(rs.getInt(1) + rs.getString(2));
        }
    } catch (SQLException e) {
        e.printStackTrace();
    }                                                  // 注意: 此次未关闭数据库连接
    Connection conn3 = JDBC.getConn();                 // 第三次
    try {
        Statement stat = conn3.createStatement();
        ResultSet rs = stat.executeQuery("select * from tb_experiment where id>2");
        while (rs.next()) {
            System.out.println(rs.getInt(1) + rs.getString(2));
        }
    } catch (SQLException e) {
        e.printStackTrace();
    }
    JDBC.closeConn();                                  // 关闭数据库连接
}
```

实验 11　计算器

实验目的

（1）掌握组件的使用方法。
（2）掌握面板的使用方法。
（3）掌握布局管理器的使用方法。
（4）掌握事件的处理方法。

实验内容

附图 7　计算器

本次实验的内容为通过 Swing 实现一个附图 7 所示的计算器，具体的实现步骤如下。

1. 绘制界面

附图 7 所示的计算器界面主要分为三部分，从上到下依次为显示器（由一个不可编辑的文本框实现）、清除按钮区（由三个按钮组成）和输入按钮区（由 16 个按钮组成）。这三部分分别放在三个面板中，其中清除按钮区面板采用的是默认的流布局管理器，输入按钮区面板采用的是网格布局管理器，计算器窗体采用的是默认的边界布局管理器，三个面板依次放在布局管理器的顶部、中间和底部。

用来绘制计算器界面的 Calculator 类的具体代码如下：

```
import java.awt.*;
import java.awt.event.*;
```

```java
import javax.swing.*;
public class Calculator extends JFrame {
private final JTextField textField;
    public static void main(String args[]) {
        Calculator frame = new Calculator();
        frame.setVisible(true);                    // 设置窗体可见，默认为不可见
    }
    public Calculator() {
        super();
        setTitle("计算器");
        setResizable(false);                       // 设置窗体大小不可改变
        setBounds(100, 100, 208, 242);
        setDefaultCloseOperation(JFrame.EXIT_ON_CLOSE);
        final JPanel viewPanel = new JPanel();   // 创建"显示器"面板，采用默认的流布局
        getContentPane().add(viewPanel, BorderLayout.NORTH);        // 添加到窗体顶部
        textField = new JTextField();             // 创建显示器
        textField.setText(num);                    // 设置显示器的默认文本
        textField.setColumns(18);                  // 设置显示器的宽度
        textField.setEditable(false);              // 设置显示器不可编辑
        textField.setHorizontalAlignment(SwingConstants.RIGHT);   // 靠右侧对齐
        viewPanel.add(textField);                  // 将显示器添加到显示器面板中
        getContentPane().add(viewPanel, BorderLayout.NORTH);       // 添加到窗体顶部
        final JPanel clearButtonPanel = new JPanel();// 创建清除按钮区面板，默认采用流布局
        getContentPane().add(clearButtonPanel, BorderLayout.CENTER);
        String[] clearButtonNames = { "  <—  ", " CE ", "   C   " };
        for (int i = 0; i < clearButtonNames.length; i++) {
            final JButton button = new JButton(clearButtonNames[i]); // 创建清除按钮
            button.addActionListener(new ClearButtonActionListener()); // 添加监听器
            clearButtonPanel.add(button);          // 将清除按钮添加到清除按钮区面板中
        }
        final JPanel inuptButtonPanel = new JPanel();   // 创建输入按钮区面板
        final GridLayout gridLayout = new GridLayout(4, 0);
        gridLayout.setVgap(10);
        gridLayout.setHgap(10);
        inuptButtonPanel.setLayout(gridLayout);   // 输入按钮区面板采用网格布局
        getContentPane().add(inuptButtonPanel, BorderLayout.SOUTH);
        String[][] inputButtonNames = { { "1", "2", "3", "+" },
            { "4", "5", "6", "-" }, { "7", "8", "9", "*" },
            { ".", "0", "=", "/" } };              // 定义输入按钮名称数组
        for (int row = 0; row < inputButtonNames.length; row++) {
            for (int col = 0; col < inputButtonNames.length; col++) {
                final JButton button = new JButton(inputButtonNames[row][col]);
                button.setName(row + "" + col); // 输入按钮的名称由其所在行和列的索引组成
                button.addActionListener(new InputButtonActionListener());
                inuptButtonPanel.add(button);  // 将按钮添加到按钮面板中
            }
        }
    }
}
```

2．定义常用对象

在编写计算器的业务逻辑之前，需要先在 Calculator 类中定义如下 3 个属性，分别用来保存被操作数、运算符和操作数。

```java
private String num = "0";                          // 操作数
private String operator = "+";                     // 运算符
private String result = "0";                       // 被操作数
```

其中，被操作数也可以是上一次的运算结果。例如，在计算"(8-6)*3"时各个属性值的变化情况如附表 1 所示。

附表 1　在计算"(8-6)*3"时各个属性值的变化情况

输入	num	operator	result
8	8	+（默认）	0（默认）
-	0（默认）	−	8（0+8）
6	6	−	8
*	0（默认）	*	2（8-6）
3	3	*	2
=	0（默认）	+（默认）	6（2*3）

3．编写输入按钮事件的处理方法

在处理输入按钮事件时分为 3 种情况，首先判断输入的是否为操作符，即单击的是否为输入按钮区的第 4 列；然后判断输入的是否为"."、"0"或"="，即单击的是否为输入按钮区的第 4 行；如果以上两种情况均不是，则输入的为 1~9 的数字。输入按钮事件监听器类 InputButtonActionListener 为 Calculator 类的内部类，具体代码如下：

```
class InputButtonActionListener implements ActionListener {    // 输入按钮事件监听器
    public void actionPerformed(ActionEvent e) {
        JButton button = (JButton) e.getSource();              // 获得触发此次事件的按钮对象
        String name = button.getName();                        // 获得按钮的名称
        int row = Integer.valueOf(name.substring(0, 1));       // 解析其所在的行
        int col = Integer.valueOf(name.substring(1, 2));       // 解析其所在的列
        if (col == 3) {                                        // 此次输入的为运算符
            count();                                           // 计算结果
            textField.setText(result);                         // 修改"显示器"文本
            operator = button.getText();                       // 获得输入的运算符
        } else if (row == 3) {                                 // 此次输入的为"."、"0"或"="
            if (col == 0) {                                    // 此次输入的为"."
                if (num.indexOf(".") < 0) {                    // 查看是否已经输入了小数点
                    num = num + button.getText();
                    textField.setText(num);
                }
            } else if (col == 1) {                             // 此次输入的为"0"
                if (num.indexOf(".") > 0) {                    // 查看是否为小数
                    num = num + button.getText();
                    textField.setText(num);
                } else {
                    if (!num.substring(0, 1).equals("0")) {    // 查看第一位是否为 0
                        num = num + button.getText();
                        textField.setText(num);
                    }
                }
            } else {                                           // 此次输入的为"="
                count();                                       // 计算结果
                textField.setText(result);                     // 修改"显示器"文本
                operator = "+";                                // 获得输入的运算符
            }
        } else {                                               // 此次输入的为数字
            if (num.equals("0"))
```

　　上机实验／附录

```
                num = button.getText();
            else
                num = num + button.getText();
            textField.setText(num);
        }
    }
    private void count() {                        // 计算结果
        float n = Float.valueOf(num);
        float r = Float.valueOf(result);
        if (r == 0) {
            result = num;
            num = "0";
        } else {
            if (operator.equals("+")) {
                r = r + n;
            } else if (operator.equals("-")) {
                r = r - n;
            } else if (operator.equals("*")) {
                r = r * n;
            } else {
                r = r / n;
            }
            num = "0";
            result = r + "";
        }
    }
}
```

4．编写清除按钮事件的处理方法

在处理清除按钮事件时分为 3 种情况，首先判断单击的是否为回退按钮，该按钮用来取消输入数值的最后一位；然后判断单击的是否为清除按钮，该按钮用来清除当前输入的数值；如果以上两种情况均不是，则是要进行新的计算。清除按钮事件监听器类 ClearButtonActionListener 为 Calculator 类的内部类，具体代码如下：

```
class ClearButtonActionListener implements ActionListener {  // 清除按钮事件监听器
    public void actionPerformed(ActionEvent e) {
        JButton button = (JButton) e.getSource();      // 获得触发此次事件的按钮对象
        String text = button.getText().trim();          // 获得按钮的文本
        if (text.equals("<-")) {                          // 回退最后输入数字按钮
            int length = num.length();
            if (length == 1)                              // 当输入数值为 1 位数字时
                num = "0";                                 // 回退为默认值 0
            else
                num = num.substring(0, length - 1);      // 否则，去掉输入数值的最后一位数字
        } else if (text.equals("CE")) {                   // 清除当前输入数值按钮
            num = "0";
        } else {                                          // 执行新的计算按钮
            num = "0";
            operator = "+";
            result = "0";
        }
        textField.setText(num);                           // 修改"显示器"文本
    }
}
```

至此，一个适用的计算器程序即开发完成。

实验 12　日志簿

实验目的

（1）掌握组件的使用方法。
（2）掌握面板的使用方法。
（3）掌握布局管理器的使用方法。
（4）掌握事件的处理方法。

实验内容

本次实验的内容为通过 Swing 实现一个附图 8 所示的日志簿，日志包括标题、日期和内容，最终将日志内容保存为一个名称格式为"标题（2008-08-08）"的文本文件。单击附图 8 中的"查看日志"按钮，将打开如附图 9 所示的日志列表。单击附图 9 中的"删除"按钮可以删除对应的日志文件；单击附图 9 中的"查看"按钮，可以将对应日志文件的信息显示到附图 8 所示的窗体中，此时也可以对日志内容进行修改。

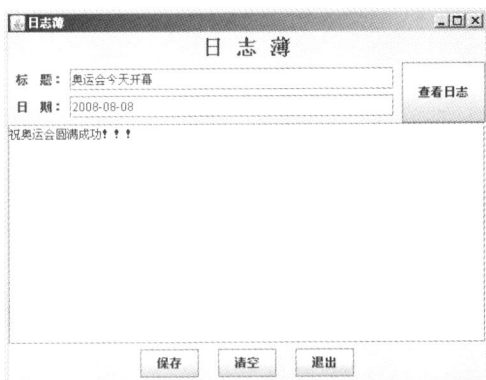

附图 8　日志簿

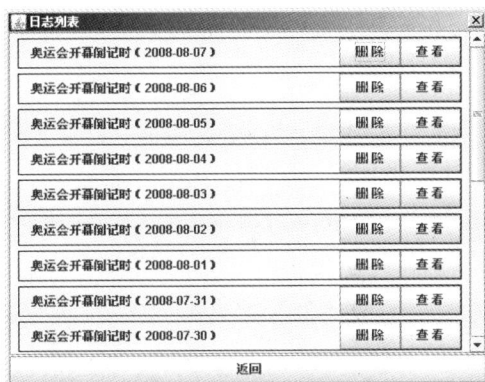

附图 9　日志列表

因为本实验是将日志以文本文件的形式保存，所以在实现本实验时还需要使用输入和输出流，这里使用的是字符输入和输出流。

实现日志簿的具体步骤如下。

（1）绘制附图 8 所示的日志簿界面，由 TipWizardFrame 类实现，具体代码如下：

```java
import java.awt.*;
import java.awt.event.*;
import java.io.*;
import java.util.Date;
import javax.swing.*;
public class TipWizardFrame extends JFrame {
    private JTextField titleTextField;              // 标题文本框
    private JTextField dateTextField;               // 日期文本框
    private JTextArea textArea;                      // 内容文本域
    private final static String urlStr = "C:/text/"; // 文本文件存放路径
    private final static String todayDate =
```

```
        String.format("%tF", new Date());    // 将当前日期格式化为"2008-08-08"格式
static {                                      // 在静态代码块中初始化文本文件存放路径
    File file = new File(urlStr);
    if (!file.exists())
        file.mkdirs();
}
public static void main(String args[]) {
    try {
        TipWizardFrame frame = new TipWizardFrame();
        frame.setVisible(true);
    } catch (Exception e) {
        e.printStackTrace();
    }
}
public TipWizardFrame() {
    super();
    setTitle("日志簿");
    setBounds(100, 100, 500, 375);
    setDefaultCloseOperation(JFrame.EXIT_ON_CLOSE);
    final JLabel softLabel = new JLabel();
    softLabel.setForeground(new Color(255, 0, 0));
    softLabel.setFont(new Font("", Font.BOLD, 22));
    softLabel.setHorizontalAlignment(SwingConstants.CENTER);
    softLabel.setText("日  志  簿");
    getContentPane().add(softLabel, BorderLayout.NORTH);
    final JPanel contentPanel = new JPanel();
    contentPanel.setLayout(new BorderLayout());
    getContentPane().add(contentPanel, BorderLayout.CENTER);
    final JPanel infoPanel = new JPanel();
    contentPanel.add(infoPanel, BorderLayout.CENTER);
    final JLabel titleLabel = new JLabel();
    titleLabel.setText("标  题: ");
    infoPanel.add(titleLabel);
    titleTextField = new JTextField();
    titleTextField.setColumns(30);
    titleTextField.setText("请输入标题");
    titleTextField.addFocusListener(new FocusListener() {
        public void focusGained(FocusEvent e) {
            titleTextField.setText("");
        }
        public void focusLost(FocusEvent e) {
            String date = titleTextField.getText().trim();
            if (date.length() == 0)
                titleTextField.setText("请输入标题");
        }
    });
    infoPanel.add(titleTextField);
    final JLabel dateLabel = new JLabel();
    dateLabel.setText("日  期: ");
    infoPanel.add(dateLabel);
    dateTextField = new JTextField();
    dateTextField.setColumns(30);
    dateTextField.setText(todayDate);
    dateTextField.addFocusListener(new FocusListener() {
        public void focusGained(FocusEvent e) {
            dateTextField.setText("");
        }
        public void focusLost(FocusEvent e) {
```

```
                    String date = dateTextField.getText().trim();
                    if (date.length() != 10)
                        dateTextField.setText(todayDate);
                }
            });
            infoPanel.add(dateTextField);
            final JButton seeButton = new JButton();
            seeButton.setText("查看日志");
            seeButton.addActionListener(new SeeButtonActionListener());
            contentPanel.add(seeButton, BorderLayout.EAST);
            final JScrollPane scrollPane = new JScrollPane();
            contentPanel.add(scrollPane, BorderLayout.SOUTH);
            textArea = new JTextArea();
            textArea.setLineWrap(true);
            textArea.setRows(12);
            scrollPane.setViewportView(textArea);
            final JPanel buttonPanel = new JPanel();
            final FlowLayout flowLayout = new FlowLayout();
            flowLayout.setHgap(20);
            buttonPanel.setLayout(flowLayout);
            getContentPane().add(buttonPanel, BorderLayout.SOUTH);
            final JButton saveButton = new JButton();
            saveButton.setText("保存");
            saveButton.addActionListener(new SaveButtonActionListener());
            buttonPanel.add(saveButton);
            final JButton clearButton = new JButton();
            clearButton.setText("清空");
            clearButton.addActionListener(new ActionListener() {
                public void actionPerformed(ActionEvent e) {
                    titleTextField.setText("请输入标题");
                    dateTextField.setText(todayDate);
                    textArea.setText("");
                }
            });
            buttonPanel.add(clearButton);
            final JButton exitButton = new JButton();
            exitButton.setText("退出");
            exitButton.addActionListener(new ActionListener() {
                public void actionPerformed(ActionEvent e) {
                    System.exit(0);
                }
            });
            buttonPanel.add(exitButton);
        }
    }
```

（2）实现"保存"按钮的事件监听器类 SaveButtonActionListener，该类为 TipWizardFrame 类的内部类，具体代码如下：

```
private class SaveButtonActionListener implements ActionListener {
    public void actionPerformed(ActionEvent e) {
        String title = titleTextField.getText();              // 获得日志标题
        String date = dateTextField.getText();                // 获得日志日期
        String name = title + "(" + date + ").txt";           // 组织文本文件名称
        File file = new File(urlStr + name);                  // 创建文本文件对象
        if (!file.exists()) {                                 // 判断文件是否存在
            try {
                file.createNewFile();                         // 如果不存在则创建文件
```

```
            } catch (IOException e1) {
                e1.printStackTrace();
            }
        }
        try {
            FileWriter fileWriter = new FileWriter(file);      // 创建字符输出流
            fileWriter.write(textArea.getText());              // 将内容写入文本文件
            fileWriter.close();                                // 关闭字符输出流
        } catch (IOException e1) {
            e1.printStackTrace();
        }
    }
}
```

（3）实现"查看日志"按钮的事件监听器类 SeeButtonActionListener，该类为 TipWizardFrame 类的内部类，具体代码如下：

```
private class SeeButtonActionListener implements ActionListener {
    public void actionPerformed(ActionEvent e) {
        ListDialog listFrame = new ListDialog();
        listFrame.setVisible(true);                                 // 显示日志列表窗体
        File text = listFrame.getText();                            // 日志对象
        listFrame.dispose();                                        // 销毁日志列表窗体
        if (text != null) {                                         // 查看日志对象是否为空
            String[] infos = text.getName().split("（|）");         // 分割日志文件的名称
            titleTextField.setText(infos[0]);                       // 设置日志标题
            dateTextField.setText(infos[1]);                        // 设置日志日期
            try {
                FileReader fileReader = new FileReader(text);       // 创建字符输入流
                char[] cbuf = new char[(int) text.length()];        // 创建字符型数组
                fileReader.read(cbuf);                              // 读入文件内容到字符型数组
                fileReader.close();                                // 关闭字符输入流
                textArea.setText(String.valueOf(cbuf));            // 设置日志内容
            } catch (FileNotFoundException e1) {
                e1.printStackTrace();
            } catch (IOException e2) {
                e2.printStackTrace();
            }
        }
    }
}
```

（4）绘制附图 9 所示的日志列表界面，由 ListDialog 类实现，具体代码如下：

```
import java.awt.*;
import java.awt.event.*;
import java.io.File;
import javax.swing.*;
import javax.swing.border.LineBorder;
public class ListDialog extends JDialog {
    private static File file = null;          // 文本文件存放文件夹对象
    private File[] files = null;              // 文本文件对象数组
    private File text = null;                 // 查看的文本文件对象
    private JPanel allPanel;
    static {                                  // 在静态代码块中初始化文本文件存放文件夹对象
        file = new File("C:/text");
```

```
    }
    public ListDialog() {
        super();
        setModal(true);
        setTitle("日志列表");
        setBounds(100, 100, 500, 375);
        final JScrollPane scrollPane = new JScrollPane();
        getContentPane().add(scrollPane);
        files = file.listFiles();
        allPanel = new JPanel();
        allPanel.setPreferredSize(new Dimension(450, files.length * 36));
        scrollPane.setViewportView(allPanel);
        for (int i = 0; i < files.length; i++) {
            String name = "    " + files[i].getName();
            name = name.substring(0, name.length() - 4);
            final JPanel onePanel = new JPanel();
            allPanel.add(onePanel);
            onePanel.setBorder(new LineBorder(Color.black, 1, false));
            onePanel.setLayout(new BorderLayout());
            final JLabel label = new JLabel();
            label.setPreferredSize(new Dimension(330, 0));
            label.setText(name);
            onePanel.add(label, BorderLayout.WEST);
            final JButton delButton = new JButton();
            delButton.setText("删 除");
            delButton.setName("" + i);
            delButton.addActionListener(new DelButtonActionListener());
            onePanel.add(delButton, BorderLayout.CENTER);
            final JButton seeButton = new JButton();
            seeButton.setText("查 看");
            seeButton.setName("" + i);
            seeButton.addActionListener(new SeeButtonActionListener());
            onePanel.add(seeButton, BorderLayout.EAST);
        }
        final JButton returnButton = new JButton();
        returnButton.setText("返 回");
        returnButton.addActionListener(new ActionListener() {
            public void actionPerformed(ActionEvent e) {
                setVisible(false);
            }
        });
        getContentPane().add(returnButton, BorderLayout.SOUTH);
    }
    public File getText() {
        return text;
    }
}
```

（5）实现"查看"按钮的事件监听器类 SeeButtonActionListener，该类为 ListDialog 类的内部类，具体代码如下：

```
private class SeeButtonActionListener implements ActionListener {
    public void actionPerformed(ActionEvent e) {
        JButton button = (JButton) e.getSource();
        String name = button.getName();
        text = files[Integer.valueOf(name)];                    // 设置查看日志文件对象
        setVisible(false);
    }
}
```

（6）实现"删除"按钮的事件监听器类 DelButtonActionListener，该类为 ListDialog 类的内部类，具体代码如下：

```java
private class DelButtonActionListener implements ActionListener {
    public void actionPerformed(ActionEvent e) {
        JButton button = (JButton) e.getSource();
        int index = Integer.valueOf(button.getName());
        files[index].delete();                          // 删除日志文件
        allPanel.remove(index);                         // 从日志列表中删除日志
        SwingUtilities.updateComponentTreeUI(allPanel); // 刷新窗体
    }
}
```

至此，一个适用的日志簿程序即开发完成。